LA ILUSIÓN DEL CONOCIMIENTO

Título original: The Illusion of Knowledge
Publicado en inglés por NTZ, 2021
Copyright © 2021 de Harold Katcher
Todos los derechos reservados
Traducción: Nicolás Cherñavsky y Nina Torres Zanvettor

Imagen de portada de © khak - stock.adobe.com

Catalogación en la Publicación (CIP)
Angelica Ilacqua CRB-8/7057

Katcher, Harold
     La ilusión del conocimiento : El cambio de paradigma en la investigación del envejecimiento que muestra el camino al rejuvenecimiento humano / Harold Katcher ; traducción: Nicolás Cherñavsky, Nina Torres Zanvettor. — 1. ed. — Valinhos, SP : NTZ, 2022.
     249 p.

ISBN 978-85-54106-11-9
Título original: The Illusion of Knowledge

1. Biología 2. Envejecimiento celular 3. Rejuvenecimiento I. Título II. Cherñavsky, Nicolás III. Zanvettor, Nina Torres

22-5218   CDD 611.018

Las puntuaciones de catálogo sistemático:

1. Biología

Publicado por NTZ
www.ntzplural.com
Valinhos/SP - Brasil

Primera edición

LA ILUSIÓN DEL CONOCIMIENTO

El cambio de paradigma en la investigación del envejecimiento que muestra el camino al rejuvenecimiento humano

Dr. Harold Katcher

Traducción:
Nicolás Cherñavsky
Nina Torres Zanvettor

NTZ

2022

Índice

Prefacio

El reciente descubrimiento de nuestro grupo[1] de la capacidad de transformar ratas viejas en jóvenes nos ha convencido de que el envejecimiento de los mamíferos — lo que incluye el envejecimiento humano — puede ser revertido, en un proceso llamado "rejuvenecimiento" (literalmente, un retorno a la juventud). Veo esto como el paso siguiente en la evolución humana, y como en la mayor parte de la evolución humana, implica un aumento de nuestras capacidades — no a través de la evolución biológica, que es demasiado lenta, sino a través del conocimiento, convertido en tecnología. Sin embargo, aunque a todos los ancianos les gustaría volver a ser jóvenes — más inteligentes, más fuertes, más viriles o fértiles — ¿cuál podría ser el beneficio real para la sociedad? Después de haber enseñado *Biología del Envejecimiento* durante años, sé que la mayoría de mis alumnos no ven el rejuvenecimiento como un beneficio, sino como un problema, porque, seguramente, si se puede rejuvenecer a las personas, se podrían añadir décadas a sus vidas, y entonces sale a la luz la cuestión que más nos preocupa: la superpoblación. La mayoría de mis alumnos, al inscribirse en un curso sobre la biología del envejecimiento, estaban interesados en el tema, e incluso en la medicina antienvejecimiento, pero su deseo no era la inmortalidad física y la eterna juventud (aunque algunos tenían de hecho ese deseo), sino que simplemente querían vivir lo que es una larga vida saludable durante unos 100 años y morir tranquilamente mientras duermen.

En el momento en que escribo este libro, todavía relativamente cerca del comienzo del siglo XXI, se nota el enorme "baby boom" que se produjo cuando las tropas volvieron a casa al terminar la Segunda Guerra Mundial, que produjo un gran aumento de la población en todo el mundo. Las personas nacidas durante esta época se conocen como la "Generación del Baby Boom" o simplemente "boomers". Estos *boomers* — una generación numerosa y comparativamente rica — han entrado en la senescencia (es decir, en la vejez), y algunos se han dado cuenta de que el confort que el dinero y el estatus les proporcionaron anteriormente en sus vidas significó poco cuando descubrieron que la promesa de sus "años dorados" (su recompensa por toda una vida de trabajo duro y logros) era una mentira. Logros y conocimiento significaban poco, siendo sólo recuerdos emotivos (y tal vez en desaparición). ¿Y por qué era una mentira? Porque ahora que tienes el tiempo, ya no tienes la energía. Tus "años dorados" son una época en que la mente y el cuerpo se convierten en fuentes de dolor y problemas, y la perspectiva de futuro sólo indica que la situación seguirá empeorando antes del final.

Aunque la búsqueda de la inmortalidad siempre ha sido una preocupación de los que tienen todo lo demás (pues se suele decir que "no te lo puedes llevar contigo"), nuestra riqueza comparativa hoy en día ha creado un panorama diferente, ya que incluso los pobres de la mayoría de los países tienen un entretenimiento (a través de teléfonos móviles, televisores, etc.) que el emperador Alejandro Magno no podría imaginar, y en los países más ricos incluso los pobres suelen tener aire acondicionado y la capacidad de, en meras horas, hacer viajes que le habrían llevado a Alejandro Magno semanas o meses. Estos aumentos de nuestra riqueza y capacidades son el resultado de nuestro creciente conocimiento, nuestra ciencia.

El interés generalizado de los ahora envejecidos *boomers* ha llevado a la creación de fármacos supercampeones de ventas producidos por la industria farmacéutica — como las estatinas, la metformina y los inhibidores de la ECA — para tratar las enfermedades del envejecimiento, pero que requieren un uso de por vida. Y como el "envejecimiento" en sí mismo no es considerado una "enfermedad" por la Administración de Alimentos y Medicamentos (FDA) de EE.UU. (y por los organismos gubernamentales equivalentes de todo el mundo), nació una industria de "suplementos" o "nutracéuticos" al margen de la medicina convencional, basada en la "teoría del envejecimiento" en boga. Los multivitamínicos, en particular los antioxidantes (algunos totalmente sin valor cuando se ingieren, como la SOD, una enzima que se digiere como cualquier otra proteína), dedicados al tratamiento antienvejecimiento no están regulados en EE.UU. por la FDA, ya que estos "suplementos" generalmente se consideran seguros.

La industria farmacéutica produce medicamentos que de hecho alivian o retrasan los déficits y las enfermedades del envejecimiento — medicamentos basados en la ciencia establecida. Esto resultó en algunos logros: se ha reducido el riesgo de varias enfermedades del envejecimiento; algunos cánceres, antes intratables, tienen ahora altas tasas de remisión; las estatinas y los inhibidores de la ECA reducen el colesterol "malo" y la presión arterial, respectivamente, previniendo o mejorando las enfermedades del corazón y de las arterias; tenemos la metformina, que ayuda a tratar la diabetes tipo 2 y da a sus usuarios una vida más larga que la media.

Sin embargo, la ciencia actual no ha producido aumentos significativos en el tiempo de vida humano, aunque el tiempo de vida medio se ha incrementado considerablemente, ya que, a principios del siglo XX, el tiempo de vida medio en EE.UU. era alrededor de 40 años y ahora es alrededor de 80 años. Esto se debe a que el tiempo de vida medio incluye todas las muertes por enfermedades bacterianas, que ya fueron nuestras principales asesinas (la peste y la tuberculosis), y que en su mayoría se evitan con un saneamiento adecuado y no con antibióticos. No obstante, como detallaré más adelante en este libro, los científicos han sido capaces de prolongar el tiempo de vida de mamíferos no primates en una proporción significativa de su tiempo de vida y han conseguido multiplicar en varias veces el tiempo de vida de algunos invertebrados.

En este momento, tal vez por primera vez en la historia, hemos producido medicamentos, aunque con efectos secundarios, que pueden mejorar y prolongar nuestra vida (incluso si en general mejoran y prolongan nuestra senescencia, ya que en general son usados por personas ancianas o que están cerca de ser ancianas), aumentando nuestro tiempo de vida medio, pero sólo un poco — sin embargo, la vida es preciosa para muchos, sin importar su condición.

Las explicaciones que la mayoría de los biólogos dan a los procesos que controlan el envejecimiento y la duración de la vida se basan en años de brillantes trabajos teóricos y experimentales realizados a mediados y finales del siglo XX. El resultado de estos innumerables esfuerzos fue una explicación de sentido común del envejecimiento, un atributo de la vida hasta entonces misterioso e inexplicable, que ahora podía ser entendido por cualquiera: "Las cosas se deterioran..."; o en un lenguaje más científico: entropía. En el contexto del envejecimiento, entropía significa la acumulación inevitable de daños aleatorios (*estocásticos* es la palabra "sofisticada" para eso) que gradualmente superan la capacidad de nuestras células para repararlos, y nuestras células envejecen y mueren en consecuencia. Entonces, en esta analogía tu cuerpo es como tu automóvil: sí, lo cuidas bien, pero está esa piedra que no viste y que dañó tu transmisión, ese óxido que se extiende bajo la pintura de tu puerta, el desgaste constante de los pistones y los cilindros. Sí, podrías reemplazar cada pieza defectuosa o desgastada si tuvieras los repuestos, y el dinero, pero eso significaría malgastar tu dinero y tienes otras necesidades, y obtener esas nuevas "piezas" sería costoso. Así que lo mejor que puedes hacer es intentar evitar que se produzcan daños y repararlos cuando se produzcan, aunque sabes que los daños son inevitables.

Para extender la analogía, cuanto mejor se haya construido tu auto inicialmente (tu genética), y cuanto mejor se haya cuidado (tu dieta, régimen de ejercicio y prudencia), más tiempo funcionará. La ciencia moderna ha desarrollado metafóricamente algunos aditivos para el combustible, algunos lubricantes sintéticos y selladores de radiadores para evitar que el viejo motor se desgaste demasiado rápido, pero la perspectiva de un aumento significativo del tiempo de vida es pequeña, y casi no vale la pena para la mayoría (yo incluido, e incluso Leonard Hayflick, el hombre que nos convenció de que las propias células son mortales — al menos cuando se cultivan in vitro ["en vidrio", en lugar de "in vivo" — en animales]).[2] No obstante, algunas almas valientes (o arrogantes) emprendieron el desafío de "arreglar" la maquinaria defectuosa de la naturaleza, para mostrarle lo que el ingenio humano podía lograr (hago un reconocimiento a Aubrey de Grey por eso);[3] su visión del envejecimiento sigue basándose en lo que se ha denominado las teorías del "desgaste" del envejecimiento (la aparición y acumulación aleatoria de daños en las estructuras celulares vitales que no son reparados o no pueden ser reparados por el organismo), y tienen poco que mostrar por sus esfuerzos. El motivo de esto es sencillo — estas teorías tienen algo en común con la mayor parte de las teorías de sentido común sobre el mundo (como "el Sol da una vuelta a la Tierra una vez al día"): están equivocadas.

Durante el resto de este libro, revelaré los secretos del envejecimiento que he descubierto; algunos de ellos estaban escondidos a simple vista, y otros los ha desvelado nuestro grupo en nuestros propios laboratorios. Hemos podido revertir el proceso de envejecimiento en ratas de tal manera que las ratas viejas experimentalmente tratadas tuvieron en la medición de edad (en términos de edad biológica) menos de la mitad de la edad cronológica de sus controles con edad equivalente (animales viejos no tratados, de la misma edad cronológica que los tratados) según el "patrón oro" de la determinación de edad biológica (las pruebas del "reloj" de edad de metilación de ADN de Steve Horvath desarrolladas específicamente para las ratas Sprague Dawley que utilizamos), y más de 30 "biomarcadores de envejecimiento" diferentes (características medibles como inflamación, fuerza, capacidad cognitiva y salud de los órganos, que cambian con la edad). El rejuvenecimiento humano es, por supuesto, nuestro objetivo final. La cuestión es si la humanidad está preparada para lo que será el mayor cambio en el curso de la historia humana, quizá tan fundamental como el descubrimiento del fuego. Como el fuego, estoy seguro de que encontraremos nuevas formas de utilizarlo, y como el fuego, cambiará nuestras vidas para mejor.

Es obvio que muchos seres humanos no saben qué hacer con la vida que ya tienen, desperdiciando el tiempo que se les da con distracciones; "drogas, sexo y rock and roll" o cualquiera que sea el equivalente moderno para disponer del exceso de tiempo. Para muchos en este mundo, la vida ya es demasiado pesada, y están dispuestos a desistir por cualquier supuesta "causa justa" — sin embargo, pienso que la inmortalidad biológica humana no sólo conducirá a un mundo mejor, sino a *mundos* mejores. Mientras la velocidad de la luz siga imponiendo límites a nuestros viajes, se necesitará un tiempo de vida de siglos, milenios o más para que la humanidad pueda crear una civilización pangaláctica.

Mi abordaje en este libro es mezclar biología con historia objetiva y personal, e historias y mitologías del pasado y del presente, para obtener una imagen más completa de los posibles beneficios y perjuicios del rejuvenecimiento humano. Esta es, en cierta medida, mi búsqueda personal de la inmortalidad biológica (no es que yo tema a la muerte, la considero la "Gran Aventura", y si no hay nada, no me decepcionaré, pero sé que siempre he sido un buen y fiel servidor, así que no temo nada). También entraré en detalles sobre las teorías pasadas y presentes del envejecimiento y la biología y bioquímica subyacentes que apoyan (y a veces contradicen) esas ideas.

El rejuvenecimiento, que ya fue un "sueño imposible", un tema relacionado más con la magia que con la ciencia, ha sido demostrado en varias ocasiones en los últimos años (aunque nunca con la amplitud que hemos demostrado recientemente). Analizaremos tanto el "Por qué" como el "Cómo" del rejuvenecimiento humano, porque el rejuvenecimiento ha pasado de ser un sueño imposible a una nueva realidad, que espero que se materialice durante la vida de la mayoría de los lectores de este libro (yo mismo incluido, como predijo mi sueño — un sueño que se describirá más adelante en este libro).

Los pueblos antiguos se preocupaban por la vida y la muerte tanto como nosotros (y, sorprendentemente, tenían pistas sobre el proceso de rejuvenecimiento), así que empecemos por lo que ellos creían (y muchos aún creen) sobre la vida, la muerte y la inmortalidad. Descubriremos que parte de esta sabiduría antigua se acercaba más a la realidad que la "sabiduría" de los biólogos modernos.

1

El nacimiento de la muerte

"Porque en la mucha sabiduría, hay mucha angustia,
Y quien aumenta el conocimiento, aumenta el sufrimiento."

Eclesiastés 1:18

"Lo siento amigos, pero este conocimiento es en realidad una buena noticia."

Harold Katcher (el autor)

El duelo y el luto entre los mamíferos y las aves se han constatado muchas veces de forma anecdótica, pero ¿tenemos el mínimo indicio de que los animales saben que se enfrentan al envejecimiento y a la muerte? Pequeños cambios en nuestro conocimiento provocan grandes cambios en nuestro comportamiento: se especula que el descubrimiento de la relación entre tener sexo y procrear nueve meses después invirtió los estatus relativos de hombres y mujeres, cuando el poder mágico de la mujer de producir un bebé se redujo a que ella fuera el terreno receptivo para la semilla masculina (por supuesto, ninguna de las dos cosas es cierta).

No se sabe cuándo los humanos descubrieron que el envejecimiento y la muerte eran inevitables (y probablemente eso ocurrió muchas veces en muchos lugares), pero la creencia de que existía algún tipo de vida después de la muerte (la negación de la muerte como el fin de la personalidad) fue común a muchas culturas. Las evidencias sugieren la posibilidad de que, desde el principio, había sociedades que temían la muerte como algo antinatural y aleatorio, y otras que veían la muerte como parte de la vida. Entre estas últimas, los pigmeos de las selvas africanas se consideran parte de la propia selva, y creen que vuelven a ella después de la muerte. Para ellos, la muerte es algo natural — incluso olvidan a propósito los nombres de los fallecidos y no los vuelven a utilizar. Sin embargo, para la mayor parte de la humanidad y durante la mayor parte de la historia de la civilización, la negación de la muerte fue una fuente de alta cultura humana y la base de la religión, porque todos los seres humanos viven bajo la sombra de la conciencia de su propia muerte — y la imposibilidad de creer que ellos como individuos morirían llevó al concepto de vida después de la muerte y del "alma".

Mesopotamia

La primera historia de la búsqueda de la inmortalidad — posiblemente la primera historia que fue escrita, registrada en tablas de arcilla, marcadas con los puntos y rayas del sistema de escritura cuneiforme de la antigua Sumeria, la primera civilización humana ("civilización" se refiere específicamente a *civitas*, o ciudades) — se llama *La Epopeya de Gilgamesh*. Como en muchos sistemas de creencias actuales, ni los sumerios, ni los acadios, que más tarde los sustituyeron, creían en la muerte personal, sino que la muerte representaba una transición a una fase diferente de la vida — que tenía lugar en el "inframundo", un mundo al otro lado de la Tierra, donde el dios sol Shamash (su nombre en la lengua acadia) pasaba todas las noches impartiendo justicia a los muertos que vivían allí (ya que esa era una de sus funciones). Pero el inframundo era una tierra oscura y lúgubre en que los fantasmas de los vivos comían polvo y bebían agua salobre, a menos que los parientes vivos les proporcionaran comida y bebida — de hecho, había tuberías que conducían a las tumbas donde se podían verter libaciones — ya que los espíritus de los difuntos seguían necesitando sustento y podían interferir en los asuntos de los vivos (negativamente, si esos espíritus no estuvieran debidamente apaciguados). A juzgar por el número de figuras votivas encontradas, la religión era entonces una industria importante.

Gilgamesh, de *La Epopeya de Gilgamesh*, era el rey de la rica Uruk — una ciudad-estado sumeria en lo que hoy sería Irak — y un gobernante feroz y poderoso, que enfureció a su pueblo por usar su *droit du seigneur** para poseer a cada nueva novia en su boda. En respuesta a las súplicas de los ciudadanos de Uruk, los dioses crearon un amigo para Gilgamesh, un hombre con su misma fuerza, el salvaje Enkidu. Enkidu es atraído de la naturaleza con cerveza y mujeres (específicamente, la prostituta del templo Shamhat) y llevado a Uruk. Cuando Enkidu se entera de lo que Gilgamesh hace a las jóvenes novias, él también aparece en una boda y lucha contra Gilgamesh por el honor de la nueva novia, y aunque pierde ante Gilgamesh, los dos se vuelven amigos inseparables, y el feroz Gilgamesh cambia su comportamiento, convirtiéndose en un héroe para su ciudad.

En sus épicas aventuras juntos, Enkidu mata al semidiós Jumbaba y al gran Toro del Cielo y es asesinado por los dioses en venganza. Gilgamesh está ahora solo y ve a qué ha reducido la muerte a su amigo, y teme mucho ese destino. Así, él inicia su viaje a la isla Lejana para encontrar al único hombre inmortal (que vive con su esposa igualmente inmortal): Utnapishtim (él también es el modelo del hombre conocido como Noé en la Biblia hebrea, uno de los pocos que sobrevivieron al diluvio universal). El viaje, como puede imaginarse, fue lleno de maravillas (toman el camino que utiliza el dios sol, bajo las montañas y pasando por los árboles de joyas en el reino de los dioses), pero cuando Gilgamesh finalmente se encuentra con Utnapishtim, el inmortal convence a Gilgamesh de que su búsqueda es inútil, que los propios dioses plantaron la semilla de la muerte en cada creación, pero le ofrece un desafío a Gilgamesh que le dará la inmortalidad si lo supera: permanecer despierto durante seis días — pero él fracasa.

Después que Gilgamesh fracasa en la prueba, Utnapishtim le dice que debería disfrutar de los placeres de la vida y no perder su tiempo en esa búsqueda inútil. Gilgamesh está desconsolado, y la esposa de Utnapishtim, por compasión, hace que Utnapishtim le comente a Gilgamesh sobre una planta

---

* *Droit du seigneur* ("derecho del señor") era un supuesto derecho legal en la Europa medieval, que permitía a los señores feudales mantener relaciones sexuales con las mujeres subordinadas, en particular en las noches de boda de éstas.

que se encuentra en el fondo del océano y que lo rejuvenecerá. Gilgamesh viaja hasta allí atando pesadas rocas a sus pies, encuentra la planta de la juventud y la lleva a la superficie. Desconfiado (y aquí puede estar uno de los mensajes de la historia), Gilgamesh decide viajar de vuelta a Uruk y probar la planta de la juventud en un anciano antes de usarla en sí mismo (una ventaja de ser rey), pero en el viaje de vuelta, mientras Gilgamesh y el capitán de su barco están durmiendo en una isla, una serpiente se come la planta de la juventud y a partir de entonces rejuvenece mudando su piel cada año (una historia fabulada) — y Gilgamesh se desespera.

¿Por qué había desperdiciado su vida? Al intentar conseguir más vida, él había desperdiciado la poca vida que se le había dado. Y, sin embargo, tras varios días navegando, las grandes murallas de Uruk se alzan ante ellos, y Gilgamesh le muestra con orgullo al capitán del barco su ciudad y sus logros, quedando así Gilgamesh, el gran rey (dos tercios humano y un tercio dios, pero no me pregunten sobre la genética de eso), en la misma posición en la que nos encontramos nosotros.

Los antiguos, como nosotros, se preocupaban por la vida y la muerte (y esa es la gran sabiduría en la que hay una gran angustia), y parece que, respecto a esos temas, ¡no ha cambiado mucho en los últimos 4.000 años! Entonces, ¿seguimos perdiendo el tiempo intentando conseguir más vida en vez de disfrutar la que se nos ha dado? ¿Por qué no aceptar nuestro destino y disfrutar la vida que tenemos? Si me hicieran esa misma pregunta hace sólo diez años, yo diría que sí, que la *Epopeya de Gilgamesh* es un "cuento de advertencia", una especie de "no desperdicies lo que te dan en una expectativa injustificable de obtener más" — pero ahora mi opinión ha cambiado (y ya verán por qué), y creo que podemos tener una juventud biológicamente "inmortal" (con el reconocimiento de que nada físico es inmortal y que incluso nuestro universo puede tener un final).

En los mitos y leyendas mesopotámicos, la muerte no existía sino como un cambio de estado que exigía una carga continua para los vivos de suministrar a los muertos (y a los sacerdotes) comida y bebida eternamente. Así, ahora hay muchos espíritus hambrientos en el inframundo, ya que los habitantes de Uruk, Ur y Eridu ya no existen para darles comida y bebida.

La *Epopeya* cuenta con dos historias esperanzadoras para ayudarnos a aceptar nuestro destino. Antes de morir, Enkidu maldice al cazador y a la prostituta del templo, Shamhat, que lo atrajeron de la naturaleza, pero después de que se le recuentan sus aventuras con Gilgamesh y se recuerda de los placeres de la vida civilizada (¿cerveza y sexo?), Enkidu retira sus maldiciones y alaba a ambos. Aunque cuando era un hombre salvaje no conocía el envejecimiento ni la muerte, lo que había experimentado desde entonces había hecho que todo valiera la pena. Y Gilgamesh, al que se le prohibió la inmortalidad física, encuentra la satisfacción menor de que su nombre y sus logros no perecerán. Han pasado ya más de 4 mil años y, sin embargo, Gilgamesh y Enkidu siguen hablando con nosotros, así que él de hecho lo ha conseguido.

Los hebreos

<u>Judaísmo</u>

El judaísmo surgió en Mesopotamia como los seguidores de un radical "rompedor de ídolos" en pro de un Dios invisible. Primeramente siendo un Dios meramente tribal, uno entre muchos ("Elohim", la palabra utilizada en la Biblia hebrea que suele referirse a una única deidad, significa *dioses* — tiene una terminación plural "im" que hace las veces de la "s" en las palabras en plural en otros idiomas), su Dios, Yahvé, se convirtió en el único Dios, el Dios, el Rey del Universo. No siendo más un hombre o una mujer amplificados, con lujuria y otros deseos humanos, este Dios invisible, cuyos "pensamientos no son como nuestros pensamientos y cuyas acciones van más allá de lo que podemos imaginar", marcó un enorme cambio en el mundo antiguo, de los panteones de dioses de concreto esculpidos en piedra — seres imaginados como gigantescos y poderosas extrapolaciones de hombres y mujeres — a un Dios invisible, el único Dios, un ser que controla por sí solo todo el universo (tal como se conocía).

Sin embargo, otra profunda distinción separaba al judaísmo y a los descendientes de Abraham de los pueblos similares que los rodeaban (el propio Abraham era hijo de un fabricante de ídolos de la ciudad caldea de Ur): ellos creían que la muerte era el final definitivo de la vida. En la cosmovisión judía no existía una "vida después de la muerte" o un "inframundo" — la muerte era definitiva. Fue el nacimiento de la muerte como el final definitivo de la conciencia. Sólo más tarde, en sus relaciones con los griegos helénicos, algunos de sus conceptos metafísicos entraron en el judaísmo de tal manera que ahora incluso algunos judíos que se consideran "ortodoxos" creen en una vida después de la muerte y en almas inmortales, pero eso no aparece en ninguna parte del "Antiguo Testamento".

No hay que olvidar la influencia en el judaísmo de la religión persa zoroástrica, que presumía un alma inmortal y un Dios tripartito, Ahura Mazda, del que surgieron dos espíritus, muy parecidos al Yin y al Yang en el taoísmo. Este era el símbolo de dos opuestos que creaban el todo; la luz y la oscuridad, el espíritu y la materia, el "incrementador" y el "destructor", y permaneció en las creencias abrahámicas como el Bien y el Mal, Dios y el Diablo, con base en Ahura Mazda y Ahriman. Además, dado que el alma del muerto es juzgada y enviada a una deliciosa u horrible vida después de la muerte, dependiendo de sus actos y de su integridad, y no de las ceremonias de entierro o de los sobornos a los dioses, los conceptos de Cielo e Infierno, ambos prominentes e incluso definitorios para las fes cristiana y musulmana, proceden de la religión zoroástrica. Igualmente, los ángeles y otros seres espirituales también proceden de esta religión, que a pesar de todavía existir es la más pequeña de las religiones del mundo.

En la Biblia hebrea, la creación del mundo termina con la creación del hombre Adán a partir de arcilla roja (el significado de "Adán") en el que Dios infunde vida. El hombre, en este punto sin representación femenina, era inmortal. Y Dios, deseando dar al hombre compañía, creó a la mujer a partir de una de sus costillas. Ambos eran inmortales[*] y vivían en el paraíso, y podían hablar directamente con Dios.[4]

En las primeras palabras "registradas" (aunque Adán, al desconocer la escritura, no las registró) de Dios a la humanidad, se les dijo a Adán y Eva que podían comer de cualquier árbol del Jardín, excepto del "Árbol del Conocimiento del Bien y del Mal" que estaba en su centro, y que si lo hacían, morirían con seguridad. Casi todo el mundo conoce el resto de la historia: una serpiente convence a Eva a comer del "Árbol del Conocimiento del Bien y del Mal" diciéndole que seguramente no moriría y tendría el conocimiento del bien y del mal como Dios. Eva convence a Adán a hacer lo mismo. Y juntos, comiendo el fruto, pierden la inocencia y cubren su desnudez, mostrando así a Dios que conocían el bien y el mal y por lo tanto habían comido del árbol.[4]

El castigo es bastante severo, y son desterrados del Jardín, y la Biblia nos dice entonces que "Dios el Señor dijo: 'El ser humano ha llegado a ser como uno de nosotros, pues tiene conocimiento del bien y del mal. No vaya a ser que extienda su mano y también tome del fruto del árbol de la vida, y lo

---

[*] De repente se me ocurre que Adán y Eva no eran inmortales, ya que Dios temía que Adán y Eva comieran ahora del "Árbol de la Vida" y se convirtieran ellos mismos en dioses en el mito. Como el fruto del Árbol de la Vida confería la vida eterna, y se les prohibió comerlo, Adán y Eva eran mortales.

coma y viva para siempre'. Entonces Dios el Señor expulsó al ser humano del jardín del Edén, para que trabajara la tierra de la cual había sido hecho. Luego de expulsarlo, puso al oriente del jardín del Edén a los querubines, y una espada ardiente que se movía por todos lados, para custodiar el camino que lleva al árbol de la vida." (Génesis 2:4-3:24)[4]

Bueno, parece que se ha eliminado esa prohibición.

El contenido de esta historia es muy denso, y aún quedan muchas preguntas. ¿Por qué puso Dios el Árbol del Conocimiento del Bien y del Mal en el centro del jardín, y por qué lo puso en el jardín (independientemente de la ubicación)? Y si Adán y Eva no tenían conocimiento del bien y del mal, ¿por qué pensarían que desobedecer las instrucciones de Dios estaba mal? ¿Es como cuando le dices "siéntate" a tu perro y no lo hace? Y finalmente, Dios actúa realmente como un Dios celoso, de alguna manera temeroso de que el hombre, sabiendo lo que los dioses saben, pueda comer del Árbol de la Vida y obtener la inmortalidad. Y Dios dice que el hombre se ha vuelto "como uno de nosotros", dando a entender que hay más dioses (¿seres que se diferencian de nosotros porque son inmortales?).

Entonces, antes de la "Caída", ¿podríamos suponer que las personas que no tuvieran conocimiento del bien y del mal serían como los demás animales, para quienes el "bien" y el "mal" no significan nada? No saber no desobedecer a Dios implica el conocimiento del bien y del mal (porque Adán y Eva son castigados por desobedecer, pero ¿cómo sabrían que desobedecer es malo?). Sin embargo, la sexualidad parece ser la preocupación del "bien" y del "mal" (descubren su desnudez y se visten con hojas de higuera por vergüenza), y el origen de la muerte. Como biólogo, creo que esto es cierto, ya que la reproducción sexual es la base de la variedad, y la muerte por envejecimiento es una base natural para permitir la selección del más apto, dadas las ventajas naturales de tamaño y, en los mamíferos superiores, de conocimiento de la generación parental.

En la Biblia judía (el Antiguo Testamento) aparece algo más que tiene especial importancia para nuestros intereses con relación a la vida y la muerte, y para mí, dos citas tienen especial relevancia:

1. "Algunos llegamos hasta los setenta años, quizás alcancemos hasta los ochenta, si las fuerzas nos acompañan. Tantos años de vida, sin embargo, solo traen pesadas cargas y calamidades: pronto pasan, y con ellos pasamos nosotros."

Salmos 90:10[4]

2.   "No coman la sangre de ninguna criatura, porque la vida de toda criatura está en la sangre; cualquiera que la coma será eliminado."

Levítico 17:14[4]

Y por último, una tercera cita que ilustrará las diferencias entre la época antigua y la moderna:

3.   "Lo que ya ha acontecido
volverá a acontecer;
lo que ya se ha hecho
se volverá a hacer
¡y no hay nada nuevo bajo el sol!
Hay quien llega a decir:
'¡Mira que esto sí es una novedad!'
Pero eso ya existía desde siempre,
entre aquellos que nos precedieron.
Nadie se acuerda de los hombres primeros,
como nadie se acordará de los últimos.
¡No habrá memoria de ellos
entre los que habrán de sucedernos!"

Eclesiastés 1:2-11[4]

Analicemos estas tres citas en relación con nuestros temas principales: vida, muerte y rejuvenecimiento.

La primera de estas citas procede de los salmos del rey David (hacia el año 1000 a.C.), una figura importante en las tres religiones abrahámicas, judaísmo, cristianismo e islamismo (era un tipo "simpático", famoso cantante y guerrero — mandó crucificar a todos los hijos del rey Saúl cuando se convirtió en rey). Lo que David cantó en la primera cita (1) es una oración de un hombre llamado Moisés (no "el" Moisés), que reza a Dios y le pide su amor y protección — porque Dios dará la satisfacción de una larga vida a los que recurren a él. Y aquí se dice claramente que se le darán setenta u ochenta años de vida, dependiendo de sus fuerzas, pero años llenos de problemas y sufrimiento, y aquí Moisés simplemente pide a Dios que le dé tanto tiempo de felicidad como de aflicción.

No se habla de una vida después de la muerte — si el judaísmo tiene un lema, es "Vida" (L'Chaim). En el judaísmo clásico no existe "alma"; la palabra que normalmente se traduce como "alma" es la palabra hebrea *neshamah*, que significa "aliento" (como el aliento que Dios insufló a Adán, al que hizo de arcilla roja y dio vida como el primer hombre). Este tipo de alma no existía separada del cuerpo. Esa era la definición de muerte: falta de respiración; sin aliento, no hay vida. En ese caso, deberíamos poder decir que "el aliento de una persona es su vida", pero no podemos — como observaremos cuando examinemos nuestra siguiente cita bíblica.

En resumen, hasta ahora, lo que tomo como nuestro mensaje del judaísmo del "Antiguo Testamento" es que el tiempo de vida es fijo, con una pequeña variación de duraciones potenciales de vida (70 - 80 años), y la muerte es permanente.

El judaísmo sobrevive hoy día como una religión étnica, una "religión familiar" de manera similar al hinduismo — incluso los indios cristianos conocen su casta. Naces hindú, como lo fueron tus padres y sus padres, y así sucesivamente. Sin embargo, a diferencia del hinduismo, existe una ceremonia oficial de conversión al judaísmo (de hecho, el "Libro de Rut" se refiere a una célebre mujer que abandonó su pueblo para unirse al de su marido judío); aunque la religión actual se divide en judaísmo reformista, conservador y "ortodoxo", que no es ortodoxo en el sentido bíblico; en realidad se basa en las enseñanzas del místico Baal Shem Tov sobre intentar fundirse con Dios en esta vida (una forma de evitar la muerte), de forma muy parecida a la rama del islamismo místico llamada sufismo, basada en los escritos del místico y mulá persa Rumi (que ya fue el poeta más leído en Estados Unidos).

Esta capacidad de ver un mundo más allá de nuestro mundo y más grande que él (más grande de lo que las palabras pueden expresar), de ver la belleza en el mundo que otros no pueden ver, es una espléndida respuesta a la muerte, pero ¿es verdad o un autoengaño? ¿Y tiene esto en realidad alguna importancia? Con restricción alimentaria y mutaciones que prolongan la vida, una lombriz (*Caenorhabditis elegans*) puede vivir diez veces más. ¿Creen que la lombriz aprecia eso? Por otro lado, si eres viejo y puedes volver a tener el cuerpo (y el cerebro) de un veinteañero, ¿no querrías probarlo? A diferencia de esos populares dramas de "Netflix" en que la gente recibe la "maldición" de la inmortalidad, no habrá una "cura" permanente — el envejecimiento se pondrá otra vez en marcha después del tratamiento, pero sólo será necesaria otra ronda de tratamiento (estamos refiriéndonos a intervalos de cinco a diez años, posiblemente más), por lo que el envejecimiento siempre puede revertirse.

La segunda cita es Dios diciéndonos que "la sangre es la vida" ("... la vida de toda criatura está en su sangre"). Es una frase que encontré por primera vez no en una Biblia, sino viendo una película de terror. Es lo que dice el "Conde Drácula" en la novela Drácula de Bram Stoker y lo dice dramáticamente Bela Lugosi en la más famosa de las más de 170 películas (en todo el mundo) basadas en la novela Drácula. La tesis subyacente del mito del vampiro es el verso bíblico (2) citado anteriormente. El vampiro mantiene artificialmente su vida y su apariencia juvenil drenando la vida (la sangre) de los jóvenes. Las víctimas suelen ser jóvenes (en la novela de Stoker, a las esposas del conde les gusta especialmente que su amo les provea un bebé). ¿Acaso esto sugiere que una persona joven tiene más "vida"?

Eso creía el "verdadero vampiro" en que puede haberse basado Drácula: la noble húngara Isabel Bathory (a menudo conocida como la "Reina Vampira"), que al parecer también creía que beber (y supuestamente bañarse en) la sangre de mujeres jóvenes le ayudaba a conservar su juventud. Nunca vi evidencias de que de hecho haya conservado su juventud (se dice que cientos de mujeres jóvenes murieron en ese intento), pero su amor por la tortura y la mutilación sexual sugiere también otros motivos.

Sin embargo, lo que me sorprende especialmente es la verdad de esa frase bíblica, "la sangre es la vida de toda criatura" — si se entiende correctamente. Si el aliento es la fuerza animadora, la *neshamah*, el "soplo" que dio vida a la arcilla que era Adán, ¿por qué tenemos al propio Dios diciendo "la vida de toda criatura está en su sangre"? Cuando escuché eso, tuve un pensamiento distinto — ¿había alguna verdad en esa afirmación de que la "vida" está en la sangre? ¿Por qué tener en cuenta este antiguo texto? Y, sin embargo, como veremos, hay mucha verdad en esa afirmación.

La tercera y última cita de la Biblia judía son las palabras del hombre al que sólo se refiere como "el Pastor", o "el Profesor". Y la razón por la que cito esto es porque se trata de una filosofía que gobernó el mundo hasta la Ilustración en Europa durante los siglos XVIII y XIX, y que todavía es adoptada por muchos: el tiempo es cíclico, no hay nada nuevo bajo el sol — lo que se hizo, se ha hecho antes, y se hará de nuevo, aunque nadie lo recuerde, una y otra vez, infinitamente.

No hace falta mucha discusión seria y basada en evidencias para llegar a la verdad de hoy, una verdad que contradice las palabras del Profesor. Nunca antes el hombre y sus máquinas habían pisado la superficie de la Luna, explorado Marte, cartografiado las profundidades de los mares, las distancias a las estrellas y el tamaño de los átomos; y sin embargo, 3 mil años después que David cantó el Salmo 90, y el Profesor enseñó sobre su desesperación, no podemos más que posponer un poco la muerte, por lo que esa esperanza de vida de 70-80 años sobre la que cantaba David se ha alargado quizás de cinco a diez años en los últimos 30 siglos, pero eso está a punto de cambiar.

Cristianismo temprano

Esta religión comenzó como una rama del judaísmo, y sus doctrinas fueron predicadas originalmente por Jesús de Nazaret durante la ocupación romana de Israel. En un aspecto por lo menos Jesús unió el mundo de los judíos con el de las civilizaciones mesopotámicas y egipcias circundantes: la muerte no era eterna, al menos para algunos. La desesperación total de la muerte, y la alternativa de una vida corta y llena de sufrimiento, era insoportable para el pueblo judío; si realmente eran un pueblo "elegido", ¿por qué fueron conquistados? ¿Por qué sufrían, y por qué Dios traía a uno a la vida sólo para soportar el dolor?

Entonces, para dar una recompensa por el buen comportamiento, y no simplemente obedecer la Ley, y aun así mantener la suposición de que los humanos no tenían almas inmortales, se creó el Paraíso — como el Jardín del Edén, un lugar donde Dios vive con su pueblo por toda la eternidad. Pero en vez de un alma "inmortal", Jesús dijo que habría una "resurrección" de los muertos, quienes, si eran del pueblo de Dios, pasarían la eternidad en el Paraíso con Él. Pero ese lugar no estaba en el cielo, sino en la tierra, y las "almas" de los muertos no resucitarían, porque como se dijo, no había alma separada del cuerpo, pero Dios resucitaría a los muertos con cuerpos nuevos y perfectos. Él traería de vuelta a todos los muertos, buenos y malos, pero los malos serían traídos de vuelta simplemente para finalmente entender y lamentar el error de sus acciones y luego ser completamente destruidos, como paja arrojada al fuego — así que el castigo eterno no era el infierno, sino simplemente "no ser", la muerte eterna.

Sin embargo, los muertos estaban muertos; no tenían alma y estaban destinados a volver al polvo del que habían venido. Ninguna alma iba al paraíso; en lugar de eso, el paraíso llegaría a la tierra, pero sólo mucho después de la muerte (aunque supongo que para los recién recreados no habría pasado nada de tiempo), cuando Dios uniría el cielo y la tierra para crear un nuevo cielo y una nueva tierra, un mundo perfecto. Los muertos buenos resucitados tendrían vidas eternas en cuerpos perfectos, para vivir con Dios, y los muertos malos sólo serían resucitados para comprender y lamentar sus fallos y luego serían eliminados. Este concepto de resurrección, en vez de almas inmortales, hizo que el cristianismo temprano fuera muy diferente de otras religiones de la zona.

Lo que hizo Jesús fue cambiar los requisitos para entrar en el paraíso; ya no bastaba con seguir estrictamente las reglas y realizar los rituales para que

Dios te considerara de "Su" lado; en vez de eso, había dos mandamientos bíblicos que para Jesús superaban y definían todos los demás: "debes amar a Dios con todo tu corazón", y "debes amar a tu prójimo". Pero no había un "alma inmortal"; el "alma" no iba a ninguna parte después de la muerte — el alma era el aliento, cuando el aliento se detenía no había vida, no había alma. Cuando el paraíso llegue a la tierra, Dios juzgará, manteniendo a los dignos para vivir con Él en un mundo perfecto y eliminará a los malos, a los que se oponen a Dios, pero no habrá torturas eternas como a los predicadores medievales les gustaba imaginar, "sólo" eliminación y olvido.

Los griegos

La religión griega temprana tenía una elaborada vida después de la muerte, con juicio de los muertos y diferentes moradas para los grandes (los Campos Elíseos y las Islas de los Bienaventurados), los buenos (los Prados Asfódelos para la gente común), los que desperdiciaban su vida en amores no correspondidos (los Campos de Luto) y los malos (que eran castigados en el Tártaro, el inframundo del inframundo). El Tártaro estaba tan por debajo del inframundo como el mar del cielo, la raíz más profunda y oscura tanto de la tierra como del mar. Si eras *realmente* bueno, nivel semidiós, podías quedarte en los Campos Elíseos o volver a la Tierra para perfeccionar tu alma; cuando llegabas a los Campos Elíseos se te permitía quedarte o reencarnar; si en tres encarnaciones conseguías llegar a los Campos Elíseos, pasabas la eternidad en el paraíso de las Islas de los Bienaventurados (en el pensamiento griego posterior los Campos Elíseos se ampliaron para incluir a los simples mortales que llevaban vidas virtuosas, por lo que las Islas de los Bienaventurados se convirtieron en la única morada de semidioses y héroes).

Sin embargo, el alma, para la mayoría de los muertos, era inactiva, una especie de recuerdo de que una vez existieron, sin objetivos ni consecuencias de sus actos. La muerte era vista como un final inaceptable de la vida, de tal manera que Homero creía que la mejor existencia posible para los humanos era no haber nacido nunca, o morir poco después de nacer, porque la grandeza de la vida nunca podría equilibrar el precio de la muerte (curiosamente, evitar el reino de Hades era permisible para los bebés muy pequeños, en caso de que murieran, lo que implica que el alma inmortal no "entra" en el bebé hasta algún tiempo después del nacimiento, según la manera de pensar de Homero).[5]

La opinión de Homero era exactamente opuesta a la revelación de Enkidu de que su vida había valido la pena aun teniendo en cuenta su muerte (y el conocimiento del envejecimiento y la muerte que no tenía como hombre "salvaje") y a la comprensión de Gilgamesh, cuando vio las grandes murallas de su ciudad y contó sus hazañas, de que sus logros terrenales valían la pena aun teniendo en cuenta el conocimiento de la muerte inevitable; para Homero, no valía la pena. La sensación era de desesperanza, de que no importa lo que uno logre en la vida, al menos para la gente común (y no para el semidiós o el héroe), todo equivale a nada después de la muerte.

Una solución obvia, ya mencionada, fue ampliar los Campos Elíseos a la gente común (pero ejemplar), para dar esperanza a la gente, pero esa esperanza la satisfizo mejor el cristianismo. De hecho, a finales del período arcaico, antes de que el cristianismo se impusiera, pocos griegos creían en las antiguas visiones de la vida después de la muerte — aunque en el período helénico la mayoría de los griegos ponían monedas en la boca de los muertos para Caronte, pero esto se debía probablemente a la superstición generalizada de que los espíritus de los muertos, especialmente si no eran enterrados o si permanecían de este lado del río Estigia al no tener una moneda para Caronte, podrían volver al mundo de los vivos como fantasmas y buscar vengarse de personas o incluso ciudades enteras que creyeran que les habían hecho daño o simplemente que tenían más que ellos.

La gente utilizaba hierbas y amuletos para ahuyentar a los fantasmas y, en algunos casos utilizaba amuletos mágicos para invocar a los fantasmas y utilizarlos contra otras personas. A los fantasmas en general no les gusta que los llamen, así que muchos intentaban llamar a los fantasmas de los que habían tenido una vida corta (¿quizás querrían ver más de la vida?). Pero una innovación griega que proporcionó material para las religiones posteriores fueron los cultos de misterio que aseguraban a sus miembros un lugar en los Prados Asfódelos para pasar la eternidad en campos abiertos cantando y bailando, mientras que los no miembros se arrastrarían en el lodazal. Incluso en aquella época, la debilidad de esa solución era evidente y era apuntada; mientras grandes personas se arrastraban en el lodazal, al no pertenecer al culto, personas muy inferiores disfrutarían de todos los placeres del paraíso. Por supuesto, el mismo argumento se aplica a cualquier religión que sólo permite a sus miembros entrar en sea lo que sea su paraíso.

La idea del alma inmortal ya estaba presente en la filosofía de Platón — de hecho, hay matemáticos modernos que creen en el abstracto "Mundo de las Formas" de Platón, y que en vez de crear la matemática, ellos están entrando en ese mundo para descubrir la matemática que ya está allí (lo que conocemos como un "círculo" es una representación inferior del "verdadero" círculo en ese mundo). Del mismo modo, el alma existía en el Mundo de las Formas antes de nuestro nacimiento y seguirá existiendo después de nuestra muerte, para siempre. Cuando morimos, "nuestra" alma se libera y es inmortal, y tras un breve descanso en el Mundo de las Formas, entrará en otro cuerpo.

Fue la fusión de la religión de los hebreos, los persas zoroástricos y los griegos helénicos la que produjo la mayor parte de la encarnación actualmente aceptada de la religión cristiana, con los nuevos adherentes griegos rechazando la afirmación de Jesús de la resurrección de los cuerpos físicos (según la idea hebrea de que el alma [o "aliento"] era mortal y se disipaba como el humo con la muerte del cuerpo), y sustituyéndola por la más sofisticada alma "inmortal" que deja el cuerpo después de la muerte, ya que nunca muere, y entonces entra en una tortura eterna o una felicidad eterna.

Platón escribió en una época en que la opinión popular entre los griegos era la misma que la de los hebreos, que el alma no sobrevive a la muerte, sino que muere con el cuerpo. Platón creía, aunque no veo la justificación para eso, que todo lo que es autoanimado es inmortal y el alma es autoanimada. Él creía que el alma es una "forma" no tangible pero comprensible, como la "belleza" y la "justicia", y que, como ellas, es indestructible (¿son la "belleza" y la "justicia" autoanimadas?).

Ciertamente, lo que la intelectualidad griega hizo con la simplista noción hebrea de que la muerte era el fin de la vida la convirtió en una respuesta mucho más aceptable y comprensible sobre la vida después de la muerte que la "resurrección" (¿Qué sería "resucitado"? ¿Tendría que haber huesos [o ADN] para servir de base?). Además, era la opinión predominante en el mundo antiguo, "perfeccionada" por el (justamente) famoso intelecto griego.

Sin embargo, no entiendo con qué "autoridad" una opinión que contradice lo que Jesús (a quien Dios le da su autoridad — al menos imagino que cualquier creyente estaría de acuerdo con eso) dice sobre la muerte permite a la Iglesia sustituir eso por las creencias de los filósofos griegos sobre las almas inmortales. Recordemos lo siguiente sobre los antiguos griegos: sus grandes filósofos, Platón y Aristóteles, formaron las opiniones de la Iglesia católica sobre asuntos seculares durante casi mil quinientos años, como las máximas autoridades sobre el universo físico, pero por muy maravilloso que fuera su pensamiento, todavía se remontaba al concepto griego de que el mundo podía entenderse a través del puro pensamiento; no puede.

Los romanos

El inframundo romano, tal y como se describe en la *Eneida* de Virgilio, es un duplicado del griego, con Plutón sustituyendo, en nombre, a Hades, pero también con un cambio en su reputación, con Hades — que desagradaba a los dioses y los hombres y al que sólo se rezaba para traer la muerte a un enemigo — transformado en época romana en Plutón (Dios del Inframundo), que tenía una imagen más positiva. También se veneraba a Proserpina (el equivalente romano de Perséfone, la reina del inframundo) y a Mercurio (el equivalente romano del Hermes griego — como Hermes, guiaba las almas de los muertos al inframundo, donde cruzaban el río Estigia con Caronte, el barquero, hacia el reino de Hades).

En la mitología griega, sólo se permitía a los muertos cruzar al inframundo si habían sido debidamente enterrados y tenían una moneda bajo la lengua para pagar a Caronte por la travesía (teniendo en cuenta el número de muertos, e incluso suponiendo una dracma por persona por viaje — considerando que los destinados a las Islas de los Bienaventurados deben hacer tres viajes — eso es bastante dinero, y uno se pregunta en qué lo gasta Caronte). En cuanto a los romanos, los muertos se unían a un grupo de semideidades (por lo que el culto a los antepasados era común) conocido como Di Manes; así, parece que el reino de Plutón no era un lugar tan malo.

Con relación a las élites gobernantes, sin embargo, al igual que en Egipto, ¡se consiguieron el estatus de divinidad! La primera fue otorgada a título póstumo al emperador Julio César, luego para aplacar a Calígula (conocido por sus excesos y crueldades) y a Cómodo, el hijo del brillante rey-filósofo emperador Marco Aurelio — un hijo que se rumoreaba que lo había matado (como se muestra en la película *Gladiador*). Tengo la impresión de que esos estatus de divinidad no le hicieron el más mínimo bien a ninguno de sus destinatarios en el inframundo o en el monte Olimpo.

Además, cuando los romanos rezaban a sus dioses, no era como en las religiones "basadas en el alma", como el cristianismo o el islamismo, en que se rezaba para entrar en el cielo, sino que se rezaba (como no es inusual en los miembros de todas las religiones) para obtener recompensas mundanas, como prosperidad, amor, éxito, felicidad; lo que todos deseamos, traducido de deseos a oraciones.

La idea del inframundo era nebulosa y dudosa para la mayoría; la escuela romana de filosofía epicúrea enseñaba que no había vida después de la muerte, y que los dioses no interferían en los asuntos humanos sino que llevaban una vida tranquila y pacífica que debíamos imitar — librándonos del miedo, la preocupación y el deseo. En muchos aspectos, esta filosofía se asemeja a las palabras del texto religioso mundialmente clásico Bhagavad Gita ("El canto de Dios"), así como a las del budismo.

El "Gita" es lo más parecido que hay a una "Biblia" hindú (aunque hay muchos libros "sagrados"). Describe a todo ser vivo como la unión temporal de átomos; se juntan, se separan. El alma es más pequeña que un átomo; pero, si los ateos están correctos — dice el Avatar de Vishnu, el cuadriguero de un príncipe, cuyas respuestas definen la realidad — aunque no exista un alma inmortal, no hay nada que temer: se empieza como nada y se acaba como nada.

Según los cosmólogos, todos fuimos nada desde el principio del universo hasta hace un segundo cósmico, y yo no me aburrí lo más mínimo en esos 13.700 millones de años, ¿y ustedes? Sí, hay una diferencia entre no nacer y morir, pero ¿realmente la hay? Recuerdo que fui a un procedimiento médico y me dieron propofol (un sedante común); pregunté cuándo empezaría el procedimiento, y me dijeron que ya había terminado. No tuve la menor sensación de que hubiera pasado el tiempo, ¿y si no me hubiera despertado nunca? Si nuestro E5 (del que hablaremos más adelante) te permite vivir un millón de años, eso no disminuirá nada la eternidad que pasarás muerto.

Otros romanos adoptaron la filosofía estoica, que recomendaba una vida honrada, con los dioses como ejemplo, aunque me parece que los dioses romanos no serían buenos ejemplos para mis hijos. El más destacado de los estoicos (aunque no se sabe si era un estoico formalmente afiliado) fue el emperador romano Marco Aurelio, cuyas *Meditaciones* (nunca destinadas a los ojos del público) siguen siendo muy leídas y citadas hasta hoy.

Para los romanos, en lo que respecta a la muerte, el alma era inmortal, pero como en la religión hindú, transmigraba a otros cuerpos después de la muerte. Supongo que entonces no era estrictamente "tu" alma, como el "alma" de Platón — sino un objeto abstracto que entra en el cuerpo para dar vida, o intelecto — y sale para dar eso a otros. Supongo que es un consuelo saber que alguna parte de ti es inmortal — aunque no sea TÚ.

Cristianismo posterior

La Iglesia se convirtió en el centro de la vida en Europa alrededor del año 500 d.C., y su reinado duró hasta el año 1500 d.C., cuando la Ilustración cambió para siempre la civilización occidental. Petrarca (erudito y poeta de la Italia del inicio del Renacimiento) acuñó el término "Edad Oscura" en una época en que las anteriores civilizaciones romana y griega eran consideradas la "Edad Oscura" debido a su falta de cristianismo. Petrarca creía que los 900 años transcurridos desde el fin del Imperio Romano eran la "Edad Oscura" porque Europa había perdido los logros de los antiguos en las artes y las ciencias. Fueron Petrarca y sus compañeros en la búsqueda del conocimiento oculto los que propiciaron el Renacimiento y, finalmente, la Ilustración.

¿Qué era este mundo cristiano que llegó a dominar Europa (que es nuestro mayor interés, ya que la Ilustración, de la que hablaré más adelante, comenzó allí)? Durante muchos siglos, estuvo regido por la cosmovisión de la Iglesia, primero con la filosofía platónica y luego con la aristotélica. Ambas tenían en común el alma inmortal, un útil recurso conjurado por los filósofos griegos para sustituir la idea lógicamente imposible de "resurrección" por la idea más creíble e intuitiva de un alma inmortal. Y no sólo un alma inmortal, sino una que entraba inmediatamente en el cielo, el infierno, el limbo (para los bebés y los no bautizados) o el purgatorio (para los "corregibles").

Según Dante (su *Purgatorio* nunca alcanzó la popularidad de su *Infierno* — ambos de su obra *Divina Comedia*), en el purgatorio había tareas bastante poco emocionantes, como correr a toda velocidad durante cientos de años; era bastante aburrido. En la *Divina Comedia*, Dante (que también era el protagonista) tenía como guía principal el espíritu de una mujer que lo rechazó en la tierra, llevándolo finalmente a los cielos más altos, donde ella residía. Curiosamente, el sexo parece haber sido la motivación de Dante — en su caso, el amor por alguien cuyas características imaginaba (aunque la mujer real que lo inspiró estaba casada y tenía hijos, teniendo características humanas normales).

Lo que realmente importa es que para los cristianos de la Edad Oscura o de la Baja Edad Media — a pesar de que no eran una cultura estática sin desarrollo — el supuesto subyacente era que la vida en la Tierra no tenía ninguna importancia real, excepto como una prueba para la vida después de la muerte y tu lugar en ella. En eso consistía la vida. La vida era una prueba que pocos se sentían capaces de superar y muchos se quedaban despiertos por la noche aterrorizados por el infierno que se avecinaba.

Como todavía dicen los predicadores a sus rebaños, esta vida presente no es más que un parpadeo en comparación con la eternidad que nos espera, una "sombra pasajera", y esa "eternidad", en la felicidad o en el tormento, se dice que nos espera a todos. Para mí, esta vida presente es la única que sabemos que existe con seguridad, y podemos ampliarla al máximo. ¿El milagro tiene que venir de un anciano gigante en el cielo, o podría ser enviado a través de científicos que hayan resuelto por fin los enigmas del envejecimiento? Como veremos, será la segunda opción; la visión desesperanzada de la vida y la muerte, tal y como la acepta la mayoría de los científicos, está equivocada.

Para la naturaleza, la vida del individuo no es importante, sólo la vida de la especie, con los individuos naciendo para sustituir a los que mueren; como un árbol que se desprende de sus hojas para preservar su vida, el individuo muere para que la especie pueda prosperar. Pero a diferencia del caso de las hojas que caen de los árboles, veremos que el proceso de envejecimiento es reversible.

El máximo sueño bíblico de la humanidad inmortal en la tierra y en el cielo tiene sentido cuando nos damos cuenta de que el "cielo" es sólo el universo del que formamos parte. Y la recién descubierta capacidad de rejuvenecer animales enteros (incluyendo, pienso, a los humanos) nos da el potencial de tener las vidas muy largas que son necesarias para una civilización galáctica más allá de la imaginación de los antiguos. Cuando la Biblia nos dice que Dios dijo: "Mis pensamientos no son como vuestros pensamientos y lo que hago está más allá de vuestra imaginación", debemos darnos cuenta de que lo mismo podría decir un moderno programador de computadoras a un antiguo profeta.

Otras religiones

Además del judaísmo, el cristianismo y el islamismo (las tres creencias abrahámicas), la fe hindú también cree en última instancia en un Dios Supremo (Krishna, según el Bhagavad Gita, o Vishnu, del que Krishna es el octavo avatar).

En el hinduismo, el alma individual transmigra según su karma (sus intenciones y acciones, y sus consecuencias), elevándose a los niveles de los dioses o hundiéndose hasta el nivel de los insectos, con la muerte abriendo camino para su transición a una nueva forma en su evolución para reunirse con la mente universal, "Atman". Esta "alma" no tiene memoria de sus vidas anteriores; sin embargo, de alguna manera parece evolucionar, aprender. El alma es inmortal y transmigra a medida que evoluciona hacia formas cada vez más elevadas, hasta que alcanza las formas más elevadas y sale del "círculo de vida, muerte y renacimiento". La unión con la cabeza de Dios (Atman) es la liberación definitiva; "moksha" para los hindúes, "nirvana" y "satori" para los budistas. En este tipo de "inmortalidad", el alma no es ni cuerpo ni mente, ni es una continuación de la conciencia personal, sino que promete algo más elevado, una unión con la mente universal para llegar a ser uno con el todo.

La humanidad siempre ha buscado unirse a algo/alguien más grande que ella misma, ya sean ángeles o extraterrestres. Entonces, la búsqueda de la inmortalidad física en una cultura de verdaderos creyentes sería simplemente una distracción, un impedimento para la evolución espiritual. Para los verdaderos creyentes de las tradiciones abrahámicas, una buena persona debería (pero no por las razones de Homero) estar feliz con una vida lo más corta posible, ya que una mayor permanencia en este mundo duro y pecaminoso no hace sino retrasar y poner en peligro su "recompensa".

En realidad, el atractivo de la Iglesia del medioevo posterior era consecuencia del miedo a la condenación eterna, a un infierno de horrible tormento (como lo pintaron o describieron Breughel, Bosch y Dante), de modo que la vida eterna sería todo lo contrario de reconfortante, y los creyentes pasaban las noches despiertos castigándose a sí mismos, todo por miedo al infierno. Los fieles están tan convencidos de la realidad de la vida después de la muerte que muchos están dispuestos a renunciar a su propia vida (y a la de los demás) para reclamar su recompensa (y a menudo para su familia — parece que existe el mito de que se puede obtener una mejor vivienda en el cielo si se es un "mártir").

El dilema de Homero de que la vida era corta y la muerte (tal y como la concebía el aburrido inframundo griego) infinitamente larga y tediosa, se resolvió haciendo de la muerte una transición a un mundo mejor que está por venir. Esto aún dejaba dos problemas: el infierno y una eternidad de sufrimiento si se pecaba mucho (manteniendo a la mayoría de las personas, que son por lo menos pecadoras ocasionales, en constante temor), y la "fe", la necesidad de una "suspensión de la incredulidad", de manera que había que creer en una vida después de la muerte abstracta pero elaborada, sin más pruebas que las palabras de las "autoridades".

Sin embargo, no creo que ninguna de esas "autoridades" haya visitado el cielo, el purgatorio o el infierno. El poeta Dante sí lo hizo, pero sólo en su imaginación, y sólo para hacer declaraciones políticas sobre amigos y enemigos y demostrar su devoción eterna a una mujer que lo rechazó (Beatriz Portinari) y se casó con otro. Los griegos, recordemos, tenían un lugar especial en Hades para aquellos que desperdiciaban su vida persiguiendo un amor no correspondido — los Campos de Luto. En el caso de Dante, el amor no correspondido es una motivación para la evolución personal, para ser digno de ese amor. Por supuesto, me parece que el amor de Dante por Beatriz (que guía a Dante por el cielo) es un sustituto del amor a Dios. Es un poco difícil amar a una entidad abstracta (y quizás inexistente), excepto quizás a través de su creación, de la cual Beatriz era su producto más espléndido y ejemplar, por lo menos a los ojos de Dante.

La "Edad Oscura"

Para mí, ha habido varias "Edades Oscuras" — como la caída de la civilización micénica a manos de los pueblos del mar, la caída de la civilización griega a manos de los romanos y la caída del imperio fatimí en España, que estaba compuesto por judíos, cristianos y musulmanes trabajando juntos para entender el mundo, y se enfrentó a la invasión de los ignorantes e intolerantes moros del noroeste de África, que vinieron a determinar el destino de esa civilización. Esta secta musulmana fanáticamente fundamentalista e ignorante separó a los pueblos musulmanes y no musulmanes y destruyó su armonía, sustituyendo la tolerancia por el prejuicio extremo y provocando la muerte de ese centro emergente de creatividad y comprensión humanas.

Otro ejemplo es la caída de la extremadamente creativa República de Weimar, en Alemania. También Alejandría (Egipto) fue en su día una de las grandes ciudades del mundo, donde judíos, cristianos y paganos vivieron en armonía durante siglos, creando una cultura rica y diversa — hasta que, nuevamente, la religión se utilizó para separar a la gente y se produjo otra Edad Oscura.

Incluso ahora, vemos a fanáticos que ven en la destrucción del conocimiento duramente conquistado su causa, que rechazan la ciencia porque interfiere en sus creencias. En casi todos los casos, estas "Edades Oscuras" fueron épocas en que la autoridad y la ortodoxia prohibían la libertad de pensamiento tanto como podían limitando la libertad de expresión. Expresar opiniones distintas a las de las autoridades era una herejía y se castigaba con la tortura y la muerte.

Así, por ejemplo, la obra magna de Nicolás Copérnico (*De Revolutionibus* — "Sobre las revoluciones"), un libro que iba en contra de las enseñanzas de la Iglesia (aunque él mismo era un alto funcionario de la Iglesia) al suponer que el Sol y no la Tierra era el centro del "universo", no se publicó hasta después de su muerte, y después se publicó con el descargo de responsabilidad en el prefacio de que su sistema basado en el Sol era sólo un modelo matemático utilizado para facilitar los cálculos (sin embargo, los cálculos logrados utilizando el sistema heliocéntrico son en realidad mucho peores que los del *Almagesto* de Ptolomeo, que se usaban desde hacía 1.500 años, siendo que el error fue asumir que las órbitas planetarias son círculos perfectos, lo que se creía ampliamente, en lugar de las elipses que son). Sin embargo, Galileo estaba al tanto de los escritos de Copérnico y más tarde los probó demostrando con su telescopio perfeccionado que Venus tenía fases, como la luna, y por lo tanto daba vueltas alrededor del Sol.

Los cristianos empezaron siendo poco numerosos en Roma y se les miraba con recelo. Algunos de sus rituales daban un poco la impresión de canibalismo, otros de incesto para los romanos, así que cuando el Gran Incendio destruyó una buena parte de Roma en el año 64 d.C., el emperador Nerón no tardó en acusar, arrestar, torturar y matar a los cristianos, a veces quemándolos como antorchas vivas para iluminar sus fiestas, otras veces haciendo que sean despedazados por perros. Pero Roma tenía muchos esclavos, muchos pobres y muchos soldados, y la religión se extendió entre el pueblo de Roma.

En el año 313 d.C., el emperador Constantino legitimó el cristianismo (tras tener una visión de la cruz antes de ganar una batalla contra un rival — *In hoc signo vinces*, "en este signo vencerás") al promulgar el Edicto de Milán, que otorgaba plena libertad religiosa a los romanos (se dice que Constantino se convirtió al cristianismo en su lecho de muerte, aunque siempre siguió siendo el Pontifex Maximus, el líder de la religión pagana romana), y siete décadas más tarde, Teodosio I hizo del cristianismo la religión oficial del Imperio Romano.

Pero en lugar de que la religión controlara al Estado, el Estado se hizo cargo de la religión, de modo que el Padre, el Hijo y el Espíritu Santo eran, por pronunciamiento, iguales uno con relación al otro (una decisión tomada por un triunvirato de gobernantes, Teodosio I, Graciano y Valentiniano II, también supuestamente iguales uno con relación al otro). Aquellos "locos insensatos" (afirmaba el triunvirato) que no aceptaran estos principios —como muchos cristianos— debían ser castigados por el emperador como este decidiera. En el año 385 d.C. tuvo lugar la ejecución de Prisciliano, un obispo con una forma ascética de cristianismo, considerada herética.

En ese momento, el cristianismo pasó de ser una religión basada en las revelaciones de Jesús y la devoción de sus discípulos a un órgano oficial del Estado. Cuando las élites gobernantes deciden las doctrinas religiosas, esas doctrinas tienden a preservar sus privilegios (supongo). Y aunque Roma estaba en decadencia, no la ayudaron las oleadas de inmigración de los "bárbaros", los godos y los alanos (un pueblo del norte de Irán, cuyo nombre es la forma dialectal de "ario" [noble], que era un pueblo alto y rubio), que fueron perseguidos a través del Rin por los desenfrenados hunos —un pueblo de Asia central que conquistó buena parte del mundo, pero que ha dejado poco más que el nombre de su gobernante, Atila. Sólo quedan tres palabras de la lengua huna, y de las tres, una de ellas puede ser alánica (los hunos eran otro pueblo iraní).

En cualquier caso, no analizaré la influencia de las filosofías asiáticas, como el budismo (los hindúes llaman "ateos" a los budistas), que, salvo los "cultos de misterio", como el budismo hinayana, no menciona una vida después de la muerte y se ocupa de la vida terrenal del devoto, sin garantía de vida después de la muerte.

Mientras que en India la vida después de la muerte era ricamente imaginada, con millones de dioses y seres sobrenaturales, en general los chinos no creían en una vida después de la muerte o en la continuidad de la vida después de la muerte. Su énfasis, como el nuestro, era la prolongación de la vida. El ginseng y el astrágalo son los dos medicamentos "prolongadores de la vida" más famosos de la farmacopea china, pero los chinos no han reportado de forma certificable registros de longevidad. La medicina china se basa en el equilibrio de las fuerzas opuestas del yin y el yang para promover la salud. Esta "teoría" del envejecimiento (o de la enfermedad) no tuvo en la práctica ningún efecto significativo sobre la duración de la vida.

La religión es una forma de intentar comprender e influir en el mundo. En todas las sociedades se ha desarrollado una casta sacerdotal, ya sean chamanes, en las sociedades primitivas, curas en la sociedad medieval, o científicos en la sociedad actual, porque parece que intentar comprender y controlar la naturaleza mediante el uso de la inteligencia humana es una característica de todos los pueblos modernos. Sin embargo, cualquier institución humana está compuesta de seres humanos, y por lo tanto está sujeta a las fortalezas y debilidades del carácter humano — los deseos personales de poder, riqueza, influencia y legado, todos tienen efectos significativos en esas instituciones, y ellas pueden estancarse y deteriorarse si autoridades humanas egoístas, en lugar de la evidencia, la razón y la capacidad de aprender de la experiencia, deciden el bien y el mal. Una vez que las autoridades consideran como un hecho lo que no es un hecho, el progreso se bloquea hasta que se desaprenden esas falsedades, y esto será combatido por las poderosas élites que decidieron que esos son "hechos".

La "Edad Media" fue una época en que la Iglesia (la Santa Iglesia Católica Romana) gobernó Europa; a través del poder de la excomunión, el Papa, el "rey" de la Iglesia (ya que los cardenales son llamados "príncipes de la Iglesia"), podía hacer que los reyes se pusieran de rodillas. Mientras que la "Edad Media" supuestamente duró desde el siglo V hasta el XV, se suele decir que la "Edad Oscura" sólo duró hasta el siglo X, y que posteriormente se produjeron acontecimientos que acabaron conduciendo a la Ilustración, y a una vuelta a la búsqueda del conocimiento más allá de la Biblia y de las enseñanzas de los Padres de la Iglesia.

Sin embargo, la humanidad no cambió con la Ilustración, ni todo el mundo fue ilustrado (incluso hoy día, como se puede ver claramente en los titulares de las noticias). Incluso la ciencia posterior a la Ilustración está compuesta por hombres y mujeres con las mismas debilidades humanas que afectan a la nueva iniciativa (¿ahora negocio?) de la ciencia, ya que las élites, y no la razón y la evidencia, dieron forma a la ciencia moderna.

Una ciencia bastante predictiva y bien entendida como la física puede basarse en muchas "teorías", porque son teorías científicas. Esto es diferente de lo que llamamos teorías en el lenguaje común. Una teoría es una explicación global de muchas hipótesis confirmadas. Es decir, la teoría de la gravedad es una teoría porque explica la trayectoria de una bola de nieve o la órbita de un planeta o por qué las plantas se desarrollan hacia arriba y hacia abajo. Las teorías actuales sobre el envejecimiento no son teorías en ese sentido ya que no hacen predicciones, o hacen pocas y poco significativas para alguien como yo que busca la inmortalidad, y no sólo una vejez prolongada. Pienso que he encontrado la solución, o al menos la primera solución efectiva para el envejecimiento y les mostraré algunas evidencias interesantes más adelante — pero antes de llegar a eso, hablemos un poco sobre la base física de la vida, ya que eso determina en última instancia la muerte de un organismo.

2

¿Qué es "vida"?

"Lo que impulsa la vida es, por lo tanto, una pequeña corriente eléctrica, puesta en marcha por la luz del sol".

Albert Szent-Györgyi
(Bioquímico húngaro y Premio Nobel)

Cuando hago esta pregunta, no estoy siendo realmente "filosófico" — no estoy cuestionando el significado de la vida; bueno, tiene un significado para mí, para la naturaleza quizás tenga otro significado, ¿para ti? Como biólogo, sé que uno de los propósitos de cada miembro de una especie es reproducirse o ayudar en la reproducción para mantener la cantidad de individuos de su especie (no necesariamente todos los miembros se reproducen; en muchas especies animales, como las hormigas y las abejas, los reproductores son una pequeña fracción de la población). La supervivencia, no del individuo sino de la especie, es la medida del éxito en el mundo biológico; muchas especies han sido llamadas a la existencia, pero pocas permanecen.

Así, para todas y cada una de las especies, la reproducción es un propósito fundamental porque no hay vida sin ella. Entonces, un propósito de la vida es perpetuarse. La historia de la vida en la Tierra nos dice que otro propósito es ocupar todos los nichos disponibles y, al hacerlo, crear sus propios nichos (hábitats y hábitos).

La vida es un proceso que sólo se encuentra en los seres vivos, pero ¿cómo describirías ese proceso? La reproducción a veces forma parte de él, pero él puede ocurrir con o sin ella, así que ¿qué ocurre? La respuesta sencilla es que un organismo vivo toma materia y energía del entorno para mantener sus actividades y componentes y hacer más de sí mismo. Para lograr esos objetivos, se necesitan fuentes de energía y materia. Las fuentes de materia son obvias para los animales: el alimento.

Todo está hecho de materia, en forma de átomos, a su vez compuestos por *protones* (partículas con carga positiva) y *neutrones*, que tienen la misma masa pero son neutros (ambos componen el núcleo del átomo), rodeados por una cantidad de *electrones* (partículas con carga negativa) igual al número de protones. El número de protones es el "número atómico" de un átomo — él define qué tipo de átomo es, un átomo de carbono, de hierro, oxígeno, etc. El átomo tiene suficientes neutrones para estabilizar el núcleo, ya que todos los protones están cargados positivamente (por lo que se repelen de forma natural — el núcleo sería inestable si fuerzas más fuertes que la fuerza electromagnética no lo mantuvieran unido).

Sin embargo, hay muchos isótopos atómicos inestables (átomos con el mismo número atómico pero diferente número de neutrones), y esos núcleos pueden romperse de formas imprevisiblemente diferentes (excepto estadísticamente), y en tiempos imprevisibles (de nuevo, sólo predecibles como probabilidad). Así, si un isótopo tiene una semivida de 12 años (como el tritio), estadísticamente la mitad de él decaerá (se descompondrá) en 12 años. El tritio es un isótopo pesado del hidrógeno; se llama "tritio" porque tiene tres partículas en su núcleo (dos neutrones y un protón) con número atómico 1 (lo que significa que es un átomo de hidrógeno) y masa atómica 3 (lo que significa que tiene dos neutrones además de un protón). Como en todos los átomos neutros de hidrógeno, hay un electrón rodeando ese núcleo; para la mayoría de los propósitos, sólo necesitamos modelos muy simples de átomos y moléculas (grupos de átomos unidos).

Un átomo que tiene el mismo número de cargas positivas (protones) que negativas (electrones en órbita) es, a distancia, eléctricamente neutro. A pesar de que el electrón tiene una milésima parte de la masa del protón, la carga eléctrica que lleva es exactamente igual y opuesta a la del protón. Pero átomos eléctricamente neutros no son las únicas combinaciones de neutrones, protones y electrones que existen para muchos elementos. Los átomos de hidrógeno, que (en su mayoría) están formados por un protón y un electrón, pueden perder sus electrones si los capturan átomos o moléculas con mayor afinidad por ellos, o simplemente si se calientan lo suficiente como para expeler los electrones de sus órbitas.

En estos casos, tenemos un "átomo" con un número de protones diferente del número de electrones. Cuando esto ocurre, este átomo con carga (ya sea positiva, debido a que ha perdido electrones, o negativa, con más electrones que protones) se llama ion. El protón que queda desnudo si se le quita el electrón al hidrógeno se llama ion hidrógeno (H^+). Una forma más improbable y energética, cuando el único protón tiene dos electrones (es decir, dos cargas negativas) orbitando a su alrededor, es el ion con carga negativa llamado ion "hidruro" (H^-). Ambos iones son actores importantes en nuestro drama.

Sin embargo, no crean que sólo los átomos de hidrógeno pueden perder o ganar electrones — los iones de sodio, potasio, magnesio, calcio y el ion cloruro desempeñan papeles vitales en la maquinaria de la vida. Y no sólo átomos individuales, sino grupos de átomos cargados, como el sulfato (SO_4^{2-}) y el acetato ($C_2H_3OO^-$), desempeñan papeles vitales en los procesos vitales. Se forman sustancias aún más energéticas (de mayor energía potencial, es decir, más inestables) mediante procesos que discutiremos más adelante, en que electrones individuales se pasan "inadvertidamente" a átomos de oxígeno o nitrógeno formando "radicales libres", que son extremadamente inestables y pasarán su electrón a cualquier molécula cercana.

El otro componente importante es la *energía*. Esto es más difícil de explicar porque es abstracto, y como la "energía atómica" no tiene nada que ver con los procesos de la vida, nos limitaremos a hacer dos definiciones fáciles de la física "clásica":

1. Energía es la capacidad de realizar trabajo.
2. El trabajo es igual a la fuerza aplicada por la distancia por la que se aplica.

¿No es tan fácil? Bueno, la primera parte de la definición parece bastante fácil: todos sabemos qué es el trabajo; es lo que preferirías no estar haciendo pero lo haces porque te pagan. Y sabes que requiere energía porque estás cansado al final. Pero aquí definimos la energía de una forma diferente, más sencilla y medible (porque todo depende de medición en ciencia).

Digamos que tienes un libro de 4 kilos en el suelo y quieres colocarlo en una estantería estrecha a un metro y medio del suelo. Levantar ese libro del suelo requiere en realidad un poco más de 40 N (newtons), porque estás acelerando el libro desde una velocidad de cero, cuando está en el suelo, hasta alguna velocidad superior a cero cuando se mueve hacia arriba. Según las leyes del movimiento de Newton (¡tienen 400 años de antigüedad!), si se mueve el libro hacia arriba a un ritmo constante (sin aceleración), no debería haber ninguna fuerza neta. Después de la aceleración inicial, los 40 N que ejerces hacia arriba son exactamente iguales a los 40 N (su peso) que el libro ejerce hacia abajo. Por lo tanto, has ejercido unos 40 N por una distancia de un metro y medio — y según la segunda afirmación, 40 N (la fuerza que has aplicado) por un metro y medio (la distancia por la cual has aplicado esa fuerza) equivale a 60 J (joules) de energía. Y eso está correcto.

Ahora colocamos ese libro en el borde de la estantería, de manera que si se colocara una pluma en el borde exterior del libro, éste se caería (lo cual no tiene nada que ver con la energía que hemos utilizado, 60 J, para subir el libro hasta allí). ¡Así que esa energía gastada para subir el libro a la estantería se ha esfumado! Todo para nada — ¡pero no para nada! Porque la primera ley de la energía (en el universo preeinsteiniano, pero suficiente para la mayor parte de la biología y la química) es ésta: la energía no puede crearse ni destruirse. La forma en que los físicos se refieren al hecho de que no se puede crear energía ni tampoco se la puede destruir es que la energía se "conserva".

Entonces, ahora decimos que los mismos 60 J de trabajo (energía) que gastamos levantando el libro siguen almacenados en ese libro (según la relatividad, su masa es mayor [inmensurablemente] también). En este caso, la energía no es aparente — es "energía potencial".

Ahora, mi tarea consiste en abrir una nuez — con una pluma. Aunque intente dejar caer la pluma sobre la nuez cien veces, no va a funcionar. Pero tengo una idea. Coloco la nuez en el lugar en que creo que caerá mi libro de cuatro kilos cuando se caiga de la estantería, y dejo caer la misma pluma sobre el libro. Inmediatamente, el libro se inclina y cae, cada vez más rápido, hasta que golpea la nuez y la rompe. Si se pudiera medir toda la energía empleada en romper la nuez, produciendo el fuerte ruido cuando lo hace, sacudiendo el suelo (y muy ligeramente las paredes y el techo), y sumarlo todo, creo que ya saben que sumaría 60 J.

En todo este proceso se utilizaron dos tipos de energía. El primer tipo de energía se aplicó mediante el movimiento de un objeto con masa a lo largo de una distancia, por lo que el movimiento está implícito en él — distancia cero, energía cero — y lo llamaremos "energía del movimiento", o como es más común, energía cinética. La otra, la forma potencial de energía, es llamada por la mayor parte de los físicos, no sorprendentemente, "energía potencial".

Cuando levantas algo, estás almacenando energía potencial gravitatoria, porque estás haciendo un trabajo contra el "campo" gravitatorio; si intentas empujar uno hacia el otro dos objetos con la misma carga eléctrica (las cargas iguales se repelen, con una fuerza que se hace más fuerte a medida que se acercan), eso también almacena energía potencial, porque si sueltas esos dos objetos cargados que has forzado a juntarse, saldrán volando, convirtiendo su energía potencial eléctrica en energía cinética.

Ahora imaginen que tienen un globo que no permite el paso de partículas cargadas por sus paredes, y lo llenan con iones de hidrógeno (H^+). ¿Qué creen que pasaría?

Como todos esos iones de hidrógeno están cargados positivamente, se repelerían entre sí y el globo se inflaría cada vez más — no reventaría, garantizaríamos eso, al menos en condiciones normales. Así que realmente sería como un globo inflado, ¿no? Si tuviera un cuello fino que ustedes mantuvieran sujetado mientras el globo se infla, ¿qué creen que pasaría si se dejara de sujetar?

No se sorprenderían si ese globo saliera volando como lo haría un globo que contuviese aire comprimido. De nuevo, estarían convirtiendo la energía que proporcionaron para hacer que esos iones de hidrógeno entraran dentro del globo (cada uno de ellos fue más difícil de hacer entrar que el anterior, ya que el interior del globo se volvía más positivo y se resistía con más fuerza a que pusieran una nueva carga positiva en ella) en energía potencial cuando el globo haya quedado lleno y sujetado. Una vez que lo suelten, la energía potencial acumulada se convertiría en energía de movimiento, energía cinética. Si mantuvieran el globo en su sitio cuando dejaran de sujetar su cuello, podrían conseguir que esa corriente de iones de hidrógeno hiciera girar un molinete, ¿no es así?

Lo que acabo de describir es, en principio, el mismo mecanismo que utiliza una bacteria para hacer girar sus flagelos (órganos en forma de látigo utilizados para la locomoción), o que utilizan las células superiores — nuestras células — para producir ATP en sus mitocondrias. Toda la vida funciona, como dijo el premio Nobel Albert Szent-Györgyi citado anteriormente, con una pequeña corriente de electricidad, impulsada por la luz del sol (mediante la fotosíntesis). Sin embargo, para los animales, y para los mamíferos como nosotros, el flujo de electrones va desde las moléculas complejas de los alimentos, donde tienen energía potencial alta, hasta el oxígeno (para formar agua), donde tienen energía potencial muy baja. La diferencia de energía potencial se convierte en trabajo útil, y en entropía inútil — y la entropía puede revertirse mediante la aportación de energía.

"Si no puedo crear algo, no lo entiendo."

El significado de esta frase de Richard Feynman es muy claro. Si comprendo las relaciones entre longitud, densidad y tensión de una cuerda, puedo construir un arpa; luego, quizás, conociendo un poco más de mecánica, puedo cambiarla por un clavicordio o un piano. Pero si uno no entiende estas cosas, no podrá construir un piano. Afortunadamente, a veces tenemos suerte y "construimos pianos" primero y luego descubrimos cómo funcionan — así fue con la electricidad (utilizada mucho antes de que se descubriera el electrón), y creo que es el caso del E5 (el tratamiento responsable de rejuvenecer a las ratas en nuestro experimento).[1]

Así que hagamos un experimento mental e intentemos construir un organismo vivo; y para simular vida (pero no una simulación tan buena), podemos asumir cualquier posibilidad insinuada por la tecnología actual como posible, o posiblemente posible. Por ejemplo, el uso de robots para dar forma al metal en piezas útiles y ensamblar esas piezas en una estructura funcional ya está presente en las plantas de montaje de automóviles de todo el mundo. Así que tomemos eso como objetivo, crear una fábrica móvil automatizada que fabrique fábricas móviles automatizadas. En cuanto a la fuente de energía, imaginemos que se utiliza energía solar porque estamos más familiarizados con el sol como fuente de energía en la superficie de la Tierra que sostiene toda la vida de la superficie, proporcionando la corriente de electrones (electricidad) con la que funciona la vida. En esencia, funcionamos con baterías, o mejor, con células de combustible como nuestras máquinas — el flujo de electrones de una alta energía potencial a una energía potencial más baja es la fuente de energía de la vida (en las plantas, el sol proporciona electrones de alta energía, ya que los fotones del sol hacen que la clorofila los proporcione). Por lo tanto, nuestra fábrica que hace fábricas (que hacen fábricas que hacen fábricas), podría ciertamente funcionar con energía solar.

Como no sabemos cómo empezó la vida, empezaremos con nuestra fábrica que hace fábricas premontada y con toda la maquinaria y el equipo necesario para fabricar cada parte de sí misma — incluidas todas las instrucciones para hacerlo. Ahora, lo primero que necesitamos es energía, porque nada se mueve sin ella. Como ya mencioné, utilizaremos la energía solar (la tecnología solar proporciona en realidad una mayor conversión de luz en energía eléctrica que las plantas). Sin embargo, como el sol no brilla todo el tiempo, necesitamos almacenar energía potencial para los momentos en que el sol no brilla (aproximadamente la mitad del tiempo). Por lo tanto, necesitaremos un sistema de almacenamiento construido para los "ritmos circadianos" diarios y predecibles con una reserva para la escasez de largo plazo (en caso de tormentas y otros eventos que corten la energía).

Durante el día, cuando la energía de la luz solar suple las necesidades de nuestra fábrica, ésta se mueve y utiliza sus sensores para detectar los distintos minerales que necesita para fabricar más de sí misma, tomando esos materiales y la energía del entorno, y manteniéndose. Almacena suficiente energía para que, cuando llegue la noche, tenga energía suficiente para extraer, dar forma y ensamblar las piezas necesarias para construir un duplicado de sí misma. Si algunas partes se desgastan, tiene la capacidad de hacer duplicados perfectos de cualquier parte. Y, debido a las fuerzas de la entropía, produce durante el día mucho calor, al obtener y utilizar la energía, y este calor (entropía) debe ser eliminado por un sistema de aire acondicionado incorporado, suministrado por la energía almacenada. Cuando vuelve a salir el sol, la fábrica ha fabricado y montado otra fábrica con la energía y los materiales que ha acumulado durante el día, y ha vuelto al mismo estado en que estaba por la mañana.

Este proceso propuesto parece ser un proceso que ocurrió muy tempranamente en los dominios Bacteria y Archaea, que dominaron la vida desde hace alrededor de 3.500 millones de años hasta hace alrededor de 2.700 millones de años, cuando surgieron los eucariotas.

Sin embargo, detengámonos en algún momento alrededor de unos 800 millones de años antes, en la primera aparición de un organismo vivo reconocible como tal por nosotros para ver la vida tal y como era. Nuestro modelo de vida, la fábrica de hacer fábricas, no es muy diferente de las bacterias y arqueas unicelulares reales que FUERON la vida durante aproximadamente mil millones de años. Nuestro modelo no comete el error que cometen muchos biólogos del envejecimiento, de que no se necesita el envejecimiento, la muerte y la capitulación final de la vida a la entropía y la pérdida. De hecho, desde que la vida apareció por primera vez en el planeta, siendo ese primer organismo vivo diminuto y perecedero y de una complejidad superior a la de cualquier otra cosa en el planeta, ella desafió la interpretación biológica de la ley de la entropía, haciéndose no más rara y más simple, sino más compleja y más común. El complejo proceso de la vida implica ahora la conversión de la materia en formas que desarrollaron la autoconciencia (y la conciencia de la muerte). Los seres vivos han crecido y divergido hasta ocupar todos los ámbitos en los que la energía y la materia son suficientes para mantenerlos. Si esta interpretación de la entropía fuera aplicable a la vida, ahora no habría nada vivo, ya que incluso las montañas se desgastan hasta convertirse en llanuras, pero la vida fue en el sentido opuesto, hacia una mayor complejidad — pienso que el desarrollo de la complejidad es una ley natural de los organismos en evolución, porque cada organismo que llega a formar un nuevo nicho para sí mismo, forma un nuevo nicho para otros.

Entonces, ¿qué nos falta en nuestra fábrica que hace fábricas que la distingue de los primeros organismos vivos? Tenemos una fuente de energía, y capacidad de almacenamiento. Fabricamos todo lo necesario basándonos en instrucciones y datos del entorno recolectados por sensores. Tenemos un sistema básico que, al ser un sistema abierto — que intercambia energía y materia con el entorno — no está bajo la jurisdicción de la ley de la entropía, que se aplica a sistemas cerrados (que no intercambian materia y energía con el entorno). ¿Cuál podría ser la razón por la que un sistema de este tipo moriría? La falta de energía (si ocurriera, por ejemplo, un invierno nuclear), o la falta (agotamiento) de los minerales necesarios en lo que respecta a la capacidad de recolección de nuestra fábrica que hace fábricas. Sin embargo, otras fábricas que hacen fábricas seguirían encontrando y extrayendo minerales y produciendo más fábricas. ¿Qué podría causar el envejecimiento si se sustituyen las piezas defectuosas, o la "muerte" si se sigue proporcionando material y energía? La respuesta, al menos en los organismos antiguos, como las bacterias grampositivas (una estructura "simple" que se asemeja mucho a las fábricas que hacen fábricas ya que su único propósito es crear más de sí mismas), es nada; son inmortales.

Nuestra forma de vida artificial tiene todos los atributos de la vida — su información, almacenada en unidades de disco duro o ADN, se replica (con mucha más fidelidad en los sistemas electrónicos que la replicación real del ADN), pero está potencialmente sujeta tanto a cambios involuntarios como a cambios deliberados (alterándose el programa para procesos o entornos específicos), por lo que es "mutable". Ella obtiene su energía y materia de su entorno. Fábricas individuales pueden dejar de producir (morir), pero muchas seguirán funcionando, replicando a sí mismas en regiones con recursos para apoyarlas. Sin embargo, aparte de mala suerte, no hay razón para el envejecimiento (que definimos como pérdida o daño) y la muerte.

Como veremos, esta vida artificial que hemos creado se parece mucho en su "historia de vida" a la de los dominios completamente procariotas, Bacteria y Archaea, donde la muerte por envejecimiento es desconocida. Entonces, ¿cómo, por qué y dónde entró la muerte en escena? Hemos visto que el hecho de sufrirse daño como proceso entrópico natural puede ser superado en un sistema abierto, donde tanto energía como masa pueden entrar o salir del sistema. Como en un acondicionador de aire, que transfiere calor de lugares fríos a cálidos, la entrada de energía funciona en contra de la entropía que permitiría que el calor del exterior caliente acabara penetrando en la habitación fría y la calentara — como sería "natural" (un aislante no impide que el calor entre en una habitación, simplemente retrasa el proceso).

Hemos visto que en nuestra fábrica que hace fábricas el calor creado por el funcionamiento de la fábrica tendría que ser eliminado o nuestra fábrica en algún momento dejaría de funcionar; sin embargo, en un sistema abierto en el que entran la energía y la materia, no es un problema reparar lo que se rompe o en realidad disminuir la entropía, como ilustra el aire acondicionado, contrariamente a las propuestas de la "vieja escuela" de la biología de que la entropía es la razón de la muerte — como Leonard Hayflick, la persona que demostró que las células tienen un número limitado de divisiones después de las cuales mueren o se vuelven senescentes, "explica" en su ensayo *La entropía explica el envejecimiento, el determinismo genético explica la longevidad y la terminología indefinida explica la incomprensión de ambos*,[6] una declaración de increíble arrogancia, basada en la incomprensión de conceptos físicos básicos, principalmente con relación a que el envejecimiento es entropía y que las enfermedades del envejecimiento no tienen nada que ver con el envejecimiento.

Hemos demostrado que varios problemas de salud que dan lugar a las enfermedades del envejecimiento podrían revertirse, por ejemplo con un gran aumento de la fuerza de agarre sólo días después de la inyección de E5, o la disminución de los factores inflamatorios a niveles juveniles en el mismo tiempo (diré más sobre esto más adelante). Dado que los factores inflamatorios son una presunta causa de muchas de las enfermedades del envejecimiento, estas enfermedades que dependen de ellos serían evitadas.

Entonces, ¿nuestras "fábricas que hacen fábricas" son lo mismo que organismos vivos? Si no es así, ¿por qué no?

En primer lugar, unas palabras de elogio para el equivalente en la vida real de los "robots" que operan en nuestra fábrica que hace fábricas, que en cierto modo actúa como una impresora 3D, ya que puede fabricar cualquier pieza que se necesite o se quiera — pero es mucho más inteligente que la mayoría de las impresoras 3D, ya que puede cambiar las propiedades del material que excreta para formar un objeto tridimensional, o un objeto cuadridimensional, si ese objeto hace algo por sí mismo, como una enzima que rompe o junta moléculas específicas una vez que la enzima cambia a un estado diferente (lo que suele significar una diferente forma [conformación]) al trabajar con la dimensión del tiempo para cumplir sus tareas.

Este robot universal generador de piezas existe en todos los seres vivos; ¡se llama ribosoma! Esta máquina (no está viva) recibe instrucciones del conjunto maestro de recetas llamado ADN a través de una copia desechable de su ARN complementario que se envía a los ribosomas en forma de lo que se llama "ARN mensajero" (ARNm). A continuación, el ribosoma encadena aminoácidos (20 tipos diferentes), con diferentes propiedades (algunos están cargados positivamente y otros negativamente, algunos prefieren el aceite al agua, otros el agua al aceite, algunos son aromáticos [no se preocupen si no saben qué significa, pero el "olor" no es su característica importante], otros alifáticos), formando proteínas. Algunas proteínas son estructurales, como las vigas, las tuercas y los tornillos de nuestras "fábricas que hacen fábricas", y otras constituyen las "máquinas moleculares", las enzimas mencionadas anteriormente, que son como los robots y sensores especializados de nuestras "fábricas que hacen fábricas".

Sorprendentemente, el ribosoma está formado por tres o cuatro grandes moléculas de ARN que se pliegan en formas tridimensionales compactas. En organismos simples, como las bacterias y las arqueas, hay alrededor de 50 proteínas unidas a este armazón de ARN (en los eucariotas, como nosotros, alrededor de 80 proteínas, excepto en nuestros ribosomas mitocondriales que se parecen más a los ribosomas bacterianos). También sorprendentemente, se puede prescindir de esas proteínas ribosómicas de modo que sólo la parte de ARN (sobre la que se ensamblan todas esas proteínas) cataliza la adición de aminoácidos a una cadena creciente (polipéptido), basada en

ARNm (ARN mensajero), aunque mucho más lentamente que el ribosoma intacto. Esto, entre otras cosas como las ribozimas (enzimas hechas exclusivamente de ARN) y los intrones autoempalmados,[*] indican un mundo basado en ARN que puede haber existido antes de que las proteínas se convirtieran en el material de construcción de la vida ("El mundo del ARN").[7] El ribosoma es un puente entre los mundos del ARN y de las proteínas.

Ahora, por supuesto, en el mundo real de los seres vivos, un organismo está rodeado por una membrana, tanto para mantener lo que es necesario dentro del organismo como para mantener lo que es perjudicial fuera. Y, evidentemente, tiene que haber formas de introducir energía y materia (nutrientes) en la célula y en el cuerpo, y lanzar los desechos fuera del organismo y de sus células. En el caso de las células, eso ocurre a través de la membrana celular: una estructura multicomponente basada en una doble capa de moléculas de grasa con proteínas que flotan en el lado exterior o interior de la doble membrana, o que penetran a través de ambas capas (a veces esas proteínas penetrantes tienen túneles en sus centros que permiten que sólo los tipos correctos de moléculas entren o salgan de la célula).

A veces estos procesos son pasivos, si hay más de lo que se necesita fuera de la célula que dentro de ella; en este caso, la "difusión" (el proceso natural por el que las moléculas se mueven de regiones de mayor concentración a otras de menor concentración [se "esparcen"]) se llama "difusión facilitada" porque se hace más rápida al ser "facilitada" por proteínas que permiten específicamente la entrada de esas moléculas. A veces hay que aplicar energía para hacer que las moléculas vayan en contra del gradiente de concentración (es decir, pasen de regiones de baja concentración fuera de la célula a otras de alta concentración dentro de ella), y esto se llama "transporte activo". Para el transporte activo se utilizan proteínas especiales — y estas proteínas forman parte de todo un sistema de procesamiento de esas moléculas importadas. Todos estos dispositivos podrían simularse en nuestras fábricas que hacen fábricas.

La vida temprana

Como mencioné anteriormente, no vamos a considerar la cuestión de cómo surgió la vida por primera vez; según la sugerencia de Feynman de que

---

[*] Los intrones son regiones no codificantes de una transcripción de ARN, o del ADN que lo codifica, que se eliminan por empalme antes de la traducción.

no entendemos algo hasta que podemos construirlo, nunca hemos creado un ser vivo en todos nuestros intentos. Todavía se discute si el metabolismo o la genética vinieron primero: ¿el flujo de energía creó estos sistemas que extraían energía de él, o las moléculas con memoria ("el mundo del ARN") vinieron primero y más tarde captaron e incorporaron la energía del entorno para sus propios fines? Al menos sabemos con certeza que el primer ser vivo fue una transmutación autoorganizada de energía y materia del ambiente que podía hacer más de sí misma.

Así, los primeros organismos vivos eran muy parecidos a nuestras fábricas que hacen fábricas; se llamaban bacterias grampositivas por su gruesa capa de peptidoglucano (en parte proteína y en parte carbohidrato), que protege la bacteria de los cambios de presión osmótica (sin embargo, hay bacterias llamadas micoplasmas que no tienen estas gruesas paredes celulares, ni ninguna pared celular, y aun así están bien) pero que permite la entrada de moléculas. En el interior de esa gruesa pared celular se encuentra la doble membrana mencionada, con su miríada de puertos de entrada y salida altamente controlados para ajustar el flujo de moléculas hacia dentro y hacia fuera de la célula — principalmente la entrada de alimentos y la salida de residuos, pero muchas células en los organismos superiores tienen funciones especializadas, como la producción de hormonas o la transmisión de señales a través del cuerpo. Curiosamente, son sobre todo las proteínas especializadas, que son específicas en cada tipo de célula, las que varían con la edad.

Muchas bacterias también segregan "exoenzimas" para digerir los alimentos fuera de ellas, permitiendo que sólo entren, como alimento, las pequeñas moléculas producto de esa digestión, que atraviesan la pared celular y son internalizadas selectivamente (a veces utilizando energía almacenada para eso) por moléculas basadas en proteínas que penetran en la membrana plasmática (las bacterias y las arqueas, en general, tienen la misma estructura — tienen una membrana celular que separa la célula de su entorno y luego el conjunto está cubierto por una pared celular gruesa y protectora).

Competición y muerte

La muerte entró en este mundo debido al aumento de la población y la limitación de los recursos — la competición es el mecanismo biológico resultante. Imaginemos entonces que nuestra fábrica de hacer fábricas es de un determinado tipo, pero que tal vez haya otras fábricas que hacen fábricas más grandes o más rápidas que la nuestra. ¿Qué hacemos? Tal vez alguna modificación en nuestra exoenzima[*] o en el sistema de eliminación de residuos podría dar lugar a un producto tóxico para nuestro competidor, estando nosotros a la vez protegidos. Tenemos el código y podemos introducir cambios al azar. Hay evidencias de que cuando una bacteria es colocada en un entorno estresante, se vuelve más mutable.

Sin embargo, la fábrica no requiere NUESTRA participación, es todo automático — ella introduce cambios al azar, hasta que hay uno que produce una toxina que mata al competidor, y de repente esa fábrica de hacer fábricas se hace capaz de superar a su competidora más grande o más rápida. Y hasta el día de hoy, las bacterias grampositivas utilizan las toxinas como herramienta para dominar su pequeño campo de juego (que podemos ser nosotros).

Algunos creen que esta guerra química entre bacterias grampositivas puede haber tenido la consecuencia involuntaria de crear el nuevo dominio de la vida llamado Archaea, con la membrana celular mucho más densa, en la que lípidos ramificados, en lugar de los lineales, están unidos de forma más estable por enlaces de éter en lugar de los enlaces de éster menos estables que mantienen unidos los lípidos no ramificados de las membranas de las bacterias grampositivas (y de nuestras células).

Pero lo más interesante de estas arqueas no es su pseudopared celular de peptidoglucano o sus diferentes membranas celulares, sino su ADN, que, como todo ADN organísmico, está dividido en genes con regiones de control (lugares en los que se pueden acoplar represores o activadores, para cambiar las tasas de transcripción del ARN de un gen), pero a diferencia de las bacterias, los genes de las arqueas están frecuentemente interrumpidos o divididos en partes separadas por la intervención de secuencias sin sentido de nucleótidos (que forman las subunidades de los ácidos nucleicos, el ADN y el ARN, al estar encadenados), de modo que para obtener las instrucciones correctas para fabricar un componente (una proteína), hay que eliminar la secuencia de ADN no codificante que está interviniendo.

Lo que no se ha explicado todavía (hasta donde he visto; la literatura es inmensa) es cómo eso podría haber surgido, pero se puede imaginar que las secuencias de genes también podrían ser objetivos para alguna toxina, o un

---

[*] Una exoenzima, o enzima extracelular, es una enzima secretada por una célula que funciona fuera de ella.

intrón autoempalmado (uno que lleva su propia transcriptasa inversa — una enzima que hace un ADN complementario a un ARN).

También hay evidencias, aunque indirectas, de una forma de aceite que sólo podría proceder de los hidrocarburos ramificados con enlaces éter de las membranas celulares de las arqueas (y que a veces incluso contienen anillos de ciclohexano) que se encuentran en lutitas bituminosas de las que se dice que tienen 3.800 millones de años, lo que convertiría a las arqueas en la forma de vida más antigua.

Cooperación y complejidad

En 2010, se descubrió que los sedimentos de una fuente hidrotermal de aguas profundas llamada Castillo de Loki contenían una variedad nueva de arqueas, incluido el grupo "Asgard" (Asgard era el reino mítico de los dioses nórdicos), que contenía un nuevo filo llamado Lokiarchaeota, que, en términos de secuencia de ADN, posee genes típicos de arqueas y de bacterias (hay muchas "transferencias horizontales de genes" entre bacterias y arqueas, ya que se apropian de genes útiles unas de otras y entre ellas mismas).[8] Sin embargo, no perteneciendo a ninguno de los dos grupos, se encontraron genes de proteínas asociadas a la membrana, como la actina, que son responsables, en los eucariotas, de provocar las hendiduras en la membrana que permiten engullir a otros organismos. Finalmente, sólo en 2020 se pudo cultivar este organismo en estado puro (un proceso en que se tardó un año en ver turbidez en sus cultivos con suministro de metano), ya que la densidad inicial era baja y las arqueas tienen un tiempo de duplicación de dos a tres semanas, en lugar de 20 minutos como *E. coli* en medios ricos.[9]

Sin embargo, esta nueva forma podría combinarse (y tal vez lo hizo) con las bacterias grampositivas para formar un nuevo tipo de célula, una combinación de bacteria grampositiva formando el citoplasma y archaea formando el núcleo de un nuevo dominio de seres vivos, los eucariotas, el dominio al que pertenecemos (¡vamos, equipo!). Un miembro del grupo Lokiarchaeota es *Candidatus* Prometheoarchaeum syntrophicum cepa MK-D1, que produce naturalmente hidrógeno como subproducto de su metabolismo, y se encuentra en un ménage à trois con una bacteria reductora de sulfato (pasa sus electrones de alta energía del gas hidrógeno al sulfato), y un metanógeno (una arquea que utiliza el hidrógeno para hacer metano [al igual que se hace en nuestro intestino para hacer el "gas" que producimos allí]). La cepa MK-D1 también tiene una membrana compleja que incorpora proteínas eucariotas.

La cuestión es que aquí vemos una asociación que no perjudica a la cepa MK-D1, pero proporciona un medio de vida a los dos sintrofos (organismos que "comen juntos"). Pero estos adjuntos son necesarios para la MK-D1 tanto para la ingesta de energía como para la producción de sustancias químicas necesarias, por lo que el conjunto es mayor que sus partes.

Curiosamente, la arquea candidata MK-D1, cuando finalmente se aisló (tras siete años de esfuerzos), no tenía el aspecto esperado: no tenía las inclusiones citoplasmáticas esperadas, sino varias vesículas membranosas que se extruían del cuerpo como si fueran muchos brazos, formando una nueva teoría sobre la incorporación de mitocondrias y cloroplastos de origen bacteriano a las células eucariotas por fagocitosis (el acto de comer células [engullirlas]). Además, teniéndose en cuenta el pequeño tamaño de la MK-D1 (alrededor de media micra), la idea de rodear simplemente la MK-D1 central con membranas para formar un núcleo se vuelve un escenario creíble para dos simbiontes.

Así, vemos en la naturaleza una complejidad creciente en los seres vivos a través de la cooperación. Cuando dos organismos cooperan para formar un tercero, ese nuevo organismo es a la vez una posible fuente de presas para algunos animales, aumentando aún más su complejidad, y un posible competidor para otros, lo que obliga a los competidores a competir. Así pues, parece inevitable que la evolución traiga consigo la complejidad.

Otro ejemplo de cooperación es el de las cianobacterias (antes llamadas "algas verdeazules"), que forman cadenas de células, todas ellas unidas por una sola vaina. De esta cadena, una de las células se convierte en anaerobia (mientras que el resto son aerobias y utilizan el oxígeno atmosférico), y la célula anaerobia, que es llamativamente más grande que las otras células, llamada *heterocisto*, "fija" el nitrógeno — toma el nitrógeno de los gases disueltos en el agua y lo convierte en una forma utilizable por los seres vivos, un proceso enzimático que no puede ocurrir en presencia de oxígeno. Las células aerobias de la "planta" de cianobacterias utilizan la luz solar para obtener energía, como nuestra fábrica que hace fábricas.

Aquí tenemos el comienzo de la multicelularidad — las células uniéndose, algunas diferenciándose para funciones específicas, y por lo tanto, dependencia mutua — ya que los heterocistos necesitan los productos de la respiración, y las células aerobias que suministran esos productos necesitan el nitrógeno fijado por los heterocistos. Así, en miniatura, tenemos un organismo.

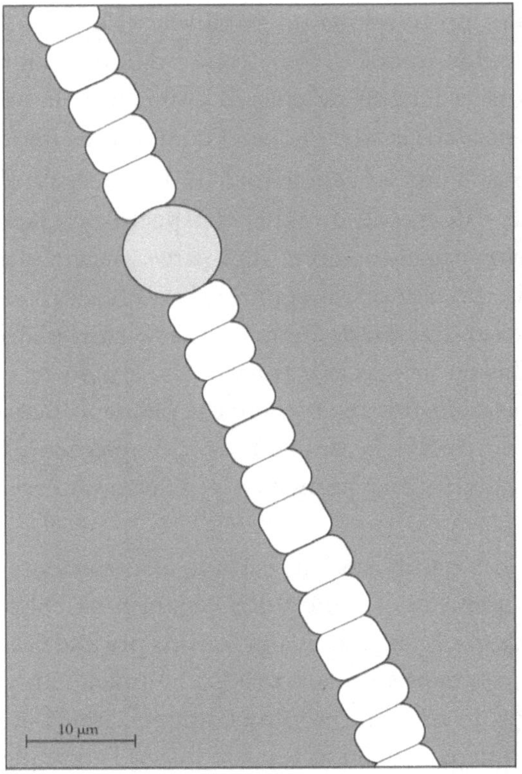

Figura 1: Ilustración de la estructura filamentosa de una cianobacteria. El círculo del centro representa el heterocisto, que está unido a las demás células.

Estas células se comunican mediante mecanismos de retroalimentación para decidir cuál será el heterocisto (un proceso irreversible). Algunas células pueden diferenciarse en formas diminutas e invasivas llamadas hormogonios, con propiedades sorprendentes que les permiten propagarse lejos del "organismo" que las formó. Es muy similar a la reproducción de los organismos superiores (aunque no hay sexo de por medio), pero probablemente es una forma de escapar de la destrucción inminente, ya que las pequeñas células de los hormogonios vuelven a ser células normales de cianobacterias cuando llegan a un entorno adecuado. Veremos otros ejemplos en que células cooperan hasta la muerte para asegurar la supervivencia de sus descendientes.

Entonces, ¿la estructura filamentosa envainada de las cianobacterias es simplemente una colonia de células? Dado que la diferenciación es esencial para el suministro del nitrógeno biodisponible necesario, el heterocisto actúa como un órgano; si desaparece, todas las células unidas por una vaina común morirán (a menos que otra se convierta en heterocisto lo suficientemente rápido). Así pues, la imagen creada es la de una estructura de orden superior. Una célula (que no sea el heterocisto) puede morir, pero eso es simplemente un daño, ya que las otras células permanecen intactas. Pero, si el heterocisto es la célula que muere, entonces todas las células del filamento mueren. Por tanto, el filamento es un organismo compuesto por células bacterianas, *ya que el destino del organismo puede diferir del destino de sus células.*

Las mixobacterias son otro ejemplo aún mejor que es casi el equivalente exacto de un "moho celular" eucariota. En determinadas condiciones (duras, pueden estar seguros), las mixobacterias individuales se reúnen para formar un tallo y un cuerpo fructífero, ya que algunas bacterias se diferencian en células formadoras de tallos, y otras en los esporangios globulares llenos de esporas en que se diferencian otras mixobacterias.

Ahora, pacientes lectores, se preguntarán por qué los llevo a lugares tan extraños, y la razón es que quiero que vean la diferencia entre una célula y un organismo, y cómo la muerte de una célula puede beneficiar a un organismo.

Pero primero, volveremos a la historia, esta vez historia más moderna, para ver el camino que siguieron los científicos del siglo XX, que se basó en "teorías" fundamentadas en especulación, autoridad, falsas suposiciones y sentido común, que — como la noción igualmente razonable y de sentido común de que el Sol da una vuelta a la Tierra cada día — estaban equivocadas. Aunque ese camino no condujo al premio esperado — la inmortalidad biológica — produjo algunas observaciones interesantes y útiles en el camino. Más adelante, volveremos atrás y concluiremos que esas suposiciones básicas eran, en efecto, razonables, pero erróneas, y veremos que seguir una serie de pistas basadas enteramente en pruebas confirmadas y "aceptadas" resultó en ponernos en el camino correcto, terminando en el descubrimiento de un tesoro más allá de todos los tesoros.

3

Algunos ven "la luz"

¿Eras un "tonto o un loco" si no creías que Dios, Jesús y el Espíritu Santo tenían la misma autoridad? Sí, lo eras, y por orden imperial y de la Santa Iglesia Católica Romana cuando el Imperio Romano cooptó el cristianismo alrededor del siglo V (en ese momento, gobernado por el mencionado triunvirato de emperadores) como una herramienta para gobernar, con el palo y la zanahoria, tanto a reyes como a campesinos de todo el mundo romano. Incluso las antiguas festividades romanas y las prácticas paganas populares fueron reinventadas en formatos cristianos, de modo que la ceremonia del solsticio de invierno se convirtió en la Navidad, y el equinoccio de primavera empezó a ser celebrado como la Pascua. Las vestales, un importante liderazgo para los quehaceres femeninos, se convirtieron en las Hermanas Religiosas y sus Madres Superiores, comprometidas con su matrimonio "sin pecado" con Jesús.

De hecho, la Iglesia se convirtió en la imagen y el modelo de las jerarquías mundanas (o viceversa), con un Papa, seguido de cardenales (príncipes de la Iglesia), arzobispos (los "duques" de la Iglesia), etc. Otra línea de suboficiales estaba encabezada por el monseñor, una especie de sargento mayor que mantenía a la tropa — los hermanos — en línea. Organizados para ser gobernados, la mayor parte de los fieles de la Iglesia creían lo que se les decía, ya que los textos sagrados en sí no estaban al alcance de los laicos al estar escritos en la lengua universal de las élites, el latín (y también en griego y hebreo para los eruditos).

El Renacimiento

La *Yersinia pestis* es una bacteria gramnegativa algo más compleja que las bacterias grampositivas de que hablamos. La tinción de Gram mide el grosor de la capa de peptidoglucano. Si la capa es gruesa, la mancha permanece atrapada en ella incluso después del lavado; si la capa es fina, o inexistente, no lo hace, y tales bacterias son *gramnegativas.* Pero las bacterias gramnegativas tienen algo mejor — tienen dos membranas celulares y, entre ellas, un "espacio periplásmico" revestido de una fina capa de peptidoglucano. La membrana celular externa tiene lipopolisacáridos protectores (que a veces son letales para los humanos, porque causan el "síndrome del choque tóxico"), y poros formados a partir de la proteína porina que ayudan a la célula a preseleccionar lo que entra en su espacio periplásmico, y eso le da a la membrana plasmática interna la oportunidad de volver a seleccionar (mientras que las enzimas defensivas del espacio periplásmico destruyen las moléculas no deseadas que entran).

Sin embargo, estas bacterias no se diferencian en lo fundamental de nuestras fábricas que hacen fábricas; tal vez sean más sofisticadas, pero en el mejor de los casos sólo pueden fabricar más de sí mismas. Entonces, ¿por qué estoy hablando de esto aquí? Porque fue la causa de la peste bubónica en Italia (y después en Europa), que yo y otros creemos que fue la posible causa del Renacimiento, la Revolución Científica y las revoluciones sociales que definen la cultura moderna. Que una peste pueda hacer esto puede no parecer tan sorprendente a muchos lectores de hoy día.

La intervención de las prácticas religiosas fue totalmente ineficaz en esa época, y los monjes en particular morían en gran número, ya que vivían en condiciones propicias para la propagación de la bacteria *Yersinia pestis* — que se propagaba por la picadura de pulgas infectadas por la bacteria, y las pulgas eran transportadas por ratas infectadas por la bacteria. Las pulgas abandonaban la rata muerta y se posaban sobre los humanos para succionar su sangre, pero ocurría algo extraño; la bacteria había formado una película viscosa que impedía que el alimento viajara hasta el intestino de la pulga — y cuando ésta bebía sangre, no podía tragarla (la entrada de su intestino estaba bloqueada), y en vez de eso desprendía la película bacteriana y la vomitaba en el torrente sanguíneo del huésped.

La yersinia vive en muchos huéspedes diferentes y tiene adaptaciones para todos ellos. Su virulencia en los humanos y en muchos de nuestros animales domésticos se debe en parte a dos minicromosomas relativamente pequeños que contienen sólo unos pocos genes, moléculas circulares de ADN, llamadas *plásmidos*. Los plásmidos son los que la hacen mortal, ya que cada uno lleva genes para evitar que los glóbulos blancos se coman y digieran las células bacterianas, y les permitan hacer lo que hacen a las pulgas. De hecho, estas bacterias pueden penetrar y luego reproducirse dentro de las células inmunitarias humanas llamadas monocitos, que supuestamente deberían matarlas, y que luego las ayudan traicioneramente a propagarse por todo el cuerpo.

Es por eso que los ganglios linfáticos se vuelven prominentes en el cuello y la ingle, ya que se producen infecciones en las regiones drenadas por los vasos linfáticos y los ejércitos de glóbulos blancos comienzan a reproducirse. Los ganglios linfáticos son una especie de "cuartel" para las células inmunitarias que luchan contra invasores externos. Estos ganglios se hinchan a medida que aumentan su número de glóbulos blancos para luchar contra infecciones inminentes. Cuando se infectan con *Yersinia pestis*, grandes poblaciones de monocitos de los ganglios linfáticos se infectan y los ganglios linfáticos empiezan a hincharse, ya que los propios monocitos se convierten en fábricas de producción de la bacteria que deben combatir. Como consecuencia, los ganglios linfáticos pueden crecer hasta alcanzar tamaños enormes (tan grandes como manzanas, según los relatos de la época) en la axila y la ingle y, finalmente, se ponen negros y estallan, dolorosamente, exudando pus y sangre. La muerte no tarda en llegar.

Sin embargo, ahora la ciencia moderna puede curarnos de este "Azote de Dios" con un par de inyecciones — entonces, ¿la medicina y la ciencia están en contra de la voluntad de Dios? Averigüen cuántos sacerdotes, mulás y gurús enfermos rezan por la muerte cuando están enfermos y se niegan a visitar a un médico. Supongo que muy pocos, pero todos ellos ponen grandes excusas para justificar su necesidad de visitar a uno (por el bien de sus parroquianos, sin duda), cuando todo lo que cualquiera debería necesitar es vivir una buena vida, siguiendo los mandamientos que su(s) Señor(es) haya(n) dado, como el de "acoger a los desconocidos", y morir lo antes posible. Funciona con los atacantes suicidas que usan bombas.

Incluso ahora (2021), en las zonas rurales de los Estados Unidos, la Ilustración no ha llegado, con pastores, ignorantes de los conocimientos adquiridos en los últimos dos mil años, entrando en estados psicóticos en que babean incoherentemente (hablando en lenguas, o fingiendo hacerlo), y periódicamente prediciendo el fin del mundo tal y como les ha sido revelado por Dios. Por supuesto, eso nunca ocurre, pero sus seguidores saben que hubo un fallo técnico, un pequeño error de cálculo, y el pastor entonces predice alguna fecha futura, con alguna razón bíblicamente válida (supongo que Dios se equivocó o no se comunicó con mucha claridad), pero ese día tampoco llega nunca. Mi opinión es que los "fieles" dan mucho cuando saben que se acerca el final (uno no se lo puede llevar consigo). La gente repentinamente se vuelve religiosa después de un conmovedor sermón que les dice que el mundo se va a acabar pronto.

Lamentablemente, con la humanidad estando en un solo mundo (como señaló el físico Stephen Hawking), un asteroide que destruyera la Tierra sería finalmente la terminación de la historia, o quizás la historia de la humanidad sea una tesis doctoral en otro mundo. Tal vez seamos las únicas formas de vida inteligentes en el universo alcanzable y lo que era un universo de nuestras percepciones y nuestras mentes, de estrellas, planetas y nebulosas, se convierta en algo muerto, un árbol que cayó en el bosque sin ser escuchado, rocas sin vida y gases incandescentes. La respuesta, por supuesto, es esparcirse en el espacio — y encontrar o crear formas de vivir allí. Una juventud muy prolongada que dure siglos es un requisito para una civilización que se extienda por las estrellas, donde tendremos "espacio suficiente, y tiempo".

La peste negra

Doce barcos entraron en el puerto de la ciudad de Mesina, en Sicilia, en octubre de 1347, y cuando atracaron, los habitantes de la ciudad se sorprendieron al ver los barcos llenos de marineros muertos, y los que seguían vivos estaban muy enfermos y cubiertos de forúnculos sangrantes. Estos "barcos de la muerte" fueron expulsados, pero era demasiado tarde — la peste ya se había extendido a Mesina. Pronto, Marsella, en Francia, se convirtió en un centro de la enfermedad, y la peste se extendió por toda Europa a lo largo de las rutas comerciales. Primero en las grandes ciudades, luego en las más pequeñas, pueblos y aldeas — aunque nunca de forma tan mortal como en las grandes ciudades. Milán, por ejemplo, perdió la mitad de su población, y en total 20 millones de europeos murieron de la peste bubónica (o "negra"), aproximadamente un tercio de toda Europa en esa época. Era una rama de la Gran Peste que se extendía por el Cercano y Lejano Oriente al mismo tiempo.

Sin embargo, la gente de aquella época no veía la situación como lo hacemos ahora; causa y efecto no existían para los fenómenos de las plagas o los acontecimientos celestes. Todo lo que ocurría era la voluntad de Dios, por lo que si Dios castigaba al cristianismo, debía ser porque Dios estaba enfadado con los cristianos (personalmente no puedo contradecir esto). Por lo tanto, la gente debía dejar de pecar. Pero eso no era suficiente; los herejes y los judíos, los no creyentes en medio de ellos, fueron los primeros en que se pensó en cuanto a la razón de la ira de Dios (siempre hay un mejor retorno cuando se ataca a comunidades pequeñas, ricas y vulnerables — es relevante que yo lo diga, mis padres eran judíos).

Miles y miles de judíos fueron asesinados; se les acusaba de propagar la peste y a veces confesaban — bajo tortura, por supuesto. Había un conjunto de técnicas y tecnologías (el "potro de tortura" era una de ellas, y la "Doncella de Hierro" era una particularmente depravada, pero había otras peores) desarrolladas por la Iglesia aparentemente para demostrar la inhumanidad de la gente a la humanidad. Las torturas para mujeres eran más horribles y solían enfocarse en sus partes femeninas — una educación para los monjes (voluntariamente) célibes. No es de extrañar que, ante tales incentivos, judíos "de voluntad débil" admitieran haber envenenado los pozos para propagar la peste. Yo sugeriría no criticarlos sin haber antes pasado un tiempo en el potro de tortura.

Ahora que conocemos la causa (y la cura) de esta enfermedad, tenemos que entender que todas las acusaciones y todas las confesiones eran simplemente mentiras, porque la enfermedad se propaga por la mordida de una rata infectada o la picada de una pulga infectada — o en su forma neumónica, la más mortal, por la simple inhalación del aire de la respiración, del habla o de la tos de un enfermo. Miles de personas inocentes murieron por nada. Otras, a menudo personas de clase alta, se juntaban para expiar sus pecados, y quizás los de su público, cuando iban a un pueblo y se azotaban a sí mismas y unas a otras con pesados cinturones de cuero tachonados con metal afilado. Lo hacían tres veces al día, durante 33 días y medio, y luego partían hacia otra ciudad.

Sin embargo, aunque la actuación de estos "flagelantes" ("fustigadores") hacía que la gente se sintiera mejor, no detenía la peste. De hecho, la Iglesia se preocupó por la creciente influencia de estos "irregulares" autoflagelantes, y prohibió la práctica, aunque en realidad, la propia Iglesia se vio especialmente afectada, sobre todo los monjes, que (como ya se ha mencionado) vivían en condiciones propicias para la propagación de la enfermedad. Para mantener el número de monjes necesarios para atender a sus "rebaños", la Iglesia se vio obligada a elegir como monjes y monjas a personas que no eran aptas para la profesión, y como describen el Decamerón de Boccaccio y los Cuentos de Canterbury de Chaucer, las groserías y la corrupción del clero eran ampliamente conocidas.

Al principio, la estrategia consistió en una adhesión extrema a la doctrina religiosa, y en respuestas extremistas basadas en la creencia de que las enseñanzas de la Iglesia salvarían a la gente, pero al cabo de un tiempo quedó claro que la Iglesia no tenía poder para hacer frente a la plaga y que sus líderes no eran más santos que una persona cualquiera. De repente, se abrieron grietas en la visión global del mundo que tenía la Iglesia, de modo que pudo entrar un poco de luz.

Las enormes pérdidas de población abrieron oportunidades para la gente común, ya que los nobles, ricos en tierras, sufrieron al abaratarse la tierra y elevarse los salarios, por lo que los siervos pudieron comprar su libertad, y comprar sus tierras. Los campesinos se convirtieron en comerciantes y los comerciantes en nobles. De hecho, lo contrario ocurrió en el sur de Italia, donde los nobles ejercieron un control aún mayor sobre los siervos que quedaron. Sin embargo, en general, en la mayor parte de Europa, la servidumbre desapareció y se desarrolló la industria — se inventaron máquinas para sustituir el trabajo humano perdido.

Las artes prosperaron a medida que los nuevos ricos, muy conscientes de su falta de "linaje" (ricas familias industriales como los Medici y los Sforza), demostraban su contribución a la alta cultura patrocinando a algunos de los más relevantes artistas de la historia. Y las artes gráficas también cambiaron, ya que el ascético arte "cristiano", simbólico y poco natural, fue sustituido por escenas y estatuas realistas que a menudo mostraban curvilíneos desnudos femeninos que representaban escenas imaginadas de las mitologías griega y romana (y bastante piel expuesta).

Mucho antes de que el Renacimiento comenzara en Italia en el siglo XV, hubo otros Renacimientos; uno, resultado directo del rey Carlomagno, especialmente en las áreas de aprendizaje y educación, en el siglo IX; otro ocurrió por el reinado ilustrado de Otón, rey de los sajones y emperador del Sacro Imperio Romano Germánico, cuyas tareas eclesiásticas lo pusieron en contacto con lo mejor y más avanzado de su reino. Sin embargo, se trataba de cambios "desde arriba" y, por tanto, temporales, dependiendo de quién estaba en el poder.

Más significativas fueron quizás las Cruzadas, en que los cristianos europeos, por orden del Papa (*Deus volte!* — "¡Dios lo quiere!") intentaron expulsar a los musulmanes de la "Tierra Santa", lo que es el actual Israel (al llegar a Jerusalén, los cristianos europeos masacraron inmediatamente a los cristianos árabes que salieron a recibirlos, por lo que ya entonces era una cuestión racial; otro ejemplo de eso es que también asesinaron a judíos europeos como preparación).

Cuando Sicilia fue reconquistada de los árabes en el siglo XI, y Europa lidió, tanto pacíficamente como no pacíficamente, con el Imperio Omeya en España, el intercambio de conocimientos fue en un solo sentido, ya que los eruditos musulmanes (tanto árabes como persas) e incluso judíos conservaron muchas de las obras de la ciencia griega y del derecho romano que se habían olvidado o perdido en Europa. Estas culturas incluso ampliaron los conocimientos científicos griegos, especialmente en matemática, óptica, astronomía y medicina. Sin embargo, los europeos no lo veían así. Les horrorizaba que España permitiera a musulmanes y judíos practicar abiertamente su religión. Los europeos consideraban a España repugnante, ¡que Europa era para los cristianos!

En 1492, la reina Isabel exilió a "sus judíos" (ya que los judíos pertenecían a los reyes y reinas) con el aplauso de Europa, pero eso no fue suficiente para el "santo" Tomás Moro o Martín Lutero, que llamaban a los españoles "judíos sin fe y moros bautizados". Así que los judíos convertidos (muchos de los cuales eran creyentes en el cristianismo) y los moriscos (musulmanes convertidos, muchos de los cuales seguían siendo musulmanes) también fueron desterrados. Un prominente nórdico los comparó con ratas.

Por lo tanto, nunca hay que dudar del racismo que hay detrás de la militancia supuestamente "cristiana". Los cruzados no querían enviar a sus adversarios árabes al cielo, sino al infierno. El mismo año en que España expulsó a sus judíos, Cristóbal Colón descubrió un "Nuevo Mundo", lleno de riquezas, y un mundo que la Biblia nunca mencionó. De hecho, el conocimiento y el poder se trasladaron a Europa, con ese descubrimiento.

Sin embargo, los intercambios con la avanzada civilización islámica y la restauración de muchos manuscritos griegos y romanos por personas como Petrarca empezaron a cambiar el pensamiento europeo de forma profunda. Francesco Petrarca fue un poeta que descubrió muchos manuscritos antiguos y perdidos en griego y latín (en capillas y monasterios). Él fue uno de los primeros en utilizar el término "Edad Oscura" en el sentido en que lo entendemos nosotros, cuando en 1638 se dio cuenta de que estaba viviendo en una Edad Oscura, incluso cuando era común considerar a la Antigüedad, los tiempos anteriores al cristianismo, como la "Edad Oscura".

Al igual que Dante, un contemporáneo, que tenía su amor idealizado en Beatriz, una mujer real que se casó con otro hombre, Petrarca también tenía su "Laura". No estoy seguro de qué esto significa, pero tal vez tener un modelo "real" del potencial de logro humano era entonces necesario (aunque alejándose de la realidad de las mujeres en sí — tal vez si Dante y Petrarca se hubieran casado respectivamente con Beatriz y Laura, gran parte del Renacimiento nunca habría ocurrido). Tal vez las viejas imágenes de una santa o de la Santa Madre ya no bastaban para conmover los corazones de la gente; en esa época estaban "pasadas de moda", al menos entre algunos de los hombres y mujeres más inteligentes y cultos de la época.

Sin embargo, Petrarca se consideraba un buen católico y nunca creyó que fe religiosa y logros humanos fueran mutuamente excluyentes. Aunque era un poeta de renombre, la principal contribución de Petrarca fue encontrar y popularizar clásicos antiguos (encontrando textos en latín en antiguos monasterios y traduciendo el griego al latín para dar a los textos griegos un mayor número de lectores), y, como podemos ver en el arte del Renacimiento, el mundo se volvió loco por ellos. El latín se convertiría en la lengua universal de la gente culta, y los intelectuales no podían evitar introducir algo de griego en sus escritos para mostrar su sofisticación.

Entonces, de nuevo, los estoy llevando a un viaje a través de la historia, pero en realidad a través de la historia de las ideas, y eso es lo que estamos buscando — de dónde podrían venir las ideas que podrían conducir a la inmortalidad biológica. Sabemos que no pueden venir de un mundo en que el pensamiento se limita a las creencias de las élites basadas únicamente en su palabra. El "alma", concebida como una parte no corpórea e inmortal de nosotros que sobrevive a la muerte, no tiene absolutamente ninguna prueba. Como hemos visto, ni siquiera tiene la autoridad de Jesús, que como un judío de su tiempo no creía en un "alma" inmortal, sino en la resurrección de los muertos en cuerpos perfectos.

La supuesta "sabiduría" de los filósofos griegos sobre las almas inmortales (aunque más bien impersonales, que encuentran nuevos cuerpos cuando sus poseedores mueren — según la opinión de Platón [Sócrates] y de la Iglesia temprana) se implementó como una alternativa más adecuada a la resurrección que se ajustaba al pensamiento "avanzado" de la época. Pero para que la gente realmente creyera en la inmortalidad prometida, ésta no podía carecer de fundamento, sino que debía basarse en pruebas y evidencias. Ocurre que algunos cristianos no creen en almas inmortales, y el propio Martín Lutero lo refutó (condicionalismo cristiano), siendo los resucitados rechazados simplemente quemados — la muerte definitiva — y no torturados eternamente (aniquilacionismo). Así que, aunque no sea la opinión de la Iglesia, la existencia de un alma inmortal no es una obligación para el cristianismo.

A título personal: ¿cómo se puede creer a alguien que te dice que si haces lo que dice que hagas, serás recompensado después de muerto, y luego te saca dinero para asegurarlo? En el judaísmo medieval, a un *rabino* ("maestro") no se le permitía ganar dinero con sus obligaciones religiosas, tenía que tener un trabajo de tiempo completo no asociado a ser rabino — un buen sistema, creo.

Para mí, el alma inmortal no sólo "resuelve" el problema de la muerte, sino que también sostiene una enorme infraestructura que le da soporte a esa "alma inmortal", proporcionando las reglas a seguir, los maestros que las enseñan, los predicadores que las predican, los rituales necesarios y los regalos esperados para que las almas inmortales encuentren la vida eterna en el mejor de los mundos. Esa era la promesa de los sacerdotes egipcios cuando empezaron a momificar a los que no eran de la realeza. En la época en que Alejandría era una de las ciudades más relevantes del mundo, los egipcios ricos aprendían el "Libro de los Muertos" y memorizaban exactamente lo que había que decir a cada uno de los 40 dioses guardianes que los desafiarían (en realidad, desafiarían a sus cuerpos preservados, es decir, a las "momias", un proceso costoso, pero absolutamente necesario para la inmortalidad) y por los cuales necesitarían pasar en el camino hacia el paraíso. Sin embargo, ¿ustedes realmente creen que sus cadáveres preservados (con el cerebro y otros órganos extirpados) están disfrutando de su Cielo? Se desperdició mucho dinero y talento en una búsqueda inútil.

Figura 2: Representación del infierno de El Bosco en su cuadro *El jardín de las delicias* (Museo del Prado en Madrid, c. 1495-1505).

Sin embargo, esa es la promesa de todos los mulás, curas y gurús, y así es como se ganan la vida y conservan su poder. Todos ellos tienen diferentes creencias y requisitos — si eres cristiano y no has jurado que Alá es el Dios único y Mahóma es su profeta (en árabe), entonces no importa lo bueno que hayas sido (como cristiano o incluso como persona), seguirás yendo al infierno según las normas islámicas, y el sentimiento es mutuo. Entonces, ¿qué está correcto? Tu alma inmortal depende de eso — si es que tienes una. En la época medieval, se daba por sentada la supremacía intelectual de los filósofos griegos, con su avanzada idea de un alma inmortal que sustituía la primitiva idea hebrea de resurrección, pero esa supremacía no existe desde hace mucho tiempo, ya que ahora sabemos mucho más que ellos. Y como verán, eso hace una gran diferencia.

Un poco de luz

Primero, llegaron nuevas formas de pensar sobre el mundo del pasado (la época clásica), y luego sobre el mundo del presente (el presente de entonces). Las obras literarias, científicas y matemáticas de Grecia y Roma (lo que sobrevivió de ellas) fueron sacadas a la luz por el redescubrimiento de los clásicos, y se esparcieron y se dieron a conocer ampliamente, al menos en el ámbito de la alta sociedad. En un interesante giro de la historia, primero la hermosa lógica de Aristóteles derrotó la extraña noción de Aristarco de que la Tierra gira alrededor del Sol, en lugar de lo que es obviamente cierto que el Sol gira alrededor de la Tierra (uno puede verlo con sus propios ojos). La teoría que promovía Aristarco también requería que la Tierra girara sobre su propio eje norte-sur para producir el día y la noche. Si se aplica la Navaja de Occam (el principio de resolución de problemas según el cual la explicación más sencilla suele ser la mejor) a la teoría del Sol en el centro (heliocéntrica) de Aristarco, que compite con la astronomía con la Tierra en el centro (geocéntrica) de Ptolomeo (cuyos cálculos, en su *Almagesto*, resultaron bastante correctos durante 1500 años), está muy claro que la teoría geocéntrica, más sencilla, al no tener que proponer una Tierra giratoria que nadie puede sentir girar, es la clara vencedora.

Además, Aristóteles postuló que si fuera cierto que la Tierra giraba alrededor del Sol (a gran distancia), las posiciones de las estrellas más cercanas se desplazarían frente a las estrellas más lejanas "fijas" (que no se mueven), ya que el punto de observación en verano estaría a millones de kilómetros (según sus cálculos) de su punto de observación en invierno, a seis meses de distancia y en el otro "extremo" de su órbita (esto se llama paralaje) — en realidad, está a 300 millones de kilómetros de su posición en verano. Como la diferencia nunca se había visto (las estrellas cambiando su posición relativa de verano a invierno), Aristóteles concluyó, tanto por la evidencia como por la lógica, que Aristarco estaba equivocado. Por supuesto, Aristarco tenía razón. La respuesta de Aristarco a esta última afirmación sobre el desplazamiento de las estrellas fue que las estrellas estaban tan lejos que no se podían ver los ligeros desplazamientos que apenas 300 millones de kilómetros causan. Pero hubo que recurrir al telescopio y a la fotografía para demostrar que Aristarco tenía toda la razón, por muy "floja" que les pareciera su respuesta a los antiguos; las nuevas tecnologías revelaron que él tenía razón incluso con relación a su "floja" excusa.

Nicolás Copérnico reflexionó sobre la teoría heliocéntrica de Aristarco y se dio cuenta de que, si bien la "ciencia" de la astronomía de aquella época, con sus "epiciclos" y "ecuantes", hacía un maravilloso trabajo de predicción de los movimientos de los planetas, del Sol y de la Luna (de nuevo, el *Almagesto* de Ptolomeo, un libro con tablas de fenómenos celestes, se utilizó durante 1500 años), y los extraños y complejos movimientos ("círculos dentro de círculos") de los modelos mecánicos y matemáticos producían resultados precisos, NO TENÍAN SENTIDO. Por eso se asignaron "ángeles" para mantener a los planetas en sus órbitas. ¿Qué obligaba a los planetas a este movimiento increíblemente complejo (con epiciclos sobre epiciclos)? La "teoría" del universo geocéntrico producía predicciones precisas, pero la teoría heliocéntrica producía una imagen racional de todos los planetas orbitando alrededor del Sol, sin necesidad de epiciclos y ecuantes.

Ahora uno podría preguntarse simplemente qué fuerza mantiene a todos los planetas en órbita alrededor del Sol, en lugar de las misteriosas fuerzas que constriñen a los planetas en órbitas circulares alrededor de puntos imaginarios que a su vez pueden estar viajando en círculos (¡más círculos, más precisión!). En el modelo heliocéntrico, una fuerza central emanando del Sol podía explicar todo. Un gran problema era que las cartas náuticas — las nuevas cartas náuticas basadas en el heliocentrismo producidas por Copérnico — no funcionaban muy bien. Pero la ciencia estaba ahora más cerca de la verdad, y Copérnico se acercó más que nadie. Sin embargo, él nunca permitió que se publicara su trabajo durante su vida (él era un funcionario de la Iglesia, como se ha mencionado), y en un prefacio a su obra póstuma afirma que nunca pretendió dar a entender (¡el cielo no lo permite!) que su modelo heliocéntrico representaba la realidad, sólo era un modelo matemático que simplificaba el cálculo.

Y así fue como resurgió el modelo heliocéntrico, aunque sólo diera respuestas aproximadas; sin embargo, cuando Kepler descubrió que las órbitas reales de los planetas eran elipses y no círculos perfectos como creía Copérnico (era una buena conjetura — daba sentido a un fenómeno, y proporcionaba una narrativa en vez de una simple predicción), y posteriormente con las adiciones de Newton, pudimos usarlo para predecir el movimiento de planetas a miles de millones de kilómetros de distancia, con siglos de antelación.

También quiero mencionar al noble danés Tycho Brahe, que tuvo como brillante ayudante a Johannes Kepler; trabajando en conjunto (y sin el uso de un telescopio), ellos trazaron la órbita de Marte y descubrieron que, al igual que las órbitas de otros planetas, no era un círculo sino una elipse, y con esa información — que los planetas viajan en órbitas elípticas con el Sol siendo uno de los focos — los cálculos heliocéntricos funcionaron perfectamente.

Los puntos principales de esta historia son: en lugar de seguir lo que afirmaba la autoridad, Copérnico tuvo la temeridad de cuestionar las opiniones de la mayor autoridad de la Iglesia sobre el mundo físico, Aristóteles, y más tarde se demostró que tenía razón a través de la observación. Y posteriormente, Brahe y Kepler midieron efectivamente las órbitas de los planetas en lugar de basarse en las nociones bien documentadas y universalmente aceptadas de las autoridades. Querían explicaciones comprensibles para el mundo real en que vivían. "Es la voluntad de Dios" ya no era la respuesta a todas las preguntas.

En este punto, Galileo entra en escena para demostrar cómo la instrumentación (su perfeccionamiento del telescopio) — por no hablar de su genialidad — significó un nuevo golpe para la Iglesia (aunque Galileo se consideraba un buen cristiano). Galileo fue un hombre brillante que se hizo muy rico gracias a su empuje e ingenio — fue el Elon Musk de su época y más. Cuando el telescopio llegó por primera vez a Florencia, Galileo perdió la oportunidad de verlo, pero basándose en la descripción y en la propia experiencia de Galileo en óptica, pronto tuvo un instrumento que funcionaba. El telescopio no era entonces el instrumento de un astrónomo, sino un catalejo, útil para observar los movimientos del enemigo desde una distancia segura, o para ver un barco cargado que llegaba a puerto desde una distancia suficiente para comprar participaciones en él antes de que otros supieran que llegaba al muelle. Como la navegación era un negocio arriesgado y muchos de los barcos que partían nunca regresaban, ¡tanto el riesgo como el rendimiento de la inversión eran elevados! El telescopio aliviaba el riesgo para los que sabían que un barco iba a atracar antes que los demás y podían comprar acciones a bajo precio.

Antes de esto, se pensaba en el cielo como el Cielo, la esfera celeste con Dios y su jerarquía de seres superiores (ángeles, arcángeles, poderes, dominios, serafines, querubines, virtudes y otras criaturas fantásticas — "círculos dentro de círculos"), que se inspiraban en historias bíblicas. Se invirtió mucho esfuerzo en ordenar esta jerarquía celestial (¿sabremos alguna vez si estaban correctos?). Tengo que admitir que leer sobre las diversas propiedades y apariencias de estas criaturas celestiales me hace pensar en los "antiguos astronautas". Los querubines, por ejemplo, no eran como bebés alados gorditos, sino monstruos con cuatro cabezas — humana, de buey, de león y de águila — con cuerpo de león, pezuñas de buey y cuatro alas unidas cubiertas de ojos. ¿Y por qué no? El cielo allá arriba — el origen de los antiguos astronautas — era entonces el Cielo, donde residían Dios y sus huestes y a donde eran enviadas las "almas" buenas.

Sin embargo, cuando Galileo observó los cielos con su telescopio, no encontró la perfección celestial — con todas las cosas celestiales compuestas de una "quinta esencia" imperecedera (o "quinto elemento", siendo los otros cuatro la tierra, el aire, el agua y el fuego). Diferentemente, Galileo descubrió que la Luna era un mundo rocoso, con montañas y valles — él incluso podía medir la altura de esas montañas lunares por las sombras que proyectaban. Descubrió manchas en la superficie supuestamente perfecta del Sol, y que Júpiter no tenía una, sino cuatro lunas dando vueltas a su alrededor (cuatro de 62 lunas conocidas; todavía son llamadas lunas galileanas: Europa, Io, Ganímedes y Calisto). Además, su descripción de las fases de Venus confirmó absolutamente las teorías de Copérnico y Kepler, ya que dichas fases no podrían producirse de esa manera si el Sol diera vueltas alrededor de la Tierra.

La Iglesia no podía tolerar tanta luz. Galileo (de quien se decía que tenía la lengua más afilada de Italia) era amigo de un cardenal cuando eran jóvenes, y cuando este cardenal se convirtió en un Papa de línea dura, esperó a que Galileo tuviera 70 años y estuviera enfermo y le hizo retractarse de su teoría heliocéntrica, con instrumentos de tortura medieval extendidos ante él. Galileo entonces "admitió" que la Tierra no se mueve (se rumorea que murmuró "y, sin embargo, se mueve" después de su retractación), y fue confinado de por vida en arresto domiciliario hasta que murió en 1642, el año en que nació Isaac Newton. Durante el resto de su vida bajo arresto domiciliario (como yo lo estuve durante el año 2020 debido a la pandemia de COVID-19), continuó investigando y produjo el primer texto de física, que se utilizó durante siglos.

La coincidencia entre el año de la muerte de Galileo y el del nacimiento de Newton es seguramente sólo eso, y no voy a dedicar mucho tiempo a este excéntrico caballero inglés (aunque valdría la pena dedicarle muchos volúmenes), porque ese no es nuestro objetivo — buscamos al menos alargar nuestra vida para evitar la muerte y tal vez alcanzar la eterna juventud, y esa es la razón por la que ustedes están leyendo esto. Pero en esa época pasada, aunque las obras clásicas eran prominentes y todo europeo culto podía conversar en latín, la Iglesia dominaba el pensamiento.

Newton era cristiano, pero muy poco ortodoxo (por eso rechazó una cátedra, ya que en aquella época eso tenía requisitos eclesiásticos). Él utilizó su gran capacidad de raciocinio para tratar de extraer mensajes "ocultos" en la Biblia. También trabajó en alquimia, y no consiguió nada en esos dos ámbitos, pero realizó importantes mejoras en instrumentación (inventando el telescopio reflector), y definió un pequeño conjunto de tres leyes del movimiento (bueno, las dos primeras venían de Galileo), y la ley de la gravedad, que en conjunto daban sentido a todas las leyes de Kepler sobre el movimiento planetario. La naturaleza ahora podía ser entendida. Cuatro leyes simples definían el movimiento de las estrellas y los planetas.

Basándose en las leyes de la gravedad y del movimiento, se explicaron todas las órbitas de todos los planetas (y más tarde se descubrieron nuevos planetas al observarse ligeras desviaciones de las órbitas previstas). Incluso se podía predecir la trayectoria de un cometa y su frecuencia de aparición (como hizo Haley), y este presagio de desastre (*des* [malo], *astre* [estrella], etimológicamente) se volvió sólo otro objeto celeste predecible. Incluso hoy, las leyes de Newton son lo suficientemente precisas como para que podamos aterrizar nuestros astromóviles en Marte.

Pero al igual que el misterio de los epiciclos y ecuantes de Ptolomeo desapareció cuando se comprendió bien el movimiento celeste, la fuerza a distancia desapareció cuando Einstein comprendió apropiadamente la gravedad, aunque para la mayoría de los fines prácticos actuales, las leyes de Newton siguen sirviéndonos bien (sin embargo, tanto la ley de la relatividad especial como la general de Einstein son necesarias para nuestros sistemas de geoposicionamiento basados en satélites de rápida circunvolución — GPS).

La invención de una herramienta tan importante en la matemática como el cálculo debería haber sido el mayor logro de Newton — pero la invención del cálculo también es reivindicada por el brillante polímata Gottfried Leibniz (el filósofo francés Diderot dijo que, al compararse con Leibniz, sólo quería tirar sus libros, meterse en algún rincón tranquilo y morir). Los historiadores afirman hoy día que Newton descubrió primero el cálculo, pero que Leibniz lo publicó primero. Newton insistía en que cuando Leibniz lo visitó en Inglaterra, robó sus ideas (de Newton) sobre el cálculo y Leibniz nunca pudo librarse de esa acusación y no habría estado seguro en Inglaterra (una tierra que adoró a Newton durante su vida y creía que Leibniz era un ladrón). La disputa nunca terminó y Leibniz mantuvo una larga y amarga correspondencia con Newton hacia el final de su vida.

Esta batalla personal tuvo graves repercusiones para Inglaterra, ya que los británicos estaban tan indignados por el supuesto robo que se aislaron de la matemática europea, y Gran Bretaña quedó retrasada en matemática durante cien años, mientras los matemáticos de Francia y Alemania hacían avanzar masivamente la matemática basados en el cálculo de Leibniz (todavía utilizamos la notación de Leibniz, "dx/dy", en lugar de la notación de Newton [una x con un punto arriba], excepto cuando hablamos de derivadas con respecto al tiempo).

También aquí hay muchas lecciones. El nacionalismo y el endiosamiento del hombre Newton (un hombre muy poco común que se vanagloriaba de su virginidad, era muy paranoico y se dice que disfrutaba ahorcando él mismo a los falsificadores cuando fue nombrado director de la Casa de la Moneda) condujeron a una malhumorada y obstinada ignorancia por parte de Inglaterra que la perjudicó durante un siglo.

Aquí vemos una cosa muy interesante de la ciencia, que es el aumento progresivo de la precisión de las mediciones junto con la simplicidad de la descripción. Los complejos cálculos de Ptolomeo producían números precisos, pero sin entenderse por qué esos números eran como eran. Copérnico produjo números que no eran del todo correctos (porque él mantuvo la noción medieval de que las órbitas planetarias eran círculos perfectos — lo que fue "enderezado" por Kepler y Brahe), pero su teoría heliocéntrica acabó venciendo. ¿Por qué? Porque las órbitas heliocéntricas crearon un modelo más sencillo y comprensible de la realidad, una narrativa inteligible que acabó produciendo resultados mejores e incluso más precisos que los de Ptolomeo, porque la comprensión real produce resultados reales.

Kepler imaginaba que una fuerza emanaba del Sol y arrastraba a los planetas a lo largo de sus órbitas. Newton lo explicó entonces como una fuerza de atracción que todos los cuerpos masivos ejercen por igual y de forma opuesta entre sí. Una fuerza proporcional al producto (multiplicación) de las masas e inversamente proporcional a la distancia entre sus centros al cuadrado ($F_g = Gm_1m_2/r^2$, donde G es una constante, la constante gravitatoria universal, válida en cualquier lugar del universo, por lo que sabemos), siendo el Sol el más masivo de los objetos del sistema solar. Más tarde descubrimos que la teoría de la gravedad de Einstein sustituye la de Newton y explica la aparente acción a distancia explorando cómo la masa moldea el espacio-tiempo — cómo el espacio y el tiempo, inseparables, determinan el movimiento. Esta teoría es bastante diferente de la de Newton, pero en el caso de cuerpos que viajan a velocidades considerablemente inferiores a la de la luz, la teoría de Newton es una excelente aproximación a la verdad — y nos dio la capacidad de navegar por el espacio interplanetario.

Sin embargo, la teoría de Einstein tampoco es completa, ya que no explica el mundo cuántico (pero eso está fuera de nuestro alcance por ahora). Aunque la descripción de cómo funciona el universo a pequeña escala no es sencilla de entender (a menos que se acepte la hipótesis del multiverso), en realidad puede escribirse en un par de líneas (que requerirían volúmenes para explicarse), así que en ese sentido Einstein continuó la tradición iniciada por Copérnico, Galileo y Newton mostrando que unas pocas leyes simples determinan el complejo comportamiento del universo físico.

¿Podemos llegar a "saber todo"? Eso depende en gran medida de la capacidad del cerebro humano, y como se dice que afirmó el gran bioquímico J. B. S. Haldane, "el universo no sólo es más raro de lo que imaginamos, sino que es más raro de lo que podemos imaginar". También Einstein ofreció un camino a la inmortalidad; a medida que te acercas a la velocidad de la luz, tus relojes se ralentizarán, acercándose a cero a medida que te aproximas a la velocidad de la luz — y, si vas lo suficientemente rápido, pasarán mil años en la Tierra mientras te tomas tu desayuno, pero subjetivamente, envejecerías y morirías normalmente. Así que no es un camino real.

Darwin explica la evolución

En 1858, Charles Darwin y Alfred Russel Wallace publicaron su *teoría del origen de las especies por medio de la selección natural*. La teoría tuvo un profundo impacto, no sólo en la ciencia, sino también en la religión y la política.

Es un ejemplo más de la humanidad mirando al mundo "real" y no al de las arraigadas doctrinas de la Iglesia. Jean-Baptiste Lamarck ya había propuesto una teoría completa de la evolución basada en la herencia de características adquiridas (las protogirafas intentan alcanzar las hojas más altas y por eso su descendencia tiene el cuello más largo), pero no se conocía ningún mecanismo para eso y no había evidencias que apoyaran esa suposición — ya que las actividades del animal, a través de secreciones celulares desconocidas, tendrían que afectar a su "plasma germinal".[*]

La resolución de esta cuestión fundamental por parte de Darwin se basó en las pruebas fósiles, en sus propios descubrimientos y en la constatación — a través de los escritos del erudito inglés Thomas Malthus — de que la Tierra tiene una capacidad de soporte limitada, reforzando los conocidos descubrimientos del naturalista francés Georges Cuvier (1809) con relación a que distintas especies que vivieron en el pasado ya no viven. Wallace también hizo una importante contribución, al constatar que las nuevas especies de mariposas (él era un cazador profesional de mariposas) siempre se encuentran cerca de especies muy parecidas, posiblemente adaptadas de forma más selectiva a su hábitat.

La ciencia física y la matemática prosperaron durante los siglos XVI y XVII, con los descubrimientos de Copérnico, Kepler y Brahe, Newton y Leibniz, que transformaron la visión de mundo de los europeos cultos. Al igual que los geómetras griegos, como Euclides, ellos tomaron un tema complejo y lo transformaron en un diminuto conjunto de reglas o *axiomas* (aceptados automáticamente como afirmaciones lógicas de hechos, como por ejemplo, dos puntos determinan una línea) que podían utilizarse para comprender, de forma abstracta, la naturaleza de objetos del mundo real. Así, los físicos y astrónomos pudieron solucionar todo el universo, los movimientos de planetas, cometas, galaxias y lunas, basándose en cuatro simples leyes. El deseo de aplicar el mismo tipo de análisis a otros campos de la investigación humana se hizo obvio para muchos.

Charles Darwin no inventó la evolución. La evolución, tal y como se utiliza actualmente en biología, se refiere a cambios de las especies, y no es un concepto nuevo. Los atomistas griegos ya habían decidido que el mundo estaba formado por átomos y vacío, y que los átomos se combinaban y recombinaban para crear las estructuras de este mundo. Leucipo y

---

[*] El plasma germinal es un concepto biológico que afirma que la información hereditaria se transmite sólo por las células germinales de las gónadas (ovarios y testículos), y no por las células somáticas.

Demócrito (alrededor de 500 a.C.) son los exponentes más conocidos de esta filosofía. Su filosofía fue contemporánea a la de Aristóteles, pero el atomismo no fue tan popular. Aristóteles dominó el mundo de la filosofía griega, por lo que las opiniones atomistas no eran aceptadas. La lección aquí es que la popularidad de una "teoría" (conjetura) tiene poco que ver con su verdad; como una película, una teoría es popular si lleva a un final dramático (muy bueno o malo).

Que Aristóteles era un gran genio no cabe duda, pero al ser exaltado como el máximo poseedor de la verdad, sus palabras impidieron el progreso del conocimiento. Lo que era cierto — las reglas aristotélicas de la lógica, por ejemplo — sigue siendo cierto, pero casi toda su biología era errónea, basada como estaba en la idea platónica de que cada criatura era una representación pobre de su modelo perfecto. En la biología aristotélica, no había evolución, cada especie permanecía igual para siempre. En términos informáticos, cada individuo era una implementación específica de una clase. Lo que se necesitaba era un sistema capaz de distinguir lo que era verdadero de lo que no lo era. Pero eso tuvo que esperar hasta la época del Renacimiento para ser incluido de forma teórica por el lord canciller de Inglaterra (algo equivalente al presidente de la Corte Suprema de los Estados Unidos, pero con más autoridad) Francis Bacon, cuyos escritos fueron la inspiración del método científico. De hecho, todo lo que se requiere de una "teoría" científica es que cumpla las reglas de la evidencia — como en el derecho, la evidencia se utiliza para decidir qué es verdadero o falso.

Aunque en general se creía que la materia podía dividirse indefinidamente, los atomistas afirmaban que si eso fuera así — si la materia fuera infinitamente divisible — no habría lugar para el movimiento o el cambio, por lo que tenía que existir un espacio o vacío. Así, el mundo se concibió como compuesto por partículas básicas no divisibles, llamadas *átomos* (que literalmente significa "no divisible"), y un espacio, o vacío, que las separaba, e se imaginó que los átomos estaban en constante movimiento, rebotando unos contra otros.

Aunque los atomistas podían utilizar su hipótesis para explicar algunos fenómenos como la evaporación, ese no era su propósito. Y la vida, en opinión de los atomistas, surgió de procesos naturales. Los atomistas presocráticos creían que la vida era el resultado de un caos infinito de átomos que, siguiendo las leyes naturales y procesos no dirigidos, produjeron la vida, de forma muy similar a nuestras opiniones modernas. Y, aunque sus escritos originales se perdieron, sus ideas fueron recogidas por el poeta latino Tito

Lucrecio en su obra de cinco volúmenes *De la naturaleza de las cosas* (redescubierta y reeditada en 1417, por lo que estuvo disponible en la época del Renacimiento).

Los atomistas creían que la naturaleza (no un demiurgo, como creía Platón, o más tarde, una "psique" interna — la causa más fundamental de toda la vida según Aristóteles — sino más bien leyes naturales no dirigidas y casualidad operando sobre los átomos) producía nuevas especies "mediante un proceso no dirigido que seleccionaba las formas mejor adaptadas y eliminaba las que no se adaptaban a sus condiciones".[10] Con esta descripción, los antiguos atomistas no sólo explicaban la evolución a la manera moderna (aunque omitiendo los detalles), sino que se anticiparon en 1900 años con relación a la "supervivencia del más apto" o "selección natural" de Darwin y Wallace como mecanismo de la evolución. Sin embargo, hay una gran diferencia: las conclusiones de Darwin y Wallace se basaron en evidencias.

Por mucho que los atomistas se hayan acercado a la teoría atómica moderna y a que las cosas que la gente creía que eran sustancias, como el calor y la sequedad, eran en realidad sensaciones causadas por átomos, las explicaciones, aunque lógicas (todos los filósofos griegos tendían a ser lógicos), eran sólo palabras sin pruebas; no había forma de distinguir una explicación verdadera de una falsa, salvo la lógica. Nuestras computadoras, sin embargo, tienen una lógica perfecta (cuando yo trabajaba como programador, tenía un cartel en mi mesa que decía "El compilador nunca se equivoca."), pero todos los programadores conocen la expresión "Si entra basura, sale basura". Los griegos creían que la verdad fundamental podía derivarse del puro pensamiento, y Aristóteles fue el maestro de eso (aún hoy utilizamos la lógica aristotélica). Pero no es así.

Si los primeros cristianos no hubieran destruido los avances tecnológicos de la civilización helénica en Alejandría, por considerarlos poco importantes, quién sabe lo que podría haber ocurrido. Pero parece que siempre son las diferencias étnicas, religiosas y raciales las que utilizan los tiranos para separar a la gente y ganar poder. Sin embargo, hemos visto que cuando diferentes criaturas cooperan, pueden hacer más juntas que la suma de lo que podrían hacer separadas.

Curiosamente, la misma discusión sobre si la vida pudo haber surgido por casualidad, dada su complejidad inherente, o si fue producida por un Creador o un Diseñador, también se discutió en la antigua Grecia. Tanto Platón como Aristóteles (que, como se ha mencionado, volvió a destacarse más tarde en la historia de la Iglesia medieval como su guía secular), como es de esperar, creían en almas no materiales (sólo podemos definirlas como objetos abstractos, y sin persistencia de memoria y personalidad, aunque el catecismo católico moderno dice que conserva esos atributos).

Además, Aristóteles era poco preciso sobre la inmortalidad del alma. Creía que el "alma" era tripartita; dos partes (las relacionadas con las emociones y los deseos) morían con el cuerpo, pero la parte responsable de la lógica era inmortal. Un científico moderno que viera estas conjeturas sobre las propiedades del "alma" se daría cuenta de que Aristóteles estaba hablando del cerebro humano y del sistema endocrino. Y sí, los pensamientos, y por tanto la mente, son inmateriales, pero tienen una base material en las neuronas y la glía del cerebro. Retiren los dos milímetros superiores de la corteza cerebral y vean cuánta capacidad lógica queda (ninguna).

Sin embargo, esas opiniones de los griegos fueron aceptadas por la Iglesia, pero las de Jesús, rechazadas. Las opiniones de los atomistas, como las de Aristarco anteriormente, fueron rechazadas, pero ¿se hizo eso en base a la verdad? Evidentemente no, ya que Aristarco y los atomistas estaban en lo cierto. Más tarde, la filosofía del alma de Aristóteles fue fortalecida por (Santo) Tomás de Aquino, según William Anderson Gittens en su libro *The Soul Of Culture Vol.1*, al hablar de la opinión de Aquino descrita en su obra *Quaestiones Disputatae de Veritate*: "Con respecto al alma humana, su teoría epistemológica requería que, puesto que el conocedor se convierte en lo que conoce, el alma definitivamente no es corpórea — si fuera corpórea, cuando conociera qué es alguna cosa corpórea, esa cosa vendría a formar parte de ella."[11]

Esto es incorrecto; mi computadora (que creo que "no tiene alma" — o no... mmm...) "sabe" (puede listar su contenido) cuál es mi base de datos, pero sólo muestra mi base de datos cuando yo lo deseo. Es decir, muestra una imagen temporal de mi base de datos (que yo puedo haber introducido como un objeto material, por ejemplo, una hoja de cálculo, de papel, que se escanea). La información no es corpórea, pero debe tener un sustrato corpóreo para su almacenamiento y manipulación, ya sea en la hoja de papel original o en su representación digital en matrices de semiconductores. Si el alma es el cerebro, contiene una representación de la realidad, no la realidad misma — ¿podemos "conocer" un objeto físico? Sólo indirectamente, con los limitados sentidos y capacidades que tenemos. Sin embargo, *sabemos* que nuestro cerebro hace todo lo que Aristóteles atribuía al alma.

Aunque fue el primer intento de la humanidad de comprender y controlar la realidad física mundana, gran parte de esta temprana "filosofía" griega fue la aplicación de un fino razonamiento a suposiciones incorrectas o inexactas, axiomas que simplemente tenían poco o nada que ver con la realidad. La propia idea de un alma inmortal es una suposición sin más bases que sueños, deseos y leyendas. A la gente le gusta oír que va a vivir eternamente. Para mí, y supongo que para la mayoría de mis lectores, mi alma es lo que quiero decir cuando digo "yo". Aunque haya perdido la memoria de mi vida anterior, tener amnesia no es lo mismo que morir. Pero cuando se lee a Platón y a Aristóteles sobre el alma, está claro que Platón se refiere a un cielo abstracto y a un alma abstracta, ninguno de los cuales parece tener nada que ver con "yo" (de hecho, deshacerse de ese "yo" es el camino budista hacia la salvación; lo que ocurre después de la muerte nunca fue discutido por el Buda, Gautama Siddhartha).

El alma, tal y como la defiende en parte la Iglesia y la confirman y refuerzan los Padres de la Iglesia, no tiene ni la autoridad de Jesús, en cuyo nombre fue creada la Iglesia, ni la autoridad del conocimiento y la comprensión de la ciencia actual. Los antiguos griegos sabían muy poco, y mucho de lo que creían saber estaba equivocado. De lo que Aristóteles hablaba realmente es de las propiedades del cerebro, y no hay duda de que el cerebro no es inmortal — incluso el córtex cerebral, el centro del pensamiento y la razón, se deteriora como toda la carne.

Considerándolo todo, los griegos fueron los primeros en contemplar este mundo e intentar comprenderlo en términos de lógica y leyes, al igual que su geometría estaba basada en axiomas, conectados por la lógica para explicar el mundo de las formas geométricas, un mundo que Platón creía que existía en la realidad, un metamundo de formas puras ideales, del que nuestro mundo era una aproximación mal hecha — ¿si no, de dónde podrían venir las ideas? Respuesta: de las experiencias, las analogías y la capacidad de generalizarlas (y a menudo de sobregeneralizarlas).

En resumen, como los griegos "clásicos" sabían muy poco del mundo, sus finos razonamientos se basaban en axiomas falsos, y los resultados nunca fueron chequeados por el método científico, ya que éste no se había desarrollado. Cuando los "Padres de la Iglesia", como Santo Tomás de Aquino, enfatizaron la naturaleza no corpórea del alma (un equivalente moderno sería la diferencia entre "mente" y "cerebro"), el cuerpo pasó a ser como una máquina, animada por un espíritu. Cómo esos dedos inmateriales podían controlar los "interruptores" del cuerpo, y cómo ese fantasma podía percibir la luz — pues la luz pasaría sin perturbación por sus ojos invisibles — eran preguntas que nunca se respondieron, pero se suponía que las respuestas llegarían. Sin embargo, sabemos que las acciones de la mente (aunque no sean corpóreas) residen en las acciones de las células del cerebro, que ciertamente mueren.

La Iglesia tomó conclusiones humanas equivocadas basadas en concepciones inexactas e incorrectas y las convirtió en dogma. Hoy día, las autoridades de la Iglesia siguen convenciendo a mil millones de personas contándoles historias, y toman su dinero para mantener una enorme y rica burocracia. Pero veremos antes de que termine este libro que, aunque el camino de la Iglesia hacia la inmortalidad a través de almas inmortales no sea más que un cuento de hadas basado en la incomprensión, el *establishment* científico siguió el mismo camino de incorporar falsedades y deseos fervorosos a un "dogma" oficial que no tiene más posibilidades de darnos la inmortalidad biológica (o más bien, juventud, durante todo el tiempo que queramos) que la ficticia alma inmortal.

La respuesta definitiva al dualismo mente-cuerpo de Descartes (su teoría sobre la separación entre mente y cuerpo) es que se trata, como explicó Gilbert Ryle (el filósofo británico de la mente), de un error fundamental que no puede corregirse con pequeñas alteraciones. Ryle se refiere a la dualidad mente-cuerpo como "el espíritu en la máquina". La idea de que los seres humanos están compuestos por dos sustancias (cuerpo y mente), como sugiere Ryle en su ensayo *El mito de Descartes*,[12] es un error categórico, ya que el cuerpo y la mente no son "sustancias"; no son el mismo tipo de cosa, sino que pertenecen a categorías diferentes — del mismo modo que una "novela" y una "escrita" pertenecen a dos categorías diferentes, o "mano" y "lavado", o "programa" y "computadora" (¿Cuánto pesa ese programa?), como sugerí antes. "Tengo dos manos y dos lavados" no tiene sentido, es mucho peor que comparar manzanas con naranjas. Al menos las manzanas y las naranjas están en la categoría de frutas.

Los malentendidos medievales siguen siendo creídos por miles de millones de personas, que dan su dinero para mantener una enorme estructura construida para defender el pensamiento medieval y la ignorancia medieval. Sin embargo, los seres humanos son (por lo que sabemos) únicos en la comprensión de que envejeceremos y moriremos, y por eso quizá sea mejor tener esperanza de que todo el trabajo y los esfuerzos dedicados a obedecer las leyes religiosas generalmente morales darán sus frutos en forma de vida después de la muerte, que aceptar la muerte como algo definitivo y, por tanto, saber que cualquier crimen que cometas de cuya punición te puedas librar no tendrá más consecuencias. Sin embargo, cuando viví en Japón (durante ocho años), la gente en general decía que los japoneses no creen en Dios, y sin embargo la delincuencia es mucho menor, y la civilidad mucho mayor en Japón que en las naciones cristianas, así que no defiendo el miedo al castigo eterno como un elemento disuasorio del crimen; según tengo entendido, los jefes de la mafia van a la iglesia todos los domingos.

Volvamos a hablar un poco más de biología, porque parece el lugar apropiado para buscar un enfoque más científico para la prolongación de la vida. Tendremos que recurrir de nuevo al principio de Feynman — el principio por el que avanzan todas las ciencias, que puesto en fraseología inversa (porque es lógicamente correcto) es que sabes que la hipótesis que has elegido es errónea si no "funciona". A esto se le llama "rechazar la hipótesis"; en este universo infinito nunca se puede saber que algo es correcto en todos los casos, en todos los lugares, por lo que nunca se puede confirmar realmente una hipótesis mediante un experimento, pero cualquier caso en que una predicción basada en tu hipótesis no funcione es suficiente para "rechazar" esa hipótesis y descalificarla para siempre sin necesidad de más pruebas.

La ciencia es muy conservadora en ese sentido, aunque puede haber muchas maneras de que un principio (axioma, ley, conjetura) sea erróneo y aun así produzca buenos resultados (como vimos en el caso del "universo" geocéntrico de Ptolomeo frente al universo heliocéntrico de Copérnico). Pero un sólo caso, en que Galileo mostró las fases de Venus (sólo visibles gracias a su perfeccionamiento del telescopio), fue en sí mismo suficiente para rechazar la hipótesis de que Venus y el Sol daban vueltas alrededor de la Tierra.

En realidad, Brahe ideó otro modelo según el cual el Sol seguía orbitando alrededor de la Tierra, pero los planetas interiores orbitaban alrededor del Sol. Esa teoría también podría haber funcionado, pero introduciría más confusión. Asumir la heliocentricidad y calcular las órbitas elípticas de los planetas alrededor del Sol, estando este en un foco de esa órbita, aclaró todo y llevó a nuevos avances, especialmente por parte de Galileo y luego de Newton. Aquí hay dos hechos contraintuitivos: que mejores hipótesis no dan necesariamente mejores resultados y que la llamada Navaja de Occam, la insistencia en que la explicación más sencilla es la mejor, no siempre es la manera más adecuada de proceder, ya que el Sol no orbita la Tierra todos los días.

4

La biología empieza

La ciencia física, tal y como se originó con Galileo y Newton, e incluso la astronomía, parecían sencillas al principio; si meras cuatro leyes pueden describir y predecir las órbitas de los cuerpos celestes, entonces eran simples por definición. Por supuesto, la física de la época pensaba en puntos de masa — un planeta podía representarse simplemente como un único punto con masa y velocidad sometido a las fuerzas provenientes del Sol y de otros planetas, y utilizando las leyes del movimiento y de la gravitación de Newton, sus movimientos podían determinarse hasta el fin de los tiempos (se creía). Sin embargo, extender la física a los "cuerpos extendidos", como los planetas "reales", era para el futuro; el "punto de masa" y las "fuerzas" eran todo lo que necesitaba el físico o el astrónomo. Pero la biología era diferente — su complejidad hacía difícil saber siquiera por dónde empezar; ¿cuáles eran los equivalentes de las órbitas y cuáles eran los "puntos de masa" de la biología? Como punto de partida, se sabía que los seres vivos eran diferentes, animados por un *élan vital** propio de los seres vivos.

---

* Élan *vital*, "impulso vital" o "fuerza vital", es una explicación hipotética de la evolución y el desarrollo de los organismos.

Aunque la disciplina de la *biología* sólo empezó en el siglo XIX, tiene sus raíces, como gran parte de la ciencia, en la antigua filosofía griega, cuyo espíritu indagador alcanzó un punto álgido (hubo muchos) con Galeno (Aelius Galenus) en el siglo II d. C. Galeno fue médico del emperador romano Marco Aurelio y, más tarde, de su hijo, el emperador Cómodo (vean la película *Gladiador* para tener una visión extremadamente sesgada de Cómodo, pero los historiadores coinciden mayoritariamente en que él acabó con el Imperio Romano de Oriente como una fuerza en el mundo).

Galeno era un empirista que quería estudiar el cuerpo humano para mejorar sus conocimientos de medicina, y como la vivisección y la disección humanas fueron declaradas ilegales en Roma en el año 150 a. C., diseccionó y viviseccionó monos. Más adelante les hablaré de otros experimentos, tan crueles que sería difícil imaginar que algún "Comité de Ética" los justificara, pero algunos de ellos condujeron al descubrimiento de puntos fundamentales para la inmortalidad biológica de mamíferos. A decir verdad, al propio Galeno le incomodaban las expresiones humanas en los rostros de sus monos, y cambió a otros animales, principalmente cerdos. Galeno escribió un tratado, aparentemente alabando su propio enfoque, titulado apropiadamente *El mejor médico es también filósofo*, ya que Galeno era tanto médico como filósofo, y era reconocido como preeminente en ambos campos nada menos que por el propio Marco Aurelio.

La parte buena de la investigación de Galeno consistió en disecciones detalladas, con funciones inferidas de las diversas partes. La anatomía de Galeno sobrevivió hasta el siglo XIII en tierras árabes, cuando Ibn al-Nafis demostró la circulación pulmonar (el pulmón no se "comía" la sangre bombeada hacia él, sino que ella era recuperada en la circulación arterial),[13] y en Europa hasta el siglo XVI cuando Vesalio, un anatomista y médico flamenco, utilizó la disección de cadáveres humanos (permitida en la Europa cristiana, pero prohibida en la Roma pagana — no es lo que yo esperaría) para demostrar que muchas de las descripciones anatómicas de Galeno basadas en monos no coincidían con las de los humanos.

La filosofía de Galeno se basaba en la filosofía de Aristóteles y los platonistas, incluyendo un alma de tres partes (un alma apetitiva, un alma espiritual [referente a "espíritu", como en el "aliento" hebreo, que significa una fuerza animadora, no un "fantasma"] y la parte racional [la parte que Aristóteles creía ser inmortal]). Sin embargo, mediante la experimentación, Galeno creyó haber determinado la ubicación de estas tres "almas". El alma apetitiva residía en el hígado, que fabricaba la sangre "oscura" y la enviaba a los órganos donde se consumía. El alma "espiritual" residía en el corazón, que fabricaba sangre "brillante" que el corazón bombeaba a los órganos donde se consumía. Y aunque Galeno distinguía entre sangre "brillante" y "oscura", nunca hizo la conexión entre los sistemas venoso y arterial, por lo que en ambos casos la sangre se producía bajo la dirección de estas dos almas mortales (apetitiva y espiritual) en un viaje de ida — el corazón y el hígado hacían la sangre, los otros órganos la consumían, entonces el corazón y el hígado hacían más y el ciclo continuaba. Sin embargo, el alma racional estaba en el cerebro. Lo importante no fue tanto el conocimiento adquirido, sino la idea de "localización de función", el concepto de que diferentes órganos tenían diferentes funciones.

Entonces, aquí el concepto griego de *pneuma* era casi idéntico al concepto hebreo de *neshamah* o "aliento" — ese espíritu animador que los estoicos (la secta filosófica de la que Marco Aurelio fue el ejemplo más famoso) creían que estaba en la sangre (recordemos, "la sangre es la vida de todos los seres vivos"). Sin embargo, la medicina de Galeno se basaba en los conceptos del médico griego Hipócrates, que creía que la salud consistía en el equilibrio de los cuatro humores — sangre, bilis negra, bilis amarilla y flema — por lo que las sangrías para restablecer el equilibrio formaban parte de la tradición hipocrática (a propósito, donar sangre se asocia a una mayor longevidad). El proceso de sangrado como tratamiento para casi cualquier enfermedad continuó hasta bien entrado el siglo XX. Recuerdo personalmente el juego de tazas que tenía mi madre para la terapia con ventosas, una variante posterior de la sangría.

La sangría parecería ser una forma de eliminar del cuerpo ciertas moléculas que promueven el envejecimiento que aparentemente se acumulan con la edad, como la eotaxina (más adelante hablaré más sobre esto). Al retirar una cantidad suficiente de sangre, se podrían diluir efectivamente factores promotores del envejecimiento (progerónicos) presentes en la sangre; dado que el cuerpo compensará rápidamente el volumen perdido con el agua consumida, los factores progerónicos deberían volver a acumularse, pero la sangría regular podría reducir la edad aparente de los tejidos, ya que se ha demostrado que la dilución de dichos factores con la sustitución parcial por una solución salina y albúmina tiene tales efectos antienvejecimiento,[14] excepto que la albúmina joven se demostró posteriormente que tiene efectos antienvejecimiento por sí misma, lo que pone en duda la dilución de los factores de envejecimiento como "causa" del rejuvenecimiento.[15]

Sin embargo, Galeno fue el límite de la medicina hasta el Renacimiento, cuando el renovado interés por el mundo real, el *empirismo*, y la aparición de antiguos textos latinos y griegos (anotados por eruditos islámicos) plantearon muchas nuevas preguntas y el método científico proporcionó respuestas verificadas.

El Renacimiento fue una época en que una nueva filosofía vino a suplantar a la antigua idea del mundo como un organismo y la sustituyó por el mundo como un mecanismo. Probablemente no sea casualidad que también se inventaran mecanismos, ya que el paradigma científico de la biología suele depender de la tecnología de la época — de modo que en el siglo XX, la computadora se convirtió en el modelo del cerebro y viceversa (redes neuronales, IA, etc.).

Se dice que los fabricantes de lentes holandeses, Lippershey y Janssen, no sólo fabricaron los primeros telescopios, sino también los primeros microscopios. Y, al igual que con el telescopio, Galileo mejoró el microscopio. Después de Galileo, fue el microscopio de Robert Hooke el que más se parece al instrumento moderno (Newton era un gran enemigo de Hooke y se ha especulado que el discurso de Newton sobre ver más lejos porque "estaba sobre los hombros de gigantes", era un insulto indirecto a Hooke, que era bajo). Finalmente, Hooke recopiló todos sus dibujos microscópicos de objetos comunes altamente ampliados, como pulgas, piojos, flores y otras partes de plantas, en lo que ahora llamaríamos un "libro de mesa de café", *Micrographia*, que contenía un dibujo de corcho altamente ampliado que mostraba que la corteza de baja densidad estaba compuesta por "pequeñas habitaciones" vacías, como las celdas de un monasterio, lo que es el origen de la palabra "célula", que ahora se utiliza para identificar lo que podría considerarse el "punto de masa" de la vida (y su progresión a través del tiempo, su "trayectoria" u "órbita").

No fueron científicos profesionales, sin embargo, los que descubrieron el mundo de la célula, sino un aficionado, un amateur, Antonie van Leeuwenhoek. Con la dedicación de quien trabaja por amor a lo que hace, Leeuwenhoek aplicó su pasión para satisfacer su propia curiosidad, pero en el transcurso, descubrió un mundo hasta entonces invisible de seres vivos desconocidos e insospechados que finalmente condujo a nuestra concepción actual de la célula y a gran parte de nuestra biología moderna.

Utilizando una técnica que partía de los diminutos espesamientos en el fondo de vidrio soplado, se cree que él eliminó el resto del vidrio dejando una pequeña lente que colocó entre placas de latón (con agujeros para la lente). Aunque los microscopios desarrollados por Hook y otros eran mucho más sofisticados, ninguno tenía la potencia de aumento (más de

250 veces) ni la resolución (0,001 mm) de las maravillosas lentes de Leeuwenhoek. Este comerciante de productos textiles, sin educación formal, fabricó cientos de microscopios (todos tenían un sistema de tornillos, de manera que el espécimen se colocaba en un apoyo que se podía subir o bajar con respecto a la lente).

Leeuwenhoek no sólo observó todo con su maravilloso microscopio; él también compartió sus descubrimientos con la Royal Society británica (incluso en una época en que los Países Bajos e Inglaterra estaban en guerra) y se convirtió en miembro de la misma. Él fue la primera persona que describió los espermatozoides, y cuando observó el agua de su ciudad natal, Delft, descubrió que el agua que bebía estaba repleta de una miríada de extrañas y gráciles criaturas que hoy llamamos protozoos. Al observar el aliento y los rasguños de los dientes de su vecino, que estaban en muy mal estado, pudo ver las bacterias parecidas a víboras que se movían por el sarro y postuló que enfermedades podrían estar causadas por las criaturas invisibles que descubrió.

Creo que debo mencionar también a los grandes investigadores alemanes Matthias Schleiden y Theodor Schwann. Schleiden era botánico, y Schwann, zoólogo. Trabajando en el mismo laboratorio, se hicieron amigos y colaboradores en la *teoría celular*, que proponía, basándose en sus evidencias, que todos los seres vivos estaban compuestos por células. Las "células" originales de corcho estaban ahora llenas de líquido; las células vegetales tenían gruesas paredes celulares de celulosa, como en el corcho, pero estaban llenas de líquidos o geles. También los tejidos de animales, examinados al microscopio, estaban compuestos por células, pero éstas no tenían paredes celulares — se podía deducir que una fina membrana englobaba su contenido líquido.

Entonces, ahora tenemos nuestro equivalente biológico de un punto de masa, la célula. Pero, ¿de dónde proceden las células? Al principio, se pensaba que estas "células" eran un líquido llamado *blastema*, ya que las células, como la levadura, producían burbujas por el procesamiento fermentativo de alimentos. Pero cuando el célebre médico Rudolf Virchow anunció su famosa máxima "Omnis cellula e cellula" (todas las células proceden de células preexistentes), ella fue aceptada por los biólogos (aunque Robert Remak ya había hecho la misma propuesta antes, una autoridad eminente como Virchow, al declararla, le dio crédito). Así que la cuestión de la procedencia de nuestras células es que todo lo que somos es un clon de un único óvulo fecundado.

Vamos a examinar más de cerca la célula, viendo que este "punto de masa" de la biología tiene una extensión definida, para luego ver su trayectoria vital, y observar de cerca las células individuales que son al mismo tiempo organismos vivos independientes — los "infusorios" que tanto fascinaron a Leeuwenhoek (protozoos) — y ver por qué, cómo y cuándo la muerte llegó a la vida.

La célula eucariota

Nadie sabe realmente cómo era el Último Ancestro Común Eucariota (LECA, en la sigla en inglés) ni cómo surgió (no confundir con LUCA, el Último Ancestro Común Universal, en la sigla en inglés), pero nuestra reciente capacidad de secuenciar fácilmente el ADN de cualquier organismo nos ha permitido seguir la ascendencia de los animales y elaborar una nueva clasificación de los seres vivos basada en sus genomas. En la Figura 3 se muestra un ejemplo:

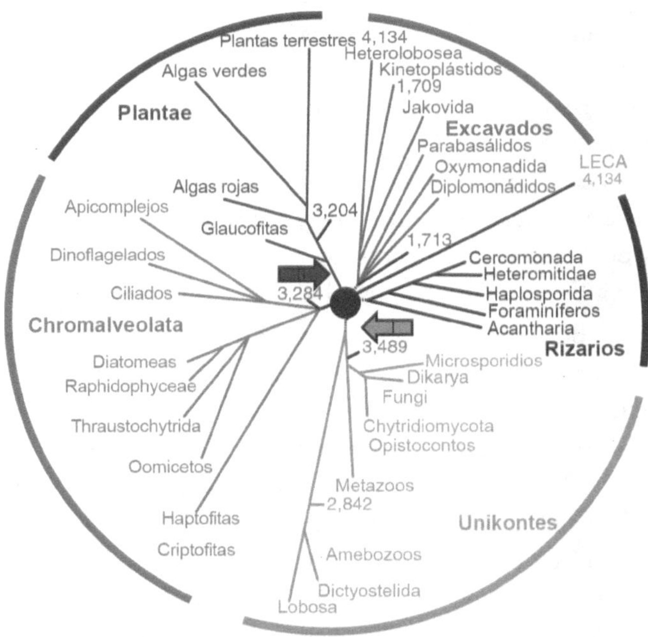

Figura 3: Evolución de los eucariotas. La relación entre los cinco supergrupos de eucariotas — Excavados, Rizarios, Unicontos, Chromalveolata y Plantae — se muestra como una filogenia en estrella con el LECA colocado en el centro.[16]

¿Cómo sabemos sobre nuestros lejanos antepasados después de tanto tiempo? Los seres vivos son conservadores en el mejor de los sentidos —conservan lo que es bueno y se deshacen (o intentan deshacerse) de lo que es malo. Y los genes que conservan se mantienen a menudo a través del tiempo de la evolución. El sistema genético que controla la duración de la vida en el gusano redondo primitivo *Caenorhabditis elegans* también controla aspectos de la duración de la vida, en particular las respuestas celulares al medio ambiente (incluida la señalización), en nosotros. La vía insulina-mTORC1 consiste en familias de microARN y proteínas homólogas tanto en los gusanos redondos como en los humanos. Cuando los genes son diferentes pero lo suficientemente similares como para haber tenido un origen común, los llamamos "homólogos". Cuando esos genes trabajan juntos para realizar una función (como el sistema insulina-mTOR en la regulación del crecimiento frente a la reparación), se denominan Red de Regulación Genética (GRN, en la sigla en inglés). Como veremos, las GRN que regulan las actividades y la vida útil del gusano redondo *C. elegans* son homólogas a las nuestras.

Cuando observamos los genes que comparten los miembros de los cinco supergrupos de eucariotas, descubrimos que el último ancestro común a todos los eucariotas tenía probablemente unos 4.500 genes, más o menos lo mismo que las criaturas unicelulares modernas, y cuando observamos la composición de esos genes, muchos son de origen procariota; alrededor de tres cuartos de los genes procariotas de un eucariota proceden de bacterias, y un cuarto procede de ADN de arqueas.

El ADN de las arqueas es como el nuestro, con tramos con sentido codificando una secuencia de aminoácidos (una proteína), y la secuencia completa de la proteína funcional es interrumpida por tramos de ADN que intervienen y a veces son sin sentido (intrones) — "sin sentido" significa que no proporcionan la secuencia correcta de la cadena de aminoácidos de la que están hechas las proteínas. Entonces, como hay que eliminar esos intrones "sin sentido", ellos están marcados con su propio "código" (distinto del código genético) para su eliminación mediante "factores de empalme", y hay que reconectar las partes con sentido, los exones (contracción de "secuencias expresadas", en inglés). Toda esta compleja operación se denomina *corte y empalme* (una analogía con el corte y empalme de una película, o de una cinta de audio, para eliminar las partes no deseadas), antes de que el código proteico transportado por el ARN, transcrito a partir de ADN de arqueas o eucariotas, pueda traducirse en proteínas.

No es de extrañar que el control del procesamiento de la información y la transcripción del ARN a partir del ADN, el empalme de ese ARN y la traducción de ese ARN derivaron de los genes de las arqueas, con la misma estructura de intrones y exones que los genes eucariotas, mientras que los genes bacterianos, más abundantes, se ocuparon más del metabolismo. La gran innovación de la célula eucariota fue su compleja composición, incluyendo orgánulos delimitados por membranas, y membranas formando tubos y burbujas dentro de la célula — algo inédito en las bacterias, salvo en los pocos casos en que una bacteria es endoparásita de otra. Tres de estos orgánulos son los que hacen que la célula eucariota sea capaz de realizar hazañas que los procariotas nunca podrían lograr, y los tres se basan en capas dobles de membranas bilipídicas; el núcleo, la mitocondria y el cloroplasto.

El núcleo contiene los códigos genéticos, y los mecanismos y códigos epigenéticos que determinarán las características del organismo. La mitocondria dota a la célula de un motor mucho más eficaz para la fabricación de la molécula de combustible celular universal, el ATP, pero su "agotamiento" provoca daños. La mitocondria incrementa las dos moléculas de ATP que cada molécula de glucosa puede producir en una célula sin mitocondrias hasta un promedio de 32 moléculas de ATP. La mitocondria hace que los electrones de alta energía potencial donados por las moléculas NADH y $FADH_2$ pasen por su cadena transportadora de electrones para combinarlos con las moléculas de oxígeno atmosférico disueltas en el plasma. Al hacer esto, se produce una pérdida de energía potencial de los electrones desde su entrada como NADH de alta energía potencial (iones hidruro unidos a NAD^+) hasta su salida como agua de baja energía potencial, y esta diferencia de energía potencial eléctrica se utiliza para generar moléculas de ATP a partir de ADP y fosfato inorgánico (pobre en energía).

Toda célula con mitocondrias tiene un núcleo y, similarmente, toda célula con cloroplastos tiene mitocondrias. El cloroplasto, en combinación con la mitocondria, permite al reino Plantae fabricar su propio alimento a partir de dióxido de carbono atmosférico, agua y luz solar (más fosfatos, nitratos, etc.). La energía solar ya era una buena idea hace más de tres mil millones de años. El cloroplasto reduce el dióxido de carbono (añade electrones, o en realidad, átomos de hidrógeno) para fabricar alimento basado en carbohidratos, y las mitocondrias utilizan este alimento (combustible) para producir ATP, que hace funcionar toda la maquinaria de la célula. En particular, las plantas producen oxígeno atmosférico, una molécula muy reactiva que debe ser repuesta constantemente por las especies del reino Plantae, ya que tiene una corta vida media libre. Se cree que este oxígeno atmosférico provocó el primer evento de extinción masiva, cuando los organismos anteriormente anaeróbicos se vieron expuestos a él, pero también dio a los seres vivos que podían utilizar esta sustancia química mortal (O_2) la oportunidad de utilizar el exceso de energía para hacer algo más que vivir y reproducir su especie. Hablaré más extensamente de estos dos orgánulos, pero no con relación a las plantas; aunque ellas también envejecen y mueren, salvarlas de ese destino no es nuestra preocupación, ni la suya.

Sabemos que la mitocondria es el resultado de una asociación endosimbiótica de una célula grande o una colonia de células — con genes tanto de bacterias como de arqueas — con una bacteria del grupo de bacterias gramnegativas llamada alphaproteobacteria que luego se convirtió en nuestra mitocondria. Esto está bien establecido. La ventaja proporcionada por el oxígeno fue enorme, y la vida eucariota avanzada depende de la presencia de oxígeno atmosférico como depósito final de baja energía potencial para los electrones de alta energía de los compuestos orgánicos.

Una molécula como la glucosa (un azúcar simple encontrado en frutas) rinde casi 20 veces más energía con la fosforilación oxidativa en las mitocondrias (el proceso de fabricación de ATP en el interior de las mitocondrias) que si se eliminan o inactivan las mitocondrias, dando así a las células más energía de la que necesitan para sobrevivir y reproducirse, pero al igual que la electricidad, ella puede utilizarse para cualquier número de propósitos. Y esa molécula de glucosa fue proporcionada por plantas que utilizaron las cianobacterias para proporcionar la energía solar de la que depende el mundo de la vida (con la pequeña excepción de organismos que viven en las profundidades del océano, que dependen de los compuestos de alta energía proporcionados por los respiraderos hidrotermales para energizarse).

La doble membrana que rodea el núcleo es indicativa de una bacteria gramnegativa. El complejo de poros nucleares que discrimina lo que puede entrar o salir del núcleo también es de origen bacteriano (con algunas secuencias peptídicas repetidas de forma muy aleatoria que no se encuentran en bacterias o arqueas). Se ha propuesto que la incorporación de las alphaproteobacterias como mitocondrias puede haber provocado la liberación de los intrones autoempalmantes que el ADN de las alphaproteobacterias contiene en abundancia. Estos pedazos de ADN podrían interferir con la transcripción, haciendo necesaria una envoltura nuclear para aislar la transcripción (pero la necesidad no necesariamente hace que algo se produzca).

Los organismos heterótrofos (que se alimentan de otros), y no el reino de las plantas, son nuestra preocupación actual, pero lo que ocurre es que a menudo la investigación en plantas descubre mecanismos antes de que se descubran en animales, y aunque no voy a dedicar nuestra atención a las plantas, debemos tener en cuenta la definición de senescencia vegetal de Hafsi Miloud y Guendouz Ali: "La senescencia en plantas se define como el proceso de degradación y degeneración programada, dependiente de la edad, de células, órganos o todo el organismo, conduciendo a la muerte".[17]

Todos conocemos los colores de la muerte de las plantas, ya que las hojas dejan de producir clorofila para prepararse para la muerte cuando llega el invierno en los climas templados. A medida que las hojas mueren, se forma una capa de abscisión entre el tallo de la hoja y su vasculatura de soporte, lo que permite que la hoja muerta caiga al suelo y lo fertilice. Y la mayoría de nuestros cereales — avena, trigo, arroz, etc. — mueren antes de ser cosechados. Recuerdo que yo veía cómo los arrozales cercanos a mi casa en Japón se volvían dorados, sin darme cuenta de que, al igual que las hojas caídas, el dorado era el color de la muerte.

La presencia de plantas anuales, bienales y perennes (incluyendo árboles que viven de decenas a miles de años) muestra que la misma degeneración programada dependiente de la edad que llamamos "envejecimiento" en los animales también ocurre en las plantas como parte normal de su programa de desarrollo, excepto que las plantas miden la edad por estaciones, al menos en climas templados. Y lo que es más importante, la misma degeneración programada, genética y dependiente de la edad, que conduce a la muerte, es responsable de nuestro propio envejecimiento y muerte — algo que fue difícil de afrontar. Sin embargo, como suele ocurrir, enfrentarse al problema de frente proporcionó la solución.

Protozoos

Este es un término no oficial para lo que Leeuwenhoek llamaba "animálculos" (pequeños animales), y de hecho muchos tienen características animales, ya que son cazadores heterótrofos móviles, aunque algunos tienen cianobacterias endosimbióticas que les proporcionan energía. De hecho, el animal llamado *Astasia* es idéntico a la planta *Euglena* excepto por los cloroplastos. Si se "cura" a la *Euglena* de sus cloroplastos (mediante un agente intercalador de ADN), ella se convierte en el heterótrofo *Astasia*.

Sin embargo, si observamos los cinco supergrupos de la Figura 3, veremos que hay miembros de los protozoos (cada grupo tiene un origen monofilético, es decir, se originó a partir de una única especie ancestral) que pertenecen a cada grupo. Pero para nuestros fines, los dividiremos de forma algo diferente.

Las células inmortales no tienen ninguna forma de reproducción sexual, por lo que su único medio de reproducción es vegetativo — ¡se limitan a reproducirse a sí mismas con una precisión increíble, de manera que estos animales han estado vivos por miles de millones de años! Pero en este caso, se trata de la inmortalidad de líneas celulares, no células individuales. Por supuesto, en el caso de estos protozoos asexuales, los miembros de una determinada especie son básicamente intercambiables, como otros artículos intercambiables (como billetes de dólar, uno puede cambiarse por otro). De hecho, se producen mutaciones, daños y fallas en la reparación del ADN y se acumulan cambios, que adaptan a estos organismos a su entorno — de modo que la evolución ocurre, pero lentamente, ya que el "trinquete de Muller" limita el cambio.

El "trinquete" de Herman Muller es el concepto de que los seres vivos que se reproducen asexualmente y que tienen una disposición estática de genes en sus cromosomas (que representan un único "grupo de ligamiento") sufrirán daños irreversibles, ya que sus descendientes recibirán los mismos daños que tenían sus padres y sólo podrán aumentarlos. El proceso sexual de reproducción incluye lo que se llama recombinación genética, un proceso por el que los genes defectuosos pueden ser eliminados de al menos una parte de la descendencia (esto se suele presentar como ventaja de la reproducción sexual). Curiosamente, en experimentos con la bacteria *Escherichia coli* y la levadura *Schizosaccharomyces pombe*, que se dividen simétricamente, las células eran inmortales, y no mostraban signos de envejecimiento (medido por la tasa de división), pero sí mostraban envejecimiento cuando se criaban en un entorno estresado. ¿Podemos suponer que hay un "límite" a lo que estos organismos pueden soportar? ¿Un límite a lo que pueden combatir?

Amor y muerte entre los protozoos

Seamos sinceros, no estamos hablando de amor aquí; el amor parece estar restringido a los mamíferos y quizás a las aves — estamos hablando de reproducción sexual.

La reproducción sexual, en principio, comenzó antes incluso que los eucariotas; empezó como una enfermedad bacteriana. Un plásmido es un vector genético móvil, un pequeño círculo de ADN que contiene varias docenas de genes, por lo que es mucho más pequeño que el ADN bacteriano ("cromosoma"), que también es un círculo. Cuando un plásmido inductor de sexo entra en una célula, impide la entrada de otros plásmidos similares, por lo que cada célula contiene como máximo uno de estos plásmidos. Algunos de estos plásmidos pueden pasar a formar parte del ADN del huésped, integrándose sin problemas en el círculo de ADN del huésped (la bacteria) como una molécula lineal, y la bacteria transmite esos virus "integrados" como si fueran sus propios genes — la enzima que duplica el ADN, la *ADN polimerasa*, no puede distinguir uno del otro, ADN es ADN.

En la bastante estudiada bacteria *E. coli* (nada de qué asustarse; aproximadamente 1/6 de tu caca es *E. coli*), ese plásmido se llama plásmido F. Cuando él entra en una célula de *E. coli*, cambia esa bacteria, ya que ahora tiene un "sexo", por lo que la bacteria pasa a llamarse bacteria F+. Algunos de los genes del plásmido F se utilizan para formar una proyección parecida a un pene, llamada pilus (aunque el ADN no viaja a través de él), que se adhiere a cualquier bacteria F- (una bacteria que no tenga un plásmido F) que encuentre; se corta a sí mismo, y entonces duplica una sola hebra de su propio ADN y envía esa copia de una sola hebra de su propio ADN a la célula F-, que ahora se convierte en F+ (se podría considerar que F+ es macho y F- es hembra, por analogía, pero en este caso los machos convierten a las hembras en machos — o los no portadores en portadores de plásmidos F). Pero si ese plásmido F está insertado (integrado) en el ADN del huésped (*E. coli* F+), en el momento en que se produce todo este proceso, cuando el pilus conecta la bacteria F+ con una bacteria F-, en lugar de limitarse a producir una copia de una sola hebra de su propio ADN del plásmido F para transferirlo a la célula F-, ¡transfiere una copia de una sola hebra tanto de su ADN del plásmido F como de todo el cromosoma bacteriano F+! Si tiene tiempo, la transferencia total dura horas.

Sin embargo, no es realmente sexo, ya que no hay gametos y no se forma un organismo totalmente nuevo, pero se transfieren genes de una bacteria (la F+) a otra (la F-) de la misma especie y, a veces, esos genes no autóctonos pueden ser bastante útiles para la bacteria (hay varias enfermedades humanas que se deben a los genes que portan los plásmidos, por lo que bacterias letales serían inofensivas sin ellos). Incluso la *E. coli* puede producir enterotoxinas (venenos que dañan el intestino) cuando se infecta con el plásmido "adecuado", y eso causa la reacción de horror al nombre *E. coli*.

Entonces, no lo llamemos sexo; normalmente se denomina *transferencia horizontal de genes*. Las bacterias también pueden recoger ADN de su entorno y añadirlo a su propio ADN, lo que se denomina *transformación*, o tener pequeños trozos de ADN no autóctono transportados hacia adentro de ellas por virus bacterianos que pueden integrarse en su ADN, lo que se denomina *transducción* — pero como estos modos no implican el contacto directo entre individuos, no se parecen al sexo. Tal vez se parezcan al sexo en el futuro, como en la novela de ciencia ficción *El sol desnudo*, de Isaac Asimov, en que los habitantes de mundos coloniales lejanos se horrorizan de estar realmente con alguien en carne y hueso, en lugar del equivalente al Facetime del siglo XXV (¿se hará algún día la reproducción sexual mediante el envío de esperma por correo espacial?)[18]

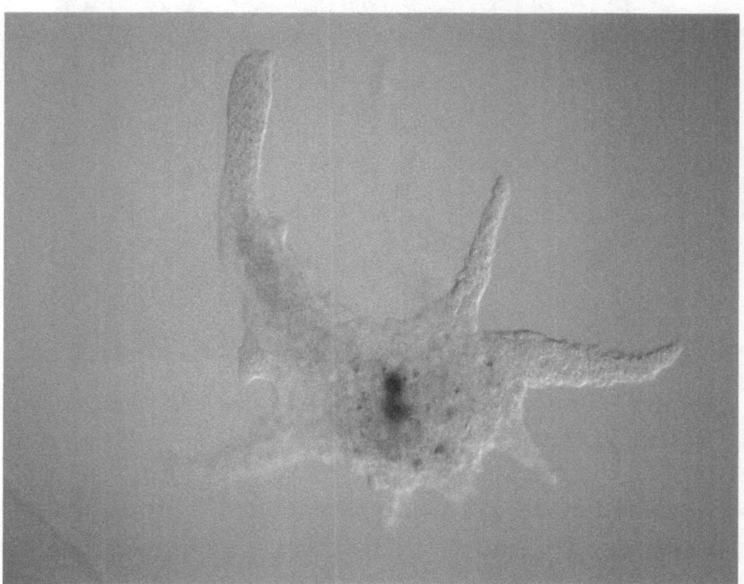

Figura 4: Protozoo ameba *Chaos carolinense*. Imagen de dr. Tsukii Yuuji, CC BY-SA 2.5 https://creativecommons.org/licenses/by-sa/2.5, vía Wikimedia Commons.

Entre las criaturas que se reproducen sexualmente, cada cromosoma contiene genes con diferentes funciones, por ejemplo, genes para el color de los ojos, un gen para fabricar una molécula de hemoglobina o genes que determinan las defensas de las células. Todos los organismos que se reproducen sexualmente tienen dos de cada tipo de cromosoma; ellos cargan los mismos genes — para el color de los ojos, por ejemplo — pero como son dos, aunque ambos cargan genes del color de los ojos, pueden cargar genes para diferentes colores de ojos (alelos), de manera que si una persona hereda un gen para ojos azules y otro para marrones, ojos avellana o grises serían posibles fenotipos. Los organismos que contienen dos de cada variedad de cromosomas se llaman *diploides*, y sólo éstos pueden tener reproducción sexual. Los animales que sólo tienen uno de cada tipo se llaman *haploides*.

Así, entre los animales unicelulares más simples, la ameba representada en la Figura 4 es un buen ejemplo. Estos animales unicelulares son inmortales, al igual que muchos otros protozoos unicelulares. La Figura 5 muestra una tetrahymena, que sigue siendo un protozoo unicelular, pero con una diferencia: es mortal.

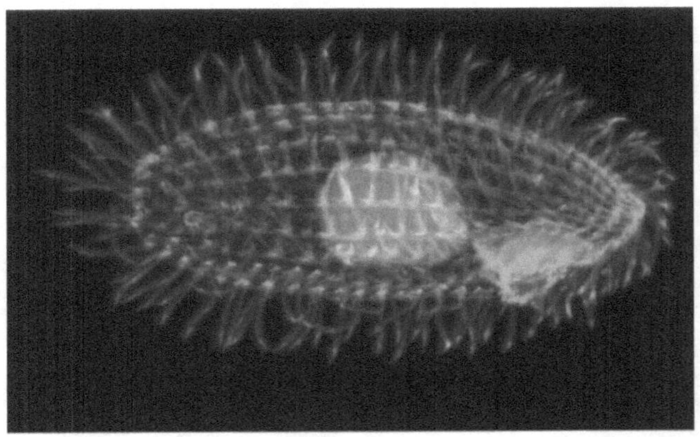

Figura 5: Protozoo ciliado *Tetrahymena thermophila*. Imagen de Richard Robinson.[19]

Y esa es la distinción que quiero hacer entre los protozoos — no a qué supergrupo pertenecen, sino si son mortales o inmortales, que para nosotros es la distinción más importante. En la ilustración de la Figura 5, la gran zona central gris claro del interior de la célula es el *macronúcleo*, pero si se trata de una cepa mortal (alrededor del 25% de las tetrahymena observadas en la naturaleza son inmortales), hay otro núcleo mucho más pequeño llamado *micronúcleo* que es transcripcionalmente inactivo, excepto durante la unión sexual (llamada *conjugación* en protozoos y bacterias). El micronúcleo es un núcleo germinal, el equivalente a los tejidos germinales que forman los gametos, los espermatozoides y los óvulos, en los animales superiores. Él contiene el genoma diploide completo del ciliado — en el caso de la *T. thermophila*, representada en la Figura 5, cinco cromosomas.

Durante las divisiones celulares vegetativas normales, la tetrahymena sufre mitosis, cuando copias exactas son hechas y distribuidas a los dos conjugantes (el proceso en el macronúcleo es mucho más aleatorio, las divisiones son no mitóticas e inexactas). Sin embargo, durante la conjugación, el micronúcleo se somete a meiosis, formando cuatro núcleos haploides de gametos, como las célula que producen nuestros espermatozoides u óvulos. Tres de estos núcleos de gametos se eliminan y el núcleo elegido se somete a mitosis, y los conjugantes pasan recíprocamente uno de cada par de núcleos haploides de gametos al otro, que se unen. Así que ahora, ambas células son diferentes de cualquiera de los "padres", en cuanto a sus micronúcleos; son criaturas totalmente nuevas pero idénticas entre sí (vean la Figura 6).

En el proceso, el macronúcleo que lleva a cabo el funcionamiento normal de este organismo se destruye y se crea uno nuevo a partir de los genes de uno de los nuevos micronúcleos híbridos. Uno de los micronúcleos se diferencia en un macronúcleo, con una amplia reordenación de genes y la eliminación de miles de secuencias de ADN específicas de micronúcleo, finalmente rompiendo los cinco cromosomas de tetrahymena en unos 200 pedazos, cada "pedazo" siendo duplicado unas 45 veces y todos con los telómeros unidos (un proceso en el que interviene la enzima de reparación de ADN Ku80), tras la eliminación de las secuencias de ADN específicas de micronúcleo en el macronúcleo recién formado.

El acto de la reproducción sexual (o la autogamia — "autosexo") pone a cero el "reloj de la edad" de los organismos; ahora tienen el potencial de vivir durante el número máximo de divisiones celulares de esa especie. El macronúcleo (Mac) es el que está activo en términos de transcripción y determina el fenotipo de la célula (aspecto, comportamiento y forma de actuar). El micronúcleo (Mic) es activo en términos de transcripción sólo durante la conjugación. El macronúcleo es el verdadero núcleo somático del ciliado, ya que contiene todos los genes necesarios para el funcionamiento del animal. Esta población mayoritaria de tetrahymenas que se reproducen sexualmente forma los clones mortales de tetrahymena. Este proceso sexual, la conjugación, es un poco más complejo de lo que he descrito, pero llega a la conclusión que se muestra en la Figura 6.

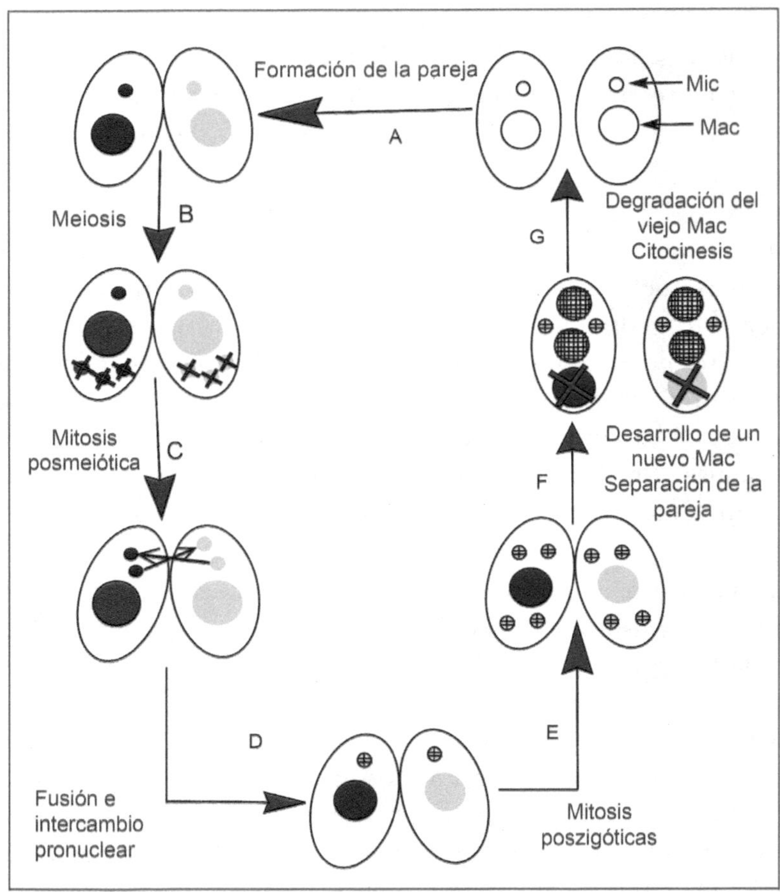

Figura 6: Conjugación de la tetrahymena. Imagen de Chaya5260, CC BY-SA 3.0 https://creativecommons.org/licenses/by-sa/3.0, vía Wikimedia Commons.

El ciclo de vida de un protozoo ciliado

No obstante, cuando elegí la tetrahymena para analizar, no lo hice aleatoriamente. La mayoría de los ciliados son seres unicelulares mortales que se reproducen sexualmente. Pero a diferencia de otros ciliados, alrededor del 50% de la especie de la tetrahymena carece de micronúcleo (son *amicronucleados*) y, por lo tanto, se reproducen asexualmente — ¡y son inmortales! Sin embargo, en el laboratorio, la retirada del micronúcleo no da lugar a amicronucleados viables, excepto en un caso conocido en el que las secuencias del micronúcleo, que normalmente se eliminan al formarse el macronúcleo, se conservan en este clon de *Tetrahymena thermophila* amicronucleado viable producido en laboratorio. Una cosa interesante de este amicronucleado es que no intenta aparearse, aunque parece ser genéticamente capaz de aparearse ya que tiene los genes de tipo de apareamiento (MAT) necesarios.[20] Esto puede hacerse mediante un proceso llamado exclusión nuclear — si un amicronucleado se aparea con un animal que contiene micronúcleo, éste servirá a ambos animales.

Una hipótesis de por qué estos mutantes no se aparean es que se encuentran en un estado permanente de inmadurez. Normalmente, las cepas de laboratorio de *T. thermophila* necesitan de 40 a 60 fisiones tras la conjugación antes de poder aparearse, y la *T. thermophila* que no es de laboratorio puede ser inmadura hasta 120 fisiones tras la conjugación. Quizás sea sorprendente ver que esta pequeña y sencilla criatura tiene etapas de vida, incluyendo una fase inmadura y sin sexo, una fase reproductiva y una fase senescente, de forma muy parecida a nosotros.

En el transcurso de su vida como ciliado micronucleado "normal", el macronúcleo de la tetrahymena pierde funcionalidad a medida que el organismo envejece (donde la "edad" se calcula como el número de divisiones celulares desde la fecundación), necesitando finalmente ser sustituido mediante el apareamiento con otra tetrahymena para reconstruir un macronúcleo funcional. Tras el apareamiento, ninguno de los genomas de los organismos originales sobrevive intacto, sólo el genoma híbrido formado por la unión sexual, y por tanto un macronúcleo híbrido derivado de uno de los micronúcleos se diferencia a partir de estos genes mezclados.

Podría decirse que, como el macronúcleo determina el fenotipo, los organismos originales (que a diferencia de los protozoos inmortales no son intercambiables) han desaparecido; tras la conjugación se forman dos animales nuevos (aunque idénticos), por lo que podría decirse que los dos ciliados originales murieron en el proceso de reproducción sexual, lo que equivale al modo de reproducción semélparo, en que plantas anuales, pulpos y, más famosamente, salmones, cigarras de 17 años y efímeras, viven largas vidas en estados inmaduros para luego reproducirse y morir casi inmediatamente. Pero los clones de la tetrahymena sobreviven — la cepa sobrevive a costa de los individuos.

En el momento de la conjugación, el viejo macronúcleo se degenera en la tetrahymena que contiene micronúcleo, a menos que se produzca la conjugación para reformar y crear un macronúcleo "fresco" (y un nuevo animal). Sin embargo, las especies amicronucleadas son inmortales, y se estima que algunos clados tienen decenas de millones de años, ¡por lo que es evidente que los mismos procesos que causan el desgaste final del macronúcleo en las tetrahymenas con micronúcleos no ocurren en las tetrahymenas amicronucleadas!

Entonces, ¿sería posible que impedir la progresión hacia la madurez sexual, que podría requerir la participación de los micronúcleos, detenga la acumulación de daños genómicos que afectan a los macronúcleos de envejecimiento normal de las tetrahymena que contienen micronúcleos? ¿Podría el micronúcleo controlar el desarrollo en la tetrahymena, o podría el micronúcleo suprimir la reparación de los daños en el ADN del macronúcleo durante el envejecimiento? Se sabe, por ejemplo, que las secreciones de los óvulos del gusano redondo *Caenorhabditis elegans*[*] disminuyen la vida del gusano, de modo que si se eliminan esos óvulos, el gusano vive significativamente más.

Una respuesta parcial a estas preguntas la dieron los trabajos de Joan Smith-Sonneborn en la década de 1970 con su estudio de otro ciliado, del conocido género *Paramecium* y de la especie *tetraurelia*, mostrada en la Figura 7. Esta especie tiene un periodo de inmadurez, un periodo de madurez sexual, un periodo de senescencia y, finalmente, muere, a menos que el paramecio se aparee con otro del tipo de apareamiento apropiado (hay nueve "sexos" en el *P. tetraurelia*, que determinan quién puede aparearse con quién), o consigo mismo — un proceso llamado autogamia, con el micronúcleo del paramecio sometiéndose a meiosis y autofecundación que resulta en un macronúcleo recién formado. La autogamia se parece a la conjugación con relación a que crea un nuevo macronúcleo, pero se diferencia de la conjugación con relación a que un gen faltante o mutado no tiene la posibilidad de ser complementado por una copia bien hecha de ese gen de su pareja, por lo que las mutaciones recesivas fatales, las pérdidas o lesiones en el ADN cromosómico del micronúcleo siguen siendo fatales y provocan la muerte después de la autogamia.

---

[*] *C. elegans*, un nematodo (gusano redondo) muy elegante y transparente que se utiliza en muchos estudios sobre el envejecimiento, ya que sólo vive un par de semanas.

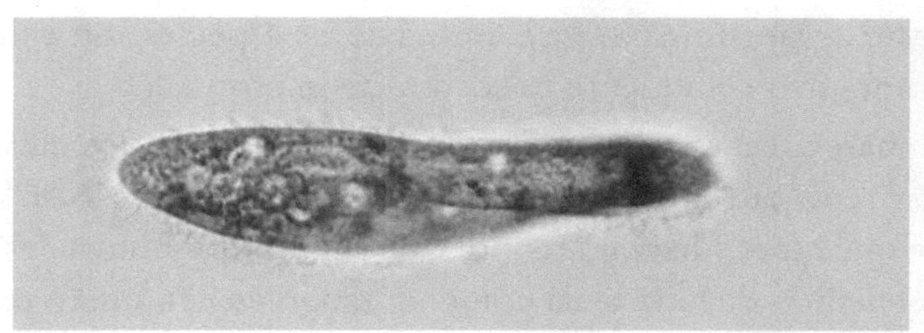

Figura 7: *Paramecium tetraurelia* (aproximadamente 100 μm de largo, apenas visible a simple vista). Imagen de DavidpBowman, CC BY-SA 4.0 https://creativecommons.org/licenses/by-sa/4.0, vía Wikimedia Commons.

No perdamos de vista lo que vemos aquí (y en el caso de los ciliados en general): estos organismos envejecen, no en términos de años, sino de número de divisiones celulares, y además tienen una vida dividida en etapas vitales según la edad (en divisiones celulares). La vida de los paramecios en cultivo es, según Leonard Hayflick (el descubridor del triste hecho de que las células de fibroblastos humanos cultivados tienen una vida finita en términos de su número de divisiones celulares posibles — un tiempo de vida muy variable, pero con un límite superior), muy similar a la de las células humanas en cultivo. Pero hay una diferencia, ¿no? Los fibroblastos humanos en cultivo son piezas intercambiables, reemplazables; las tetrahymenas en cultivo, al menos las que tienen micronúcleos, son organismos, independientes y no intercambiables. No se les da opción, mueren (pierden su identidad) por reproducción sexual, o mueren por falta de reproducción sexual por pérdida de funcionalidad macronuclear — aunque podrían haber vivido más tiempo si dejaran que la senescencia las matara, ya que al menos la mitad de las especies de tetrahymena tienen micronúcleos y todos los paramecios los tienen.

La pérdida de la inmortalidad en favor de la reproducción sexual fue una tendencia ganadora. La inmensa mayoría de los animales y plantas multicelulares la adoptaron. Sin embargo, todavía hay animales, como por ejemplo los cnidarios comunes, como medusas, anémonas de mar, corales, la *Hydra vulgaris* (*vulgaris* significa "común"), gusanos planos y esponjas que son inmortales o casi — ya se calculó que una esponja común tenía 11 mil años.[21] La pérdida voluntaria de identidad mediante la reproducción sexual se sopesa teniendo en cuenta la mejora de la especie en el caso de las especies de tetrahymena, y ambas formas de reproducción parecen funcionar bien para este organismo, ya que la mitad de las especies son amicronucleadas sin un ancestro claramente poseedor de micronúcleo.

Sin embargo, las tetrahymenas son excepción entre los ciliados; los ciliados que se reproducen asexualmente son raros, y en el caso de los paramecios, de los que quiero hablar a continuación, no hay inmortales amicronucleados, y el tiempo de vida se da como un rango en el número de divisiones celulares que siguen a la fecundación (pero con un máximo para la especie como encontramos en los organismos superiores). La vida de los individuos mortales que se reproducen sexualmente se divide de forma similar, en una etapa sexualmente inmadura, una etapa sexualmente madura y una etapa senescente si no se produce la unión sexual — de forma muy parecida a nosotros, aunque en general el sexo no acaba con nuestra vida.

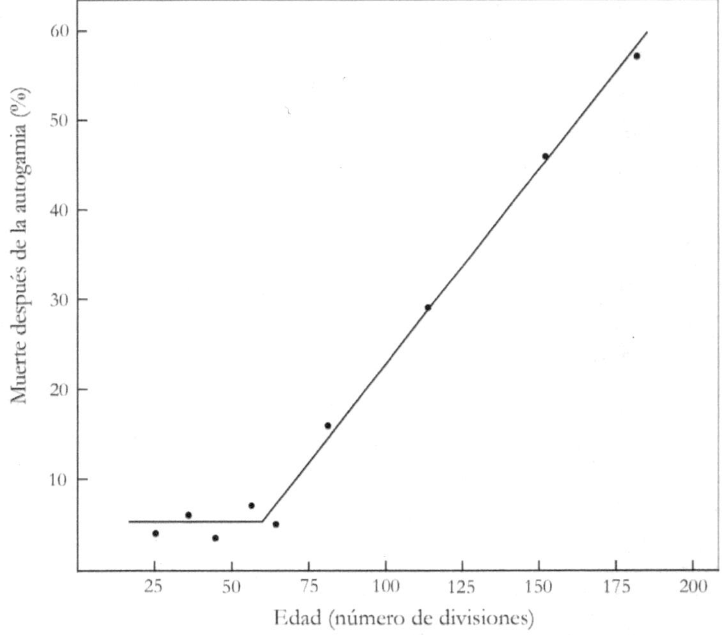

Figura 8: Muerte después de la autogamia en función de la edad en el *Paramecium tetraurelia*. Redibujado.[22] Autogamia significa "autoapareamiento", pero al igual que el apareamiento, tiene como resultado la puesta a cero del reloj de los cuatro individuos emergentes. La tasa de mortalidad aumenta linealmente con el número de divisiones celulares del *Paramecium tetraurelia*, después de unas 60 divisiones celulares. ¿Corresponde esto a un periodo de inmadurez?

Volviendo a los experimentos de Joan Smith-Sonneborn sobre el envejecimiento en *Paramecium tetraurelia*, lo primero que hizo fue observar que si se producen daños en el ADN micronuclear, la autogamia provoca la muerte de ambos conjugados. Un resultado final del estudio se muestra en la Figura 8.

En la Figura 8, se ve claramente que desde la fecundación hasta aproximadamente la 60ª generación tras la fecundación, la viabilidad de las células tras la autogamia se mantiene cerca del 100%. Y a partir de ahí, se produce una disminución lineal de la viabilidad tras la autogamia, de forma que en la 220ª división celular, según los trabajos de Sonneborn y Schneller,[23] la tasa de supervivencia es cero — ya que este número de divisiones celulares es la edad máxima de la especie (en términos de divisiones celulares) entre reproducción sexual o autogamia. Además, el aumento de la muerte en la autogamia tras la irradiación UV por encima de lo observado en el grupo de control de la misma edad demostró que la "reparación oscura" disminuía con la edad.[22] "Reparación oscura" era un término (utilizado en aquella época de desconocimiento de los procesos de lesión y reparación de ADN) que incluía todos los procesos de reparación de ADN que no involucraban luz. ¿Qué? ¿Procesos de reparación de ADN que utilizaban luz?

Es realmente muy sencillo. Cuando se irradia el ADN con luz ultravioleta, se hace que las bases adyacentes de un determinado tipo (*pirimidinas*, citosina y/o timina — los otros tipos son *purinas*, adenina y guanina) se unan para formar lo que se llama un dímero (dos moléculas unidas químicamente), como se muestra en la Figura 9.

Esos "dímeros de pirimidina" son el principal tipo de daño producido por la irradiación del ADN (en un organismo) con radiación UV, pero hay muchos otros tipos de daños (de hecho, caractericé algunos de ellos al principio de mi carrera). Pero la cuestión es la siguiente — la simple luz azul puede "desdimerizar" estos dímeros de pirimidina por sí misma. Por lo general, recibe la ayuda de una enzima llamada *enzima fotorreactiva* que acelera la reacción (pero se sigue necesitando luz azul).

Según Rodermeli y Smith-Sonneborn, la irradiación UV aumentó la tasa de mortalidad del *Paramecium tetraurelia* después de la autogamia, pero ¿fue realmente el daño al ADN lo que causó el aumento? Sí, porque cuando se expuso a los paramecios a una luz azul fotorreactiva después de la irradiación UV — un proceso que se ha demostrado que elimina los dímeros de pirimidina, y que debe de haber eliminado la mayoría de las lesiones del ADN — el efecto mortífero de la irradiación UV antes de la autogamia desapareció.[22]

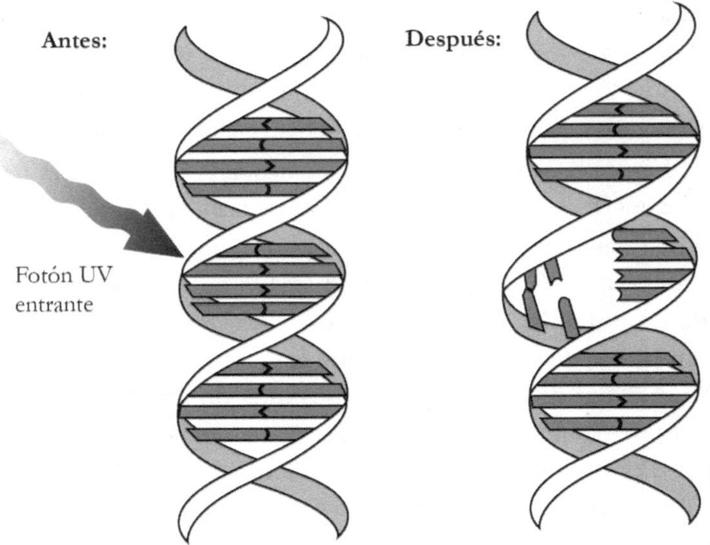

Figura 9: Efecto de la luz UV en la formación del dímero de timina.

Los autores formularon varias conclusiones e hipótesis,[22] entre ellas las siguientes:

1. El envejecimiento (en términos de generación de daños letales en el ADN micronuclear a causa de la luz UV) comenzó entre 50 y 80 divisiones celulares después de la fecundación (¿significa esto una reparación perfecta en el período inmaduro?)

2. A. El envejecimiento en el micronúcleo fue el resultado de un citoplasma viejo, ya que núcleos jóvenes colocados en el mismo citoplasma viejo no sobrevivieron.

   O

   B. Dado que daños o mutaciones letales en el ADN son el resultado tanto de la generación de daños como de su reparación, "la pérdida de reparación en células envejecidas podría explicar un aumento abrupto de mutaciones a cierta edad, es decir, cuando la tasa de mutación supera la capacidad de reparación".

La hipótesis 2A fue el resultado de los trabajos del suegro de Joan, el famoso fundador de la protozoología experimental, Tracy Sonneborn, pero la segunda suposición, 2B, fruto de los experimentos que realizó la propia Joan Smith-Sonneborn, coincide con resultados similares en las células de animales "superiores". Además, el hecho de que el envejecimiento se produzca cuando la tasa de daños en el ADN supera la capacidad innata de reparar esos daños explicaría los resultados obtenidos en las células de *E. coli* y *S. pombe* mencionadas anteriormente que son "inmortales" y se dividen simétricamente. Estos organismos no envejecen en un entorno amigable, sino sólo en uno estresante. En este caso, el "entorno" eleva los niveles de estrés, y la inducción de la reparación de daño en las células inmortales es limitada, superándose en algún momento su capacidad de reparar ese daño.

Por otra parte, este aumento abrupto de la capacidad de la radiación UV de provocar cambios letales en el micronúcleo después de unas 70 u 80 divisiones celulares continúa con la edad, y Smith-Sonneborn lo atribuye a la disminución de la reparación sin errores relacionada con la edad, y no a un factor citoplasmático — y sin embargo, estas dos explicaciones no se excluyen mutuamente; podría muy bien haber factores citoplasmáticos, posiblemente producidos por el macronúcleo o por el propio micronúcleo supuestamente inactivo, que podrían reducir o desactivar la producción de enzimas de reparación. La explicación de la propia Smith-Sonneborn para el experimento fue: "La explicación más sencilla del estudio descrito sería que 'golpes' estocásticos mutan el micronúcleo y el organismo está programado para perder la reparación sin errores".[22] No hay evitación de envejecimiento "programado" o "relativo al desarrollo" con este organismo.

Estas son suposiciones que tienen sentido si realmente el envejecimiento es, en parte, resultado de daño de ADN inducido por la luz UV. Pero, ¿cómo podemos saberlo realmente? Podríamos volver a la admonición de Feynman de que si realmente entiendes un fenómeno, puedes "construirlo". Así que, si de hecho las lesiones inducidas por los rayos UV son una de las causas del envejecimiento, si se eliminan esas lesiones de alguna manera, se debería al menos ralentizar o posiblemente invertir el proceso de envejecimiento.

El medio para eliminar estas lesiones ya era evidente desde la primera serie de experimentos de Smith-Sonneborn; la luz azul fotorreactivadora. Se descubrió que cuando los paramecios eran irradiados con UV, tenían una vida clonal más corta (el número de divisiones hasta que la probabilidad de reproducción vegetativa [asexual] exitosa fuera cero). Sin embargo, cuando la irradiación UV era seguida de un tratamiento con luz fotorreactivadora (y no al revés), se producía un aumento observable del tiempo de vida en términos de divisiones celulares y tasas de supervivencia "dependientes de la edad", y si se repetía el proceso, se producía un rejuvenecimiento aún más significativo del animal, o una prolongación de su tiempo de vida — son cosas diferentes (vean la Figura 10).[24]

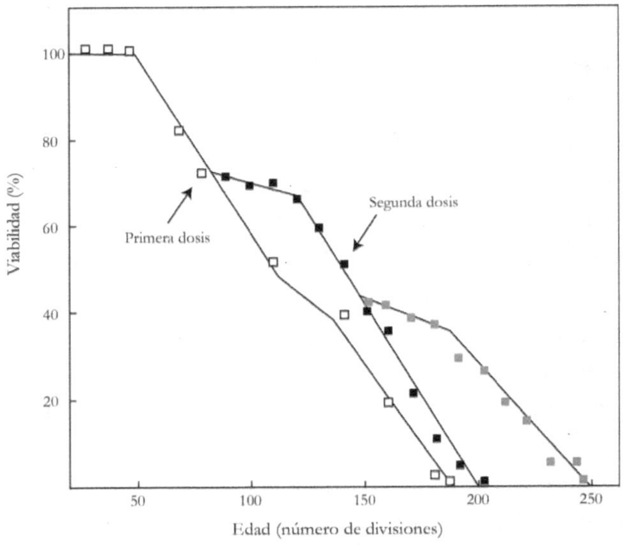

Figura 10: Tiempo de vida en número de divisiones de *Paramecium tetraurelia* tras dos dosis de irradiación UV más tratamiento de luz reactivadora. Redibujado.[24]

En la Figura 10, podemos ver que el clon de control no tratado (cuadrados blancos) tiene un "tiempo de vida" máximo de alrededor de 180 divisiones celulares, mientras que un único tratamiento de UV/fotorreactivación administrado a las 80 divisiones aumentó ese tiempo en un 10% aproximadamente, y un segundo tratamiento, administrado a una fracción del grupo tratado, amplió el tiempo de vida a más de 240 divisiones, un aumento de un 33%. En el caso de humanos, que viven una media de 80 años, el promedio de tiempo de vida alcanzaría los 107 años si lo mismo funcionara en ellos.

No se discutió la prolongación del tiempo de vida (o el rejuvenecimiento) mediante tratamientos adicionales. Lo que sí se discutió, sin embargo, fue que el uso del UV seguido del procedimiento de fotorreactivación en células más jóvenes (con menos de "80 divisiones de edad") no produjo ningún efecto en el tiempo de vida clonal y, lo que es más importante, que cuando se invirtió el tratamiento, de manera que el tratamiento UV se hizo después de la fotorreactivación, el resultado fue un tiempo de vida clonal más corto, como se esperaba (la fotorreactivación por sí sola no produjo un cambio significativo en la longevidad clonal).

Evidentemente, Smith-Sonneborn siguió el razonamiento de la época, pero quedó claro por su trabajo, y el trabajo relacionado que analizamos, que:

1) Ciliados mortales tienen un tiempo de vida limitado por un tiempo de vida máximo más allá del cual ninguno sigue vivo.

2) La vida se divide en etapas vitales marcadas, entre otras características, por tasas de mortalidad específicas para la edad (específicas para el número de divisiones celulares), de manera que durante las primeras 80 divisiones aproximadamente (el número de divisiones para que el *P. tetraurelia* madure sexualmente), no hay envejecimiento ni necesidad de inducir enzimas de reparación, por lo que la UV/fotorreactivación no prolonga el tiempo de vida (podríamos considerar una reparación perfecta, ya que, como vimos en el primer conjunto de experimentos, tampoco hay un aumento de la mortalidad tras la autogamia a esas edades). Después de esa etapa de "inmadurez", que parece ser un período anterior al inicio de los procesos de envejecimiento (al menos en lo que se refiere a la reducción de la capacidad de "reparación oscura"), se produce un aumento constante de la acumulación de daños que Smith-Sonneborn atribuye a una disminución de la reparación sin errores más que a un aumento de los daños.

La interpretación de Smith-Sonneborn y la mía propia es que los daños extensos y potencialmente letales producidos por la radiación UV indujeron la producción de enzimas de reparación de ADN, que una vez liberadas de su responsabilidad de eliminar los dímeros de pirimidina (que fueron eliminados por la fotorreactivación), quedaron entonces libres para reparar los daños acumulados y, como muestra la Figura 10, reparar los nuevos daños (ya que la curva descendente de la supervivencia es menos pronunciada después de dos tratamientos de UV/fotorreactivación porque el crecimiento de los daños es más lento, como en las fases inmaduras y presexuales).

Observen que la pendiente de la curva después de la primera UV/fotorreactivación se mantiene casi nivelada durante unas 50 divisiones, lo que indica una amplia reparación de daños, de modo que si el daño acumulado en el ADN es un marcador de tiempo (y una causa) importante del envejecimiento, la edad del paramecio se redujo casi a la mitad como resultado del tratamiento (pero hay un amplio margen de números de divisiones para alcanzar la senescencia a medida que avanza el tiempo).

Entonces, parece que los ciliados, como las tetrahymena micronucleadas y los paramecios, tienen un tiempo de vida predeterminado, y dos modos de reproducción: el primero es un modo de reproducción vegetativo y requiere meiosis en los micronúcleos, y una forma ruda de división nuclear en los macronúcleos junto con cambios destructivos en ambos núcleos, con cada división celular más allá de la "inmadurez" reduciendo la capacidad de la célula de sobrevivir a la autogamia; el otro es la reproducción sexual por conjugación en la que los dos exconjugantes son ahora ambos genéticamente idénticos pero cada uno diferente de cualquiera de los padres — un nuevo organismo con su vida comenzando nuevamente, ahora permitiéndose aproximadamente 180 divisiones celulares a cada individuo (en el caso de *P. tetraurelia*).

Y, sin embargo, la forma amicronucleada de las especies de tetrahymena (que sabemos que en un caso tiene secuencias de ADN micronuclear que no están normalmente presentes en los macronúcleos) son inmortales y sólo tienen una forma primitiva de división nuclear, pero aparentemente son capaces de realizar una reparación sin errores de su ADN. Todos los genes necesarios para la conjugación están presentes en estas especies de tetrahymena amicronucleares y la razón por la que no se conjugan debe ser que estos genes nunca se activan — lo cual es el efecto observado de la inmadurez, una falta de mutaciones o lesiones letales que provocan la muerte tras la autogamia. Estamos hablando de 50 a 80 fisiones (divisiones celulares) con una reparación relativamente libre de errores durante esta etapa de la vida en tetrahymenas mortales y con reproducción sexual (es decir, después de la fecundación y antes de la madurez sexual), y también en paramecios.

Vemos en este caso, como veremos en la vida de todos los vertebrados terrestres (nuestro interés egoísta) y quizás todos los bilaterales (¿y todos los ciliados?) que hay una relación constante entre la edad en la madurez sexual y la duración de la vida (en número de divisiones, días o años) después de la madurez — y por lo tanto una relación constante entre la edad en la madurez sexual y el tiempo de vida total. Como la relación es de aproximadamente $65/200 = 37,5\%$, el periodo de inmadurez es aproximadamente $1/3$ del tiempo de vida total (en mamíferos terrestres no voladores). Después del periodo inmaduro, la acumulación de mutaciones potencialmente mortales se produce a un ritmo aparentemente constante, y se ha demostrado que esto es producto de la pérdida de reparación en organismos envejecidos no intercambiables que contienen micronúcleo y se reproducen sexualmente. La orden de la naturaleza es clara aquí: reproducirse sexualmente y morir (ya que el organismo original ya no existirá, sólo su "descendencia"), o asexualmente y simplemente morir (ya que, en este punto, la reproducción asexual fallará y el organismo morirá sin producir una "descendencia").

Como dije, esto es lógicamente equivalente a una estrategia reproductiva semélpara, como en el salmón y el pulpo, donde la reproducción equivale a la muerte — un tema común en la naturaleza, como por ejemplo con las efímeras, que pasan la vida productiva como larvas bajo el agua, se transforman en su forma sexual (sin siquiera las piezas bucales necesarias para nutrirse), viven durante un día, se aparean, ponen huevos y mueren. El "propósito" final de sus vidas es la reproducción.

Sin embargo, pasemos de la biología a la historia para explicar cómo la combinación del principio darwiniano de la selección natural con la genética mendeliana llegó a formar la llamada "Síntesis Moderna" que dominó la teoría evolutiva clásica y fue responsable de la moderna e incorrecta comprensión del envejecimiento. Esto es interesante desde el punto de vista filosófico, psicológico y político, ya que esta teoría representa una aserción importante en la batalla entre la ciencia y la religión, y creo que está equivocada.

5

El origen de las especies

Lo que Darwin (al igual que Alfred North Wallace) escribió en 1859, con el título *El origen de las especies por medio de la selección natural*, se propuso originalmente tener el título *El origen de las especies por medio de la supervivencia del más apto*, pero Darwin lo consideró demasiado radical. No obstante, él representa la simple lógica silogística de que aquellos que aportan la descendencia más viable y capaz de reproducirse tendrán una mayor porción de la composición genética de las generaciones futuras. Esto supone que las poblaciones son limitadas, una idea que Darwin recibió del famoso trabajo de Malthus, que conozco principalmente como que *la población aumenta geométricamente (es decir, exponencialmente) y el suministro de alimentos aumenta aritméticamente* — lo que habría sido desastroso si no fuera por la ciencia y el ingenio humanos. También existe la suposición de que la variación siempre existirá en las poblaciones naturales (gran parte de la información se derivó de la correspondencia con criadores de animales) y que había un "principio de la divergencia", según el cual los miembros más divergentes de una especie tendrán menos probabilidades de compartir un nicho común (hábitat, lugares de anidación, preferencias alimentarias), y por tanto habrá menos competencia intraespecie. Entonces, la selección natural tiende a favorecer la divergencia.

De esta forma, la selección natural, o supervivencia del más apto, proponía un mecanismo en el que la variación natural provocaba la adaptación de una especie a su entorno — esto perfeccionaría y refinaría una especie, acentuando los extremos, lo que es una forma de seleccionar a los individuos superiores a lo normal y de eliminar a los inferiores a lo normal. Pero, ¿se trata realmente de la creación de nuevas especies? El propio Darwin declaró en su prefacio a la última edición de *El origen de las especies* que él pensaba que la "selección natural" era sólo una de las formas de funcionamiento de la evolución, y se sintió decepcionado de que esta precaución no se notara en el entusiasmo general por esta idea de "supervivencia del más fuerte". De hecho, esta idea fue adoptada rápidamente por un entusiasmado público que dio forma al movimiento eugenésico, al racismo "científico" y al nazismo. Ella da autoridad a las afirmaciones racistas de superioridad e inferioridad, hechas por personas ignorantes de la historia o del funcionamiento de la ciencia.

La supervivencia del más fuerte no es una prueba de "superioridad"; es simplemente un criterio basado en cuáles individuos tendrán su progenie con mayor participación en el futuro de la especie. Aunque la película *South Pacific* nos dijo que el racismo, para existir, "tiene que ser cuidadosamente enseñado", pienso que las evidencias demuestran que es una parte básica de la naturaleza humana sospechar de aquellos que no se parecen a uno y a la gente que nos rodea. Es habitual que a nivel tribal los miembros se llamen a sí mismos "la gente" (en su idioma) y a los demás como no gente, ya sea inferiores o malvados. En este momento en los EE.UU. y en toda Europa podemos verlo como la Supremacía Blanca — en el próximo siglo puede ser la Supremacía Han, especialmente si los EE.UU. se dirigen hacia la superstición, la corrupción y el gobierno de las turbas ignorantes dirigidas por predicadores, mientras China sigue haciendo ciencia.

Lo que ocurre es que la ciencia se desvía a veces por suposiciones de sentido común y falsas suposiciones de figuras de autoridad e incluso de la política. Creo que es este último componente fantástico el que creó la oposición entre darwinistas y autoridades religiosas que se oponían a la teoría evolutiva, principalmente las iglesias protestantes, especialmente las "evangélicas". Las iglesias católica y episcopal acabaron aceptando las montañas de evidencias de la evolución con la advertencia de que era Dios quien controlaba la evolución — un "argumento teleológico" utilizado por el padre

Teilhard de Chardin para terminar de convencer a la Iglesia (a riesgo de excomunión, que para los católicos creyentes es, literalmente, "un destino peor que la muerte").

El argumento es que Dios utilizó la evolución para crear la humanidad — la evolución fue la herramienta de Dios. Padres inteligentes son más la regla que la excepción; pienso que la imposición del celibato al clero católico fue una forma de impedir que los individuos más brillantes tuvieran hijos — deliberadamente o no, debió tener ese efecto. Por supuesto, en las altas esferas de la Iglesia medieval, tener hijos ilegítimos (la familia Medici es un ejemplo) no era la excepción.

Sin embargo, todavía había una batalla entre religión y ciencia: según la Biblia, la totalidad de la creación se realizó en seis días. Todos los animales, pájaros y cosas que se arrastran fueron hechos en esos seis días. Así, se produjeron discusiones académicas sobre si los "días" mencionados en la Biblia son los días de 24 horas de hoy, o días milenarios, antes de la creación del sol (que ocurrió en el tercer día de la creación). La medida de nuestros días es la salida del sol por el este y su puesta por el oeste. ¿Qué podría constituir un día más allá de la duración del sol en el cielo? Incluso pocas décadas después de la muerte de Darwin, se sospechaba ampliamente que la Tierra tenía millones de años debido a la datación radiactiva de los estratos.

Entonces, aparentemente, ¿era el acuerdo o el desacuerdo con la Biblia lo que decidía la corrección de una teoría científica? La verdadera cuestión es: ¿por qué un texto de la Edad del Hierro debería dominar nuestra comprensión del universo, ya que sabemos mucho más que lo que se sabía hace dos mil años? Galileo afirmó que "Dios escribió el manual de los cielos y está escrito en el lenguaje de la matemática". También dijo que "La Biblia muestra el camino para ir al cielo, no cómo funciona el cielo". Si tenemos que negar la realidad para aceptar una religión, nuestro primer acto en esa religión es una mentira. Darwin y el propio darwinismo se convirtieron en una especie de religión, con reglas estrictas basadas en la autoridad. Ahora dejaremos a Darwin (aunque vale la pena dedicarle tiempo) y veremos cómo su teoría, restringida por devotos seguidores de la selección individual, afectó a la mayoría de las teorías modernas del envejecimiento, ya que eso es lo que nos interesa. ¿Qué dice el darwinismo sobre la evolución del tiempo de vida?

Factores que influyen en la evolución

En primer lugar, antes de aceptar la "selección natural" como mecanismo de la evolución, consideremos otros factores que tienen más probabilidades de crear nuevas especies que de perfeccionar las existentes. Como ha señalado el Dr. David Neill (del que hablaremos), la selección natural explica la microevolución, pero no los cambios a más largo plazo a nivel de especie ni los cambios en los taxones superiores (como género, familia, clase y orden). Una parte del pensamiento de Darwin que le hizo decidir que la evolución se producía en pequeños pasos a lo largo de generaciones fue la analogía entre las variedades de animales exóticos producidas por criadores de animales — como las palomas "de lujo" que divergen mucho de lo común, pero debemos considerar que siguen siendo reconocibles como palomas.

Hay factores distintos de la "selección natural" que influyen en la evolución:

1. **Extinciones masivas:** durante la evolución de la vida en la Tierra se han producido varias extinciones masivas que han determinado la trayectoria de la vida en la Tierra.

2. **Monstruos potenciales:** mutaciones de un solo gen con efectos pleiotrópicos pueden tener efectos significativos en las poblaciones.

3. **Deriva genética:** es importante en poblaciones pequeñas, donde acontecimientos aleatorios pueden eliminar alelos raros, que podrían ser comunes en poblaciones más grandes. Esto es particularmente evidente cuando islas están pobladas por una escasez de especies (como las famosas Islas Galápagos, donde Darwin vio una clara evidencia de los esfuerzos de la evolución para adaptar una población a su entorno). Poblaciones fundadoras son un ejemplo extremo, en que los fundadores de una población geográficamente nueva son tan pocos y, por tanto, tan limitados en diversidad, que su descendencia se limitará genéticamente a los alelos (variantes genéticas — por ejemplo, ojos negros en lugar de azules) que portaban los fundadores, que pueden no ser representativos de las poblaciones más grandes de las que derivaron.

4. **Flujo genético:** genes son intercambiados por poblaciones que tienen alelos diferentes entre sí.

5. **Epigenética (y el enfoque evo-devo):** cuando se originó la "síntesis moderna" de la teoría evolutiva y la genética mendeliana (una

referencia al título de un libro, *Evolución: la síntesis moderna*, de Julian Huxley de 1942 — por lo que es más "moderna" que el "art nouveau"), pasó por alto casi por completo la relación entre embriología y desarrollo. El "punto de vista embriológico" de que "la ontogenia recapitula la filogenia" — es decir, que el desarrollo del organismo desde el cigoto (óvulo fecundado) hasta el nacimiento es una recapitulación (como decimos) del desarrollo de la especie a partir de ancestros más simples — fue dejado de lado en favor de estudios matemáticos de sistemas demasiado simplificados, pero no por ello dejó de ser cierto, como mostraron estudios como el de Dobzhansky en genética de poblaciones.

Los principios de la evo-devo se discutirán más adelante, pero por ahora apenas observemos que la naturaleza no es despilfarradora, sino que mantiene lo que funciona a lo largo de los eones, conservando conjuntos funcionales de genes y sus productos, como redes reguladoras de genes multicomponentes (GRN), a lo largo de largos tramos de distancia evolutiva (en algunos casos — como el control de la energía celular por un sistema que empieza con el receptor de insulina y termina con el dominio de las proteínas mTOR o FOXO — desde los nematodos hasta los humanos). También vemos que las mismas GRN controlan la progresión de la edad celular desde los nematodos hasta los humanos.

6. **Selección de grupo:** el primer ejemplo de selección de grupo lo dio el propio Darwin en su libro *El origen del hombre*, donde escribe: "Si un hombre de una tribu (...) inventara una nueva trampa o arma, la tribu aumentaría en número, se extendería y suplantaría a otras tribus. En una tribu que se hiciera así más numerosa, siempre habría más posibilidades de que nacieran otros miembros superiores e inventivos".[25] Sin embargo, mucho antes de la década de 1960, la teoría evolutiva ya no aceptaba la selección de grupo como un mecanismo importante de la evolución, salvo en el caso de los insectos sociales, en que la "selección de parentesco" era el mecanismo aceptable para el autor de *El gen egoísta*, Richard Dawkins, cuya tesis era que la selección se produce no sólo a nivel del individuo, sino a nivel del gen. En esta concepción, los seres humanos son meras mulas para transportar sus genes (Dawkins fue también el creador de la palabra y del concepto de *meme* — una entidad mental que se autopropaga). De hecho, lo que parece ser

representativo del pensamiento de esta época es su afirmación de que "la selección de grupo a nivel de especie es algo infundado porque es difícil ver cómo se aplicarían presiones selectivas a individuos competidores o no cooperadores".[26]

Para mí este es otro ejemplo de "argumento por falta de imaginación". Creo que esta restricción fundamental de la "selección natural" a la selección individual transformó la ciencia del envejecimiento en un juego de salón intelectual en lugar de una búsqueda de la verdad. Está claro que el objetivo de la biología es producir la inmortalidad, y hasta ahora, sólo la religión puede reivindicar eso, aunque sin evidencias. Cuando dejamos a un lado nuestros prejuicios, los límites de nuestra propia mente, podemos ver que la biología puede alcanzar esos objetivos que las religiones reivindican, pero con evidencias, abundantes evidencias.

La teoría evolutiva y el significado del envejecimiento

En una propuesta muy interesante, David Neill escribió el ensayo *Evolution of Lifespan* ("Evolución del tiempo de vida", en español).[27] El propio nombre de su ensayo debería ser un sinsentido, ya que, según las autoridades que desarrollaron la teoría moderna del envejecimiento — la "síntesis moderna" — el envejecimiento no era un rasgo disponible para que la selección natural operara sobre él. ¿Pero por qué era así? Porque el envejecimiento, al producirse durante el periodo posreproductivo de un animal, no puede ser objeto de selección: al ser posreproductivo, no debería influir en la contribución de un individuo al futuro. El artículo del Dr. Neill presenta claramente el problema al citar a John Maynard-Smith en relación con la teoría de August Weismann — uno de los biólogos más importantes de su época, quien, en su libro de 1882 *Über die Dauer des Lebens*, dijo que un proceso de envejecimiento sería útil para eliminar una generación parental y liberar recursos para su descendencia más apta. "La teoría de Weismann, sin embargo, al implicar la selección a nivel de especie y no a nivel individual, no se considera aplicable de forma general", dijo John Maynard-Smith en 1976. Obsérvese que Maynard-Smith era matemático, no biólogo, y redujo la teoría de la evolución a modelos simplistas en que sólo la "aptitud" y la selección individual en sistemas de juegos determinaban las reglas del proceso.

La idea subyacente es que para limitar el tiempo de vida adulto, los individuos tendrían que sacrificar su propio tiempo de vida y la producción continuada de su propia progenie por el bien del grupo, y que los genes de ese comportamiento altruista hacia individuos de la misma especie no relacionados directamente y que compiten activamente se perderían, ya que la competencia individual por recursos y producción de progenie eliminaría a aquellos con "genes altruistas" a lo largo del tiempo. Este razonamiento se consideró suficiente para eliminar la selección de grupo como mecanismo legítimo, y el juego pasó a ser cómo limitar el tiempo de vida sin invocar la selección de grupo.

Evidentemente, un organismo que viviera más tiempo produciría más descendencia, por lo que el alargamiento de la vida debería ser posible sólo por selección individual. Es bien sabido que especies tienen tiempos de vida máximos, de modo que un ser humano puede muy ocasionalmente vivir hasta los 120 años, pero nunca (sin algún tipo de intervención) llegará a los 200; una ballena azul puede vivir hasta los 200 años, pero no llegará a los mil años, etc. También se sabe que, dentro de una misma especie, varios grupos pueden tener tiempos de vida diferentes, de modo que perros pequeños pueden vivir doce años y perros grandes, menos de nueve años, mientras que entre los delfines las hembras viven el doble que los machos (más de 60 años). También es conocido el hecho de que el tiempo de vida se corresponde con la tasa de depredación en muchos animales — ratones, que tienen una alta tasa de mortalidad por depredación, tienen vidas cortas y se hacen sexualmente maduros muy, muy jóvenes, mientras que animales con baja depredación, como las ardillas, tienen vidas mucho más largas y se reproducen más tarde. Discutiremos más a fondo esto, especialmente en lo que respecta a la observación del naturalista Ricklefs de que "ningún patrón de la vida, incluyendo desarrollo, madurez y envejecimiento, deja de variar entre las especies de vertebrados sólo por expansión o contracción de una escala de tiempo común".[28]

Volveremos a hablar de las ideas innovadoras de David Neill cuando hayamos analizado el origen de muchas de las "teorías" modernas sobre el envejecimiento, pero es interesante que Neill intentó resolver dos problemas con una sola solución:

1. Por qué la proporción de la edad de madurez sexual es siempre una fracción del tiempo de vida total, siendo esa fracción específi-

ca para todos los miembros de una clase de vertebrados terrestres (anfibios, reptiles, mamíferos o aves), con la proporción entre edad de madurez sexual y tiempo de vida (medio o máximo, ya que también son proporcionales) aumentando en ese mismo orden de las clases de vertebrados, de manera que las aves tienen la mayor relación entre tiempo de vida y edad de madurez sexual (parece que entre los ciliados se obtiene lo mismo — una relación definida entre edad, en divisiones celulares en la madurez sexual y tiempo de vida clonal total, también en divisiones celulares).

2. Que la evolución, al menos tal como se define por la variación natural y la selección natural, es decir, la evolución darwiniana, no debería tener ningún mecanismo para crear la creciente complejidad y la aparición de la inteligencia que vemos evolucionar a través del tiempo evolutivo. La evolución para adaptarse a un entorno tiene la opción de más complejidad o menos complejidad y no hay ninguna razón para más complejidad — de hecho es lo contrario.

Como dije, analizaremos la teoría del Dr. Neill, que creo que tiene algunos razonamientos importantes y explica algunos aspectos del envejecimiento, pero como el Dr. Neill se ha creído la idea de que un programa de envejecimiento requiere la selección de grupos y por lo tanto no es aplicable en general, esto hizo que fuera, como tantos otros, en la dirección equivocada.

El juego del envejecimiento

Lamentablemente, llamar al "estudio" del envejecimiento un juego cuando se ha aprendido muchísimo sobre los mecanismos de la vida celular es un poco injusto. Sin embargo, si fuera más que un juego, habría proporcionado resultados, y no lo ha hecho — al menos no significativos, como sería un aumento integral y no meramente fraccionario de la duración de la vida. Sin embargo, nuestro grupo (Nugenics Research/Yuvan Research) ha producido resultados significativos, con el potencial de conferir inmortalidad, al no creer en la "sabiduría" que se ha acumulado desde el momento en que el "programa de envejecimiento" postulado por August Weismann (en 1882) fue rechazado por la ciencia convencional, basándose no en evidencias, sino en la falta de imaginación y quizás en un profundo temor a una muerte programada. Eso fue realmente una muestra de increíble arrogancia, ya que a finales del siglo XIX la ciencia convencional no sabía casi nada sobre la base de la vida. Para mí, esto es desestimar un argumento porque uno no puede concebir que pueda ocurrir como se sugiere — prueba por falta de imaginación.

Creo que esta es la razón por la que la Iglesia eligió la hipótesis razonable elaborada por Platón y luego por Aristóteles, de que el alma no era física — y como dije, casi todas las descripciones de las propiedades del "alma" de Aristóteles describen el funcionamiento de los sistemas nervioso y endocrino — y la única parte que Aristóteles consideraba no material, la capacidad de razonar, la equipararíamos con la "mente"; a que la mente sea "inmortal" (aunque sin sentimientos, sólo pura razón) no se le da ninguna justificación. Platón pensaba que la mente inmortal viajaba de vuelta al mundo de las ideas para renovarse y reencarnarse en otro cuerpo (por lo que ni siquiera posees tu alma). Que ese algo invisible — tu "parte pensante" — era inmortal y abandonaba el cuerpo para habitar en un cielo creado por Dios, como recompensa eterna por ser obediente en la Tierra o para sufrir un castigo eterno por desobediencia, no era una creencia que Jesús haya compartido en algún momento, pero la "reencarnación", incluso de los cadáveres descompuestos era algo que estaba más allá de la lógica y la comprensión, como si el universo estuviera limitado por la capacidad de la humanidad para entenderlo.

El "alma" era una antigua réplica (aunque mal definida y muy limitada) de un ser humano. La vida en el inframundo era, por lo tanto, una forma muy restringida de la vida en la Tierra. Los filósofos griegos mantuvieron esta idea, pero ¿por qué? ¿Será que ellos tampoco querían morir? Las ideas de castigo eterno y de felicidad eterna vienen de la religión persa zoroastriana. Así que, en realidad, la Iglesia temprana parece haber sido bastante ecléctica al elegir lo mejor de las mitologías para formar una religión que daba a la Iglesia el control total de una persona, tanto durante la vida como en la vida después de la muerte. Si escuchabas y hacías lo que te decían (en general eran buenas recomendaciones — no me malinterpreten, Jesús e incluso algunos "Padres de la Iglesia" tenían muchas cosas buenas que decir [y muchas malas también]), podías esperar la felicidad eterna, pero si hacías las cosas que los mandamientos bíblicos y la ley de la Iglesia te decían que no hicieras, suponiendo que fueran lo suficientemente malas, el castigo era duro (Dante, por ejemplo, clasificaba los pecados y pecadores dignos del Infierno — estos últimos solían ser sus enemigos políticos).

Volvamos al razonamiento. Al principio, los grandes genetistas y evolucionistas Haldane, Hamilton y Fisher hicieron la observación de que los animales más viejos producían menos progenie, y que la fertilidad disminuía con la edad. Luego, durante una conferencia en 1951, Peter Medawar propuso que la vejez era el resultado de mutaciones acumuladas en la línea germinal que sólo actuaban en la vida posterior, posreproductiva, y que por tanto eran resistentes a la selección. Sin embargo, aunque aparentemente no se haya notado, esta explicación era un razonamiento circular: la propuesta era que la vejez se producía porque las mutaciones deletéreas que se producían a lo largo del tiempo evolutivo se libraban de tener la selección en su contra porque sólo se producían al final de la vida y, por lo tanto, eran resistentes a las presiones de selección porque la reproducción se ralentizaba, pero también se afirmaba que la vejez y el periodo posreproductivo se producían a causa de las mismas mutaciones, las que provocan la ralentización de la reproducción, que se libraban de tener la evolución en su contra porque sólo se manifestaban en la vejez (posreproductivamente). En este razonamiento, los genes que causaban el envejecimiento resultaban del envejecimiento, ya que la pérdida de potencial reproductivo con la edad es parte del envejecimiento. Además, ¿cómo explicaría esto el tiempo de vida fijo de los animales (o de las plantas — muchos hongos parecen ser inmortales, incluso los multicelulares grandes)?

En 1957, George Williams ofreció otra explicación denominada "pleiotropía antagónica", que podría explicar mejor el envejecimiento y la muerte.[29] En este caso, la "teoría" de Williams se basaba en el conocimiento, entonces recién adquirido, de que las proteínas pueden tener varias funciones bastante diferentes para una misma molécula; una molécula que es una enzima metabólica en el citoplasma puede ser un factor de transcripción (una molécula que controla la producción de otras moléculas a nivel de la transcripción [usar la información del ADN como base para producir el ARN que se traducirá en una proteína]) en el núcleo. ¿Qué pasaría, hipotetizó George Williams, si durante la juventud una proteína mostrara sus funciones pleiotrópicas "buenas", de modo que aumentara la capacidad del organismo de reproducirse con éxito, pero, en la vejez, esa misma proteína mostrara su cara pleiotrópica mala para la célula, causando daño en lugar de bien? Según el razonamiento de Medawar,[30] como la proteína producía efectos buenos durante la juventud, debería tener la selección en su favor, y tales reproductores altamente eficaces deberían dominar las siguientes generaciones, incluso si la reducción de sus capacidades después de la reproducción (debido a que la cara de Sr. Hyde de sus proteínas pleiotrópicas reemplazarían la cara anterior benéfica de Dr. Jekyll) causara el envejecimiento y la muerte.

Esto, por supuesto, supone que tales proteínas existen, lo cual pienso no ser correcto. Pero, además, ¿por qué y cuándo esta cara pleiotrópica de Dr. Jekyll "decide" de repente cambiar sus actividades por las deletéreas de Sr. Hyde? ¿A qué edad ocurre esto y por qué en ese momento? Vijg y Kennedy, en su artículo *The Essence of Aging*, dan lo que describen como el propio ejemplo de George Williams sobre el funcionamiento de la "pleiotropía antagónica": "Él hipotetizó que un gen para rápida calcificación de los huesos durante el desarrollo tendría la selección a su favor a pesar de que esto también podría conducir a la deposición de calcio en las paredes arteriales, un fenotipo relacionado con la edad que ya se produce a mediana edad o antes".[31] Si bien es cierto que el mismo gen puede explicar ambos fenómenos — la mineralización de los huesos durante el desarrollo ("bueno") y la mineralización de las venas durante el envejecimiento ("malo") — hay un malentendido básico sobre el funcionamiento de los genes.

Aunque los primeros genetistas buscaban la diferencia entre el ser humano y otras especies de mamíferos basándose en las diferencias entre sus genes, lo cierto es que, teniendo en cuenta los más de 20 mil genes del genoma humano, ¡un número aproximadamente igual de genes casi idénticos es poseído por todos los demás mamíferos! En la mayoría de los casos, no es la presencia o ausencia de genes en el genoma lo que determina el fenotipo (aspecto y comportamiento, etc.) de un animal, ya que es el momento, el lugar, la duración y el grado de expresión de estos genes (junto con el momento, el lugar, la duración, etc. de otros genes que pueden interactuar con ellos), entre otros muchos factores como la presencia de hormonas o células cercanas, lo que hace la diferencia en el fenotipo. Es decir, no es la presencia o ausencia de los genes en sí, ya que están presentes de forma casi universal en todos los mamíferos y son en gran medida intercambiables. De hecho, incluso genes de organismos simples como *C. elegans* sustituyen adecuadamente los genes homólogos[*] de organismos superiores como mamíferos y viceversa. Entonces, la verdadera cuestión debería ser: ¿por qué las venas activan los genes que dan lugar a su mineralización en la edad mediana y avanzada, y no antes, en la juventud (e inversamente — y conocemos parte de la respuesta — por qué los huesos detienen su mineralización a partir de cierta edad)?

* "Genes homólogos" son genes de diferentes taxones (especies, géneros o incluso reinos y dominios) que tienen una ascendencia común y secuencias similares de nucleótidos, que codifican proteínas (en el caso de los ARNm) con secuencias similares de aminoácidos (o incluso simplemente conformaciones 3D similares). Los genes homólogos suelen descubrirse buscándose tramos largos de secuencias que sean idénticos o casi, por lo que en diferentes organismos, estos genes frecuentemente tienen funciones similares o idénticas).

Entonces, hay una diferencia de tiempo y lugar (huesos jóvenes, venas viejas) en la expresión del gen — la función (actividad pleiotrópica) no cambia, el gen sigue reclutando calcio para formar depósitos, pero no al mismo tiempo y no en el mismo lugar durante el envejecimiento que durante la juventud. De esta forma, según Vijg y Kennedy, el ejemplo "icónico" de William tal y como se acaba de analizar no apoya la tesis de William de que el gen cambió su comportamiento; el comportamiento siguió siendo el mismo, pero sólo se utilizó para un propósito diferente y destructivo durante el envejecimiento. La función de un martillo no cambia si lo usas en un clavo o en una cabeza humana, sigue entregando mucha energía cinética a un área pequeña.

Aunque la mayoría de los investigadores aceptan la "pleiotropía antagónica", lo hacen más bien en un sentido metafórico. Por ejemplo, el producto génico (proteína) llamado TOR contribuye al crecimiento durante el desarrollo, pero también impide la reparación y el mantenimiento durante el envejecimiento, aunque la función del TOR no cambia — sigue promoviendo los procesos de crecimiento e inhibe el factor de transcripción FOXO (que promueve la transcripción de los genes implicados en la reparación y el mantenimiento). El fármaco rapamicina, aislado de un hongo encontrado en la Isla de Pascua (donde esas gigantescas estatuas de piedra con largos lóbulos de las orejas custodian eternamente a sus habitantes), llamado por sus habitantes *Rapa Nui*, inhibe específicamente el TOR (que significa *"Target Of Rapamycin"* [diana de la rapamicina, en español]) y permite la expresión del FOXO, por lo que alarga la vida en varios modelos animales (nótese que aquí también la reparación de daños existentes aumenta el tiempo de vida).

El científico ruso Blagosklonny cree que el camino hacia la longevidad humana pasa por inhibir el complejo mTORC1 (complejo TOR de los mamíferos o "mecanístico"), que está unido físicamente al lisosoma.[32] Pero discutiremos cómo esta es una solución insatisfactoria, ya que como mucho puede retrasar lo inevitable. Obsérvese que, si bien la "negativa" a permitir el mantenimiento y la reparación por parte del mTOR (más concretamente, del complejo mTORC1) puede considerarse un mecanismo "fuera de lugar" que, desgraciadamente, acorta el tiempo de vida, también puede considerarse un mecanismo que funciona perfectamente para aumentar el riesgo de mortalidad con la edad, una parte importante del "programa de envejecimiento" desestimado por los contemporáneos de August Weismann.

Incluso antes de que George Williams publicara su teoría de la "pleiotropía antagónica", otro mecanismo a través del cual podría producirse el envejecimiento fue defendido por Denham Harman, un ingeniero tan entusiasmado por las perspectivas de entender el envejecimiento que se licenció en medicina para dedicarse a eso (su tesis básica fue propuesta originalmente por el Dr. Gershman en 1954, pero era básicamente la observación de Weismann de que a medida que los organismos envejecen se vuelven menos aptos).

Al ser un ingeniero, Harman sabía que había todo tipo de fuerzas destructivas en nuestro entorno, como rayos cósmicos y la radiación de fondo normal, y que, a medida que avanzaba el tiempo, era de esperar que esta acumulación de daños alcanzara niveles tóxicos, causando el envejecimiento. Con el conocimiento adicional por parte de otros investigadores de que el propio metabolismo oxidativo de la célula en las mitocondrias producía radicales libres tóxicos como el anión radical superóxido ($O_2^{\cdot-}$) y el peróxido de hidrógeno (H_2O_2) (que los glóbulos blancos utilizan para matar las bacterias), proporcionando una fuente constante para daños de oxidación macromolecular, esta idea quedó aún más respaldada. Este era, además de la "pleiotropía antagónica" (tal y como era entendida por la mayoría), el foco principal del campo del antienvejecimiento: el envejecimiento era el resultado del daño macromolecular (normalmente en el ADN) debido a eventos aleatorios, potencialmente destructivos y de alta energía (como la transferencia de un solo electrón al oxígeno atmosférico), que se acumula con el tiempo. Así, las mutaciones somáticas (alteraciones de secuencias vitales del ADN) se consideraban el mecanismo del envejecimiento — pero no había evidencias definitivas de que esto ocurriera (aunque podría ser un mecanismo del cáncer).

Más tarde, el daño del ADN mitocondrial desplazó al daño del ADN nuclear como presunta causa del envejecimiento, ya que la menor eficiencia mitocondrial observada en las células "envejecidas" conducía a un aumento de la concentración intracelular de especies reactivas de oxígeno (conocidas como ROS; anión radical superóxido, peróxido y diversos compuestos nitrogenados como el NO) y otras especies moleculares altamente energéticas y, por tanto, destructivas (utilizaremos ROS como término general para referirnos tanto a las ROS como a esas otras especies altamente energéticas). Así, la concentración de ROS era más alta en las mitocondrias, y los sistemas de reparación del ADN mitocondrial eran inferiores a los sistemas nucleares.

De hecho, la Fundación de Investigación SENS (SRF) — una institución muy involucrada en la investigación sobre el envejecimiento — ha desplazado genes de la mitocondria al núcleo (pues a lo largo de la evolución, los genes mitocondriales se han desplazado al núcleo sin ayuda externa) en un esfuerzo por protegerlos de los daños causados por las ROS. Claramente es un experimento interesante, pero no es probable que tenga nada que ver con el envejecimiento. Ciertamente no ayudará a los que estamos vivos ahora, pero podría (aunque lo dudo) alargar la vida de nuestros hijos si tal manipulación de la evolución humana, con resultados totalmente desconocidos e inescrutables, en algún momento se permitiera (espero que no, aunque no me opondría a ver un animal entero — un ratón, por ejemplo — cuyas células hayan sido así reconfiguradas).

En los párrafos anteriores mencioné la reparación del ADN y, de hecho, como el daño aleatorio era el presunto mecanismo del envejecimiento, la introducción de la capacidad de la célula para reparar tales daños enzimáticamente parecería tener un efecto escalofriante en todas las teorías estocásticas del envejecimiento que suponían que el envejecimiento y la muerte eran el resultado precisamente de causas como el daño acumulado: si la célula era capaz de reparar el daño macromolecular (y el único daño realmente esencial era el del ADN, ya que cualquier otra parte dañada podía ser reemplazada a partir de las instrucciones existentes en el ADN), ¿qué causaba las condiciones de degeneración en las células envejecidas?

Una respuesta popular era que las capacidades de reparación de la célula no estaban a la altura de la tarea de reparar todos los tipos de daños, o de repararlos correctamente. Así, el tiempo de vida debería depender de la eficacia de la reparación de los daños en el ADN; en los años 1980 había argumentos que defendían que un ratón no vivía tanto como un humano porque su endonucleasa de reparación no era tan eficaz como la humana. Una "endonucleasa de reparación" es una enzima que reconoce el daño en el ADN y pone una "muesca" cerca de él (una "muesca" es un corte único en una sola hebra del ADN de doble cadena), para que otras enzimas puedan reconocerlo, eliminarlo y sustituirlo por ADN correctamente secuenciado y no dañado (la enzima polimerasa de ADN de reparación — la enzima responsable de realizar esta reparación — obtiene su información de la hebra de ADN complementaria). Pero esta descripción de la reparación del ADN es más aplicable a los mucho más simples sistemas bacterianos, ya que el proceso de reparación del ADN es más complejo en los eucariotas, con el ADN rodeado de proteínas histónicas y no histónicas, así como de cadenas de ARN de varios tipos.

En estas primeras teorías evolutivas del envejecimiento, el daño estocástico representaba el mecanismo del envejecimiento. El medio ambiente contenía suficientes fuentes de moléculas y radiaciones perturbadoras de alta energía como para acabar dañando las biomoléculas vitales. Sin embargo, con el tiempo quedó claro que la naturaleza no era ajena a este ataque constante a la integridad celular, y desarrolló medios para contrarrestarlo — la reparación del ADN, otras formas de reparación (las proteínas chaperonas que reforman las proteínas mal plegadas, por ejemplo) y una serie de enzimas para gobernar los potenciales rédox de los distintos compartimentos celulares (es decir, núcleo, citosol [sin incluir los orgánulos del citoplasma], mitocondrias, retículo endoplásmico, etc.).

De hecho, la reparación del ADN era tan fundamental para la vida que incluso esas extrañas criaturas, los virus, que andan en la frontera entre lo vivo y lo no vivo, incluso esos virus que atacan a bacterias (y que probablemente existían antes de las primeras células eucariotas), tenían sus propios sistemas de reparación del ADN, y de diferentes tipos para diferentes tipos de daños. La célula no era un pasivo "saco de boxeo de la naturaleza", sino que podía responder al daño con reparación.

Thomas Kirkwood reconoció que la existencia de la reparación del ADN y de otros tipos de reparación celular cambiaba el argumento. ¿Cómo podía ser el daño aleatorio y acumulado la causa del envejecimiento, si dicho daño podía ser reparado por la célula? Evidentemente (como señaló por primera vez August Weismann), el soma (cuerpo) y las células de la línea germinal se separaban en una fase temprana del desarrollo, y mientras que las células de la línea germinal eran capaces de una reparación casi perfecta que permitía que su contenido siguiera siendo el mismo durante milenios (las mutaciones notables eran la excepción y no la regla), las células somáticas tenían un tiempo de vida limitado y, según las predominantes teorías estocásticas sobre el envejecimiento, una capacidad limitada para repararse a sí mismas de forma perfecta, siendo que esa incapacidad provocaba el envejecimiento y la muerte. Evidencias recientes demuestran que esto no es cierto, que las células germinales envejecen y que la edad de los primeros embriones es como la de sus madres. Así, la línea germinal sí envejece, pero cuando se produce la gastrulación (una etapa embrionaria temprana), y los propios genes del embrión controlan su desarrollo, las células del embrión vuelven a poner su edad a cero (y aparentemente llevan a cabo una reparación perfecta).[33]

En aquella época (alrededor de los años 1980), la mayoría de los estudiosos de la evolución tenía claro que la inmortalidad del organismo individual no era uno de los objetivos de la evolución, pero sí lo era la inmortalidad de la especie. Pero, ¿por qué no hacer al individuo lo más inmortal posible (al menos reparar los defectos de todas sus células, somáticas y de la línea germinal)? La respuesta que dio Kirkwood a eso fue que en la naturaleza, la energía disponible para cualquier organismo era escasa y tenía que ser utilizada sólo para las funciones más esenciales, y como la historia de la vida tenía más de 3.500 millones de años, estaba claro que la función más importante era reproducirse para asegurar la continuación de la especie.

De esta forma, el argumento de la "teoría" de Kirkwood, conocida como soma desechable, es que, como la naturaleza sólo proporciona una energía escasa en promedio a cualquier organismo, esa energía se asigna a la reproducción, lo que permite que sólo las células de la línea germinal, segregadas del "soma" (cuerpo) durante el desarrollo embrionario, utilicen la escasa energía disponible para llevar a cabo una reparación sin errores, ya que la línea germinal debe persistir por toda la duración de la especie, mientras que la falta de energía limita en gran medida el reparto de la capacidad de reparación con la célula somática, ya que el cuerpo individual es periférico para la supervivencia de la especie. Él necesitaba vivir lo suficiente para reproducirse y, en los mamíferos y las aves, para criar a su descendencia hasta la autosuficiencia (la hembra de los pulpos aireando y protegiendo a su cría es algo comparable).

Así que esta "teoría" del *soma desechable* (de hecho, Kirkwood no finge que sea una teoría en una definición científica, en el sentido de que no es el resultado de varias hipótesis probadas que convergen en una mayor comprensión, ni en el sentido de que sea predictiva) simplemente proporciona una "explicación" de cómo un organismo que tiene la capacidad celular, como se muestra en sus células de la línea germinal, de repararse perfectamente a sí mismo, no lo hace y por lo tanto envejece y muere.

Estas "teorías" presentadas anteriormente son las llamadas "teorías evolutivas del envejecimiento". Las teorías de Medawar plantean que los genes deletéreos sólo actúan al final de la vida (mediante un proceso defectuoso de razonamiento circular que esencialmente dice que la vejez causa la vejez). Y, sin embargo, existen tales genes; por ejemplo, la transtirretina — la proteína de transporte de la hormona tiroidea — se produce en exceso en el envejecimiento, aunque ya no tiene la función de transportar hormonas tiroideas, y como es una proteína formadora de amiloides, contribuye a la amiloidosis que se observa en el envejecimiento; sin embargo, no se trata de una mutación en el gen de la transtirretina, sino en su regulación. No tenemos evidencias de mutaciones que aparezcan repentinamente en la edad mediana o en la edad avanzada, simplemente tenemos fenotipos de edad diferentes en edades diferentes. Si la idea de Medawar sobre el envejecimiento fuera correcta, y buscáramos un camino hacia la inmortalidad, nos convendría encontrar y corregir esas mutaciones dañinas que sólo aparecen al final de la vida, pero no hay tales mutaciones — por lo que no hay inmortalidad que encontrar ahí.

Si la teoría de Williams fuera cierta, no habría forma de controlar el carácter Jekyll y Hyde de los genes que son beneficiosos en la juventud y mortales en años posteriores. En este modelo, no hay ninguna pista sobre cuándo un gen cambiaría su carácter a una forma deletérea. Hemos explorado el ejemplo de George Williams de un gen icónico que muestra "pleiotropía antagónica", la proteína de fijación de calcio que mineralizaba los huesos en la juventud y las venas en la vejez, pero descubrimos que, lejos de ser un ejemplo de un gen que asume diferentes formas y funciones, se trataba más bien de un gen utilizado de diferentes maneras en diferentes tejidos en diferentes etapas de la vida. El gen que originalmente mineralizaba los huesos mediante la fijación de calcio en una etapa del desarrollo en el tejido óseo, simplemente se utilizaba para un propósito diferente en un tejido distinto (la vena) en una etapa de desarrollo diferente después de la edad adulta. Que el propósito de ese cambio de uso sea benigno o nefasto no lo decide esa proteína fijadora de calcio, cuyas actividades siguen siendo las que eran (fijación del calcio), sino las células que la produjeron.

Uno podría preguntarse (y tendremos una respuesta) por qué las células venosas deberían querer depósitos de calcio, pero no se debería preguntar eso al gen, ya que no tuvo parte en esa decisión, sino a la célula que lo invocó. Un camino hacia la inmortalidad, o al menos una prolongación sustancial de la vida, no podría ser exitosamente implementado si este modelo fuera cierto. Personalmente, no creo que esté correcto, y el argumento puede expresarse mejor diciéndose que *los genes pueden cambiar sus funciones en un espacio multidimensional que incluye el tipo de tejido, la etapa de desarrollo, el órgano y el entorno intercelular e intracelular.*

Por último, la más abarcadora de las teorías "evolutivas" estocásticas del envejecimiento (un extraño tipo de teoría evolutiva, sin biología ni historia de la vida y ni siquiera selección de grupo), que permitió a matemáticos como Thomas Kirkwood participar en la conversación sobre la evolución, es la siguiente: si pudiéramos convencer a las células de que siempre tendrán suficiente energía (no vivimos en un ambiente salvaje, y la falta de energía — calorías de los alimentos — es la menor de las preocupaciones de la mayoría de los habitantes de las naciones industrializadas), ¿podrían empezar a utilizar esa energía para repararse a sí mismas? No hay una forma clara de hacerlo, y parecería que las células se conformarían con la inmortalidad de la línea germinal (o de una parte de ella, al menos). Pero hay alguna posibilidad de inmortalidad en este caso (simplemente cambiar las condiciones para permitir una reparación perfecta en células que no sean embrionarias), simplemente cambiando el momento en que las células somáticas pierden la capacidad de reparación, y básicamente así es como funciona el E5 (el compuesto que usamos para rejuvenecer a las ratas) — engañando a la célula para que piense que es la célula de un animal joven.

Lo que separa estas teorías ampliamente creídas de otra que mencionaré, después de un breve interludio en el mundo natural, es que en todas estas "teorías" evolutivas, el tiempo de vida no tiene ninguna relación con el animal en su entorno. La duración de la vida está, según Medawar, determinada por mutaciones aleatorias que la especie ha experimentado en su larga historia, mutaciones protegidas de la selección por estar al final de la vida, que provocan el fin de la vida. Así que, aquí, si suspendemos la incredulidad, podemos suponer que el tiempo de vida de una especie es el resultado totalmente aleatorio de mutaciones deletéreas que la especie adquirió en su historia y que se expresan durante las etapas de la vida que reconocemos como la "vejez" de la especie. No hay ninguna relación entre la duración de la vida y el nicho — el tiempo de vida se deriva aleatoriamente.

En la versión ampliada de la "pleiotropía antagónica" de George Williams, el argumento original de una proteína pleiotrópica se sustituye por un "sistema" pleiotrópico, como el yin-yang, una eterna batalla entre el crecimiento, representado por el complejo mTORC1, y el mantenimiento y la reparación, representados por el factor de transcripción FOXO (que controla la elaboración de muchos de esos genes de reparación y mantenimiento). Sí, en la juventud, el complejo mTORC1 dirigía la célula en la dirección correcta, el crecimiento, pero después de que el crecimiento se detuvo, la inhibición mutua del complejo mTORC1 por parte de FOXO, y de FOXO por parte del mTORC1, más la activación continuada del mTORC1, impide la reparación celular cuando es necesaria. Esto es para muchos una reivindicación de la "pleiotropía antagónica", pero en realidad no lo es, ya que la función del complejo mTORC1 sigue siendo fomentar el crecimiento y reprimir la reparación, aunque no sea la mejor solución (desde nuestro punto de vista) para la célula o el organismo.

Entonces, quizás no sea sorprendente que el Dr. Blagosklonny crea que la supresión del mTOR (que es el objetivo directo de la rapamicina — y de los rapalogos — en el complejo mTORC1 pero no en el mTORC2) debería aumentar el tiempo de vida, lo que hace, pero sólo en una medida ínfima y con efectos secundarios. El verdadero problema, sin embargo, es que debido a que comprende equivocadamente el envejecimiento, Blagosklonny no se da cuenta de que la supresión del complejo mTORC1 sólo tiene efectos marginales en los organismos superiores. Una vez más, la teoría de la "pleiotropía antagónica" también asigna aleatoriamente el tiempo de vida a un mecanismo desconocido que hace que una proteína, o una red de regulación genética (GRN, en la sigla en inglés), cambie a una forma deletérea en alguna etapa particular del tiempo de vida de un organismo sin una pista de por qué o cuándo sucedería eso.

Y finalmente, al cortar la capacidad de reparación de las células somáticas, el "soma desechable" limita el tiempo de vida a la probabilidad de que las células se inactiven o muten con el tiempo y no se da ningún mecanismo para determinar el tiempo de vida que no sea la pura casualidad.

El hecho de saber que especies tienen tiempos de vida máximos demuestra que el tiempo de vida no está determinado por la pura casualidad. En mi opinión, la representación caricaturesca de la vida presentada por un grupo de "evolucionistas" neodarwinistas que quiere meter toda la ciencia evolutiva en una cajita apretada que se sustenta enteramente por la "variación natural" y la "selección natural a nivel del individuo", y lee los resultados de caricaturescos procesos vitales a partir de sus modelos computacionales simplistas, no es la forma correcta de basar teorías.

Con relación al problema de la prolongación de la vida en el modelo del "soma desechable", si los mecanismos de reparación que supuestamente confieren una fidelidad perfecta a la línea germinal (lo que en realidad se ha demostrado que es falso, como he señalado anteriormente — es el embrión temprano el que pone su edad a cero) no pueden ser invocados por el soma, el problema puede resolverse entonces impidiéndose la creación de daños. Esto condujo (en parte, junto con las ideas de Harman sobre la acumulación de daños en el envejecimiento) a la aparición de la idea de que los compuestos que impiden la formación de (o interceptan y desactivan los causadores de daños) radicales libres y otras ROS ralentizarían el proceso de envejecimiento. Se tomaron vitaminas antioxidantes e incluso enzimas como la superóxido dismutasa (que simplemente se digeriría como cualquier otra proteína) en grandes cantidades con el fin de ralentizar el envejecimiento — pero no hubo efectos aparentes (aunque se obtuvieron algunos efectos en organismos simples y en cultivos celulares), ni aumento del tiempo de vida, ni (como muchos suponían) disminución de las tasas de cáncer. De hecho, experimentos que evaluaban los efectos del antioxidante betacaroteno en fumadores de cigarrillos (lo que debería haber sido fácilmente demostrable según las teorías predominantes de acumulación de daños, que causan el envejecimiento y el cáncer) se interrumpieron debido a la tasa excesivamente alta de cáncer de pulmón en aquellos a los que se les administraron dosis del antioxidante betacaroteno en comparación con los que recibieron un placebo ("píldora de azúcar").[34]

Los diversos compuestos que eran antioxidantes, "trampas" de radicales libres diseñadas para neutralizar las ROS — muchos de los cuales mostraban efectos antienvejecimiento en cultivos celulares y en organismos simples — no presentaron efectos, o apenas efectos limitados, en personas, hasta el punto de que Scientific American, una revista de divulgación científica, dedicó un número a advertir a los lectores de la falta de resultados probados del uso de estos "nutracéuticos" y de otras combinaciones de vitaminas y minerales junto con antioxidantes de venta libre que estaban inundando el mercado a medida que la generación del *baby boom* empezaba a envejecer. En ese momento se dieron muchas excusas para explicar por qué estos antioxidantes no funcionaban — algunos defendieron la teoría de que los antioxidantes artificiales desactivaban la producción de los naturales. Pero quedó claro que el camino hacia la inmortalidad, o incluso hacia una prolongación significativa de la vida, no iba en esa dirección. Si las ROS eran realmente las culpables del envejecimiento, ¿por qué no funcionaban todos esos antioxidantes? Los animales así tratados debían tener sus células en un estado casi perfecto con toda esa protección, ¿no? Una pista es que funcionaron bastante bien en los cultivos celulares, pero no en animales. Puede ser que el envejecimiento en células y en organismos funcione por mecanismos diferentes. La respuesta corta, a la que se aplica nuestra propia investigación, es que sí, pero no exactamente, ya que existe una retroalimentación entre las células y el organismo.

¿Qué tiene que ver la vida con esto?

Todas las teorías "evolutivas" de la vida mencionadas anteriormente son, como ya he dicho, el resultado de modelos matemáticos que se abstraen de las realidades y complejidades de la vida y de acontecimientos puramente accidentales — como las diversas extinciones masivas en las que murieron fracciones sustanciales de seres vivos, cambiando por completo el entorno y permitiendo que nuevos regímenes de vida sustituyeran a los antiguos. Por ejemplo, los gigantescos y rugientes dinosaurios se extinguieron, mientras que los diminutos mamíferos, parecidos con musarañas, que se comían sus huevos se convirtieron en nosotros, tras la doble catástrofe del choque de un asteroide en la península de Yucatán, en México, y el tremendo vertido de lava y gas en la región de las Trampas del Decán, en India. Sería difícil incluir estos acontecimientos y predecir sus resultados en simples representaciones digitales del mundo viviente — sería como comparar al Pato Donald con un pato real.

Recuerdo que un artículo que leí mostraba que un acortamiento de la vida podía conducir a una mayor densidad de población media (más biomasa) si los animales eran distribuidos geográficamente. No me asombró tanto el resultado (aunque fue la primera demostración por modelización computacional del hecho de que acortar el tiempo de vida podía ser ventajoso para la especie — sólo eso fue un avance, salió del MIT), pero sí me asombró que los modelos computacionales anteriores que los investigadores utilizaban para validar "teorías del envejecimiento" ("hipótesis" del envejecimiento, más correctamente) no incluyeran la distribución geográfica. ¿Significa eso que estos hipotéticos animales se desarrollaban en un mundo unidimensional? ¿Cómo podría alguien aceptar ese modelo de "seres vivos" en competición por "recursos" en un "mundo" unidimensional como evidencia suficiente para fundamentar un tema tan importante como el tiempo de vida? Y, sin embargo, la gente lo aceptó.

Antes de dejar el tema de las teorías "evolutivas" del envejecimiento, es importante mencionar que la sugerencia de que la selección de grupo no es una fuerza evolutiva importante está en contradicción con un fenómeno que se observa ampliamente en el mundo actual pero que no se conocía ni se notaba en el periodo en que surgió el darwinismo clásico, que es la introducción de especies foráneas. Pienso que cuando un pez cabeza de serpiente asiático invade un estanque en EE.UU., ni siquiera el pez centrárquido más despiadado o la perca más fuerte tendrán posibilidades de vencerlo. En el este de Estados Unidos, el gorrión inglés ha sustituido casi totalmente al pájaro azul del este, y ahora, la pitón birmana se está convirtiendo en un depredador de primer orden en los Everglades de Florida, compitiendo con éxito contra el yacaré, y no sabemos qué será de esta tierra a medida que suba el nivel del mar.

Lo que quiero decir es lo siguiente: eventos naturales (o eventos causados por la humanidad, hoy día), incluyendo la aparición de nuevas especies y catástrofes (como el choque de asteroides), hicieron que la selección de grupo sea una fuente importante en el cambio de las poblaciones en las regiones a través del tiempo. La selección de grupo puede estar en la base de los cambios de las especies. Cuando los fotosintetizadores productores de oxígeno empezaron a "envenenar" la atmósfera, se produjo la primera gran mortandad de anaerobios, y los pocos que sobrevivieron quedaron confinados en lugares ocultos del planeta, y entonces los aerobios tuvieron a su disposición una nueva y más potente fuente de energía (la oxidación con oxígeno) si aprendían a utilizarla, y así lo hicimos.

Entonces, de nuevo, si desean estudiar el envejecimiento, ¿quieren empezar con teorías matemáticas de juegos que cambian las predicciones en función del ingenio y la meticulosidad del modelador, y no observar realmente el envejecimiento de los organismos biológicamente envejecidos? Si hacemos esto, nos damos cuenta de que hay una amplia gama de distribuciones de tiempo de vida; algunos protozoos y hongos son inmortales, y la mortalidad de los organismos ciliados es bastante restringida (como hemos señalado). Además, hay esponjas — animales que tienen unos diez tipos de células diferentes y que podrían ser clasificados como colonias de coanocitos (células unicelulares y flageladas "con collar") en que los amebocitos digieren y distribuyen alimento (tanto los coanocitos como los amebocitos pueden convertirse en gametos y generar todos los tipos de células) — que pueden vivir más de 10 mil años, y el gusano plano más complejo también tiene ese potencial. Hay almejas de agua fría que viven 500 años, y langostas que viven un par de cientos de años (¿no envejecen?). La hembra del tiburón de Groenlandia no es fértil hasta que tiene 150 años, lo que también indica una vida muy larga.

Sin embargo, cuando llegamos a los vertebrados terrestres como nosotros, el tiempo de vida se acorta considerablemente. ¿Pero qué determina el tiempo de vida? Los evolucionistas nos dicen que es algo inevitable aunque aleatorio, pero eso no es lo que observan los naturalistas. Hay patrones en el tiempo de vida que son predictivos y explicativos — patrones que conectan la duración de la vida con los roles ecológicos; sin embargo, eso no podría existir si el tiempo de vida no estuviera abierta a la selección, si estuviera determinado por procesos puramente aleatorios. Entonces, vamos a analizar dos teorías que explican la duración de la vida como un proceso no estocástico, la "teoría de la tasa de vida", que explica mucho, pero tiene múltiples excepciones, y más de la teoría del Dr. Neill, que también explica mucho, pero como indican nuestras evidencias, apunta en la dirección equivocada. Veremos cómo unos ligeros cambios de perspectiva conducen a lo que cada vez más se considera el camino hacia la inmortalidad.

Bueno, sé que están cansados de estas teorías que deciden lo que puede hacer la vida restringidas por el "pensamiento evolutivo", pero quiero profundizar en estas dos teorías. No porque tengan justificación desde el punto de vista de la evolución, sino porque presentan una interpretación totalmente diferente del tiempo de vida, basada en la observación del envejecimiento en organismos. Y finalmente, después de estas dos teorías, presentaré la mía.

La teoría de la tasa de vida

Casi todo el mundo está familiarizado con esta relativamente popular teoría del envejecimiento. Ella dice, en general, algo así: todos los animales viven un número fijo de latidos del corazón, o respiraciones. Es evidente que mamíferos pequeños tienen vidas cortas, con algunas excepciones; maduran (sexualmente) rápidamente y mueren jóvenes. En el extremo opuesto, grandes mamíferos, como las ballenas azules, viven mucho más tiempo y maduran más tarde. La base científica de la teoría de la tasa de vida comenzó con la observación de Max Rubner en 1908 de que animales más grandes vivían más tiempo y tenían un metabolismo más lento. Posteriormente, se propuso una relación entre la masa de un animal y su metabolismo. Se denominó Ley de Max Kleibers, según la cual la tasa metabólica basal (TMB) de un organismo es proporcional a su peso a la potencia 3/4 (lo que significa elevar al cubo la raíz cuarta — pero se aproxima a 1). De esta forma, podríamos relacionar la tasa metabólica con el peso (masa), y por tanto el tiempo de vida con la tasa metabólica. La teoría de la tasa de vida básica planteó la hipótesis de que existe una relación inversa (negativa) entre el tiempo de vida y el gasto de energía, como se muestra en la Figura 11.

Esta teoría se hizo todavía más atractiva cuando se descubrió que la generación de energía a través de la fosforilación oxidativa mitocondrial tenía el efecto secundario de que entre el 0,1% y el 3% de las moléculas de oxígeno utilizadas en el proceso sólo recibían un electrón — formando el radical libre anión superóxido. En términos químicos, esto significa que (al menos) un átomo de la molécula posee un electrón "no apareado" (electrones tienen una fuerte preferencia por estar apareados con otro electrón de espín opuesto) — con el siguiente aspecto: $O_2^{\cdot-}$, donde el punto en superíndice representa el electrón no apareado, y el guion en superíndice, su única carga negativa. Así que, en conjunto, tenemos la imagen de un organismo de "vida más rápida" que produce más ROS y, por tanto, más daños, lo que provoca un envejecimiento más rápido y un tiempo de vida menor, ya que en algunos organismos el 3% de las moléculas de oxígeno forman ROS en el proceso de síntesis de ATP, frente a los organismos de "vida más lenta" en que este porcentaje es sólo del 0,1%. Y entre los invertebrados hubo varios experimentos que parecían estar de acuerdo con esta conclusión.

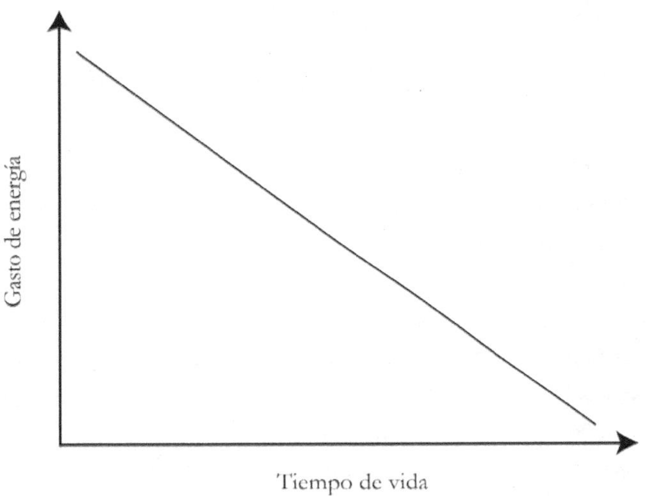

Figura 11: Representación de la idea básica de la teoría de la tasa de vida.

Raymond Pearl, en su libro de 1928 *The Rate of Living* ("La tasa de vida", en traducción libre en español), analiza mediciones que concuerdan con las ideas de Rubner y las amplían, utilizando animales domésticos como ejemplo. Evidentemente, el problema aquí es que correlación no es causalidad, y que aunque la correlación entre tamaño y longevidad puede reflejar válidamente algún grado de causalidad, la inferencia de que el tiempo de vida y la tasa metabólica basal son algo más que una correlación no está respaldada por los datos; cuando se tiene en cuenta el tamaño, no hay relación entre la tasa metabólica basal y el tiempo de vida.[35] Por supuesto, si la tasa metabólica basal es una buena medida del gasto de energía a lo largo de la vida es una cuestión. Uno de los experimentos iniciales más interesantes demostró que quitar las alas a las moscas, limitando así severamente sus necesidades energéticas (ya que el vuelo requiere una cantidad considerable de energía), aumentaba significativamente su tiempo de vida (¿cuántos chicos habrán hecho esto por razones equivocadas?). En el gusano redondo *Caenorhabditis elegans* (un "caballo de batalla" de la ciencia del envejecimiento), Cynthia Kenyon descubrió que mutaciones de genes individuales pueden prolongar significativamente el tiempo de vida, lo que llevó a la idea (al menos en mi cabeza) de que hay genes cuya función es limitar el tiempo de vida.[36]

Una de las primeras objeciones a la teoría de la tasa de vida vino de la comparación entre pequeños mamíferos y aves, en que éstas superan por mucho la actividad metabólica de los pequeños mamíferos y, sin embargo, tienen una vida más larga. Esto se explicó posteriormente por la mayor eficiencia de las aves en comparación con los mamíferos en lo que se refiere a las mitocondrias.[37] Tal vez lo mismo se aplique a los murciélagos, que son atípicamente longevos teniendo en cuenta el acelerado metabolismo necesario para volar. Pero hay un problema básico en la comparación de diferentes clases: las mismas capacidades de reparación no están presentes en la misma medida en las diferentes clases de vertebrados (por ejemplo), por lo que para evaluar si una variable específica determina o no el tiempo de vida, sería necesario aislar esa variable.

Qué dicen los naturalistas

El naturalista Robert Ricklefs puso a prueba ciertos supuestos del envejecimiento mediante un modelo estadístico del envejecimiento que se ajustaba mejor a los datos de campo de los animales. Descubrió que los animales con una tasa de mortalidad inicial más baja tenían un ritmo de envejecimiento más lento, pero que una mayor proporción de muertes en estas especies se debían a la vejez, lo que significaba que todavía había potenciales factores de prolongación de la vida que eran seleccionables. Esto descartó la acumulación de mutaciones y la pleiotropía antagónica como causas del envejecimiento, y llevó a Ricklefs a concluir que el envejecimiento era resultado del "desgaste", por un lado, y de mecanismos de prevención y reparación de daños controlados genéticamente, por otro. "Evidentemente, soluciones para el deterioro fisiológico extremo en la vejez no están dentro del rango de variación genética o son demasiado costosas para ser favorecidas por la selección",[38] fue su conclusión — muy en línea con el soma desechable. Aquí, aunque Ricklefs sabe que tanto el tiempo hasta la madurez sexual como el tiempo de vida dependen de la depredación, él no consigue encontrar ningún mecanismo de conexión para ellos. Si David Neill está correcto, el mecanismo de conexión es la frecuencia de un "cronómetro de vida". Esta afirmación tiene implícito el supuesto de que se necesitan "soluciones" para el deterioro fisiológico debido al envejecimiento, aunque la naturaleza parece no estar de acuerdo, como puede verse en la progresiva reducción de la reparación y el continuo incremento de las citoquinas y quimiocinas destructivas (como las citoquinas inflamatorias, y la quimiocina eotaxina).

Sin embargo, Ricklefs, y más tarde Joăo Pedro de Magalhães (el Dr. Magalhães ha investigado casi todos los aspectos del envejecimiento y del tiempo de vida), llegaron a la misma conclusión; el principal determinante del tiempo de vida (¿cree Magalhães que el tiempo de vida es una característica seleccionable?) es la depredación; por lo tanto, la razón por la que los animales pequeños tienen un tiempo de vida corto es que son más susceptibles a la depredación (animales pequeños que no están sujetos a la depredación, como la rata topo desnuda, tienen un tiempo de vida más largo).

Sin embargo, Magalhães añadió algo más, al confirmar muchos estudios utilizando bases de datos mucho más amplias que en el pasado, concluyendo que el tiempo de vida medio o máximo (ellos son proporcionales) es una función del "tiempo de desarrollo". Magalhães escribió, tras un cuidadoso estudio de cientos de especies de mamíferos y aves, que "en general, estos resultados indican que, independientemente del tamaño corporal, el tiempo de desarrollo está fuertemente asociado con el tiempo de vida adulto máximo."[39] De hecho, Magalhães, al igual que muchos otros autores, estableció funciones cuya entrada es el tiempo hasta la madurez sexual y cuya salida es el tiempo de vida, tanto para mamíferos como para aves.

Detengámonos un segundo para entender esta nueva observación, ya que se deriva de datos y no de teoría; por "tiempo de desarrollo" se entiende el tiempo desde la fecundación hasta el nacimiento sumado al tiempo desde el nacimiento hasta la madurez sexual. La evidencia (que tiene una larga historia) de que el tiempo de vida después de la madurez sexual es una función del periodo de tiempo desde la fecundación hasta la madurez sexual tanto en mamíferos como en aves es abrumadora, con miles de especies incluidas. ¿A qué será que se debe esto? Volvamos a lo que piensa David Neill al respecto.

Vale la pena leer integralmente una observación más de los doctores

Ricklefs y Wikelski: "La tasa de reproducción, la edad de madurez y la longevidad varían mucho entre las especies. La mayor parte de esta variación en la historia de vida se sitúa en un espectro lento-rápido, con baja tasa de reproducción, desarrollo lento y vida larga en un extremo, y las características opuestas en el otro. La ausencia de combinaciones alternativas de estas variables implica una restricción en la diversificación de las historias de vida, pero la naturaleza de esta restricción sigue siendo difícil de definir."[40]

De nuevo, vamos a desentrañar esta afirmación. Lo que dicen es que, a pesar de las amplias diferencias en edad de madurez, tasa de reproducción y longevidad de los animales (eligieron las aves debido a la abundancia de datos), estos rasgos no se distribuyen de forma independiente, sino que se agrupan, en ambos extremos de lo que ellos llaman el espectro rápido-lento — o bien viven vidas cortas, maduran pronto y se reproducen rápidamente, o bien tienen vidas largas, con maduración tardía y bajas tasas de reproducción (piensen en un ratón y un elefante). Por lo tanto, no tenemos animales de vida corta con bajas tasas de reproducción y maduración tardía, ni animales de vida larga con maduración temprana y alta tasa de reproducción. Dicho de otro modo, es una forma de decir que existe una proporción entre estas tasas (maduración, periodo de inmadurez y tiempo de vida) que no tiene una explicación clara.

David Neill, parte 2

El objetivo declarado de David Neill era explicar la relación fija (o al menos la dependencia funcional) del tiempo de vida posmaduración con el periodo de desarrollo como se ha descrito anteriormente. La forma en que se resolvió esto fue bastante diferente de los supuestos de la acumulación de mutaciones o de la pleiotropía antagónica, y puede explicarse mejor observando la ilustración del proceso en la Figura 12.

Las tres "fases" en blanco al final de la vida representadas en la Figura 12 son para representar el hecho de que las oscilaciones que producen las fases de la vida no están restringidas en sí mismas, sino que su cese es el resultado de la muerte del organismo por falta de más fases de desarrollo. De esta forma, las suposiciones que se hacen aquí son que el postulado "cronómetro de la vida" divide la vida en fases de igual duración, y que el número de fases premaduración (cuatro en el diagrama) en relación con el número máximo de fases posmaduración (nueve en el diagrama) para cada clase de vertebrados permanece fijo (aunque existen excepciones).

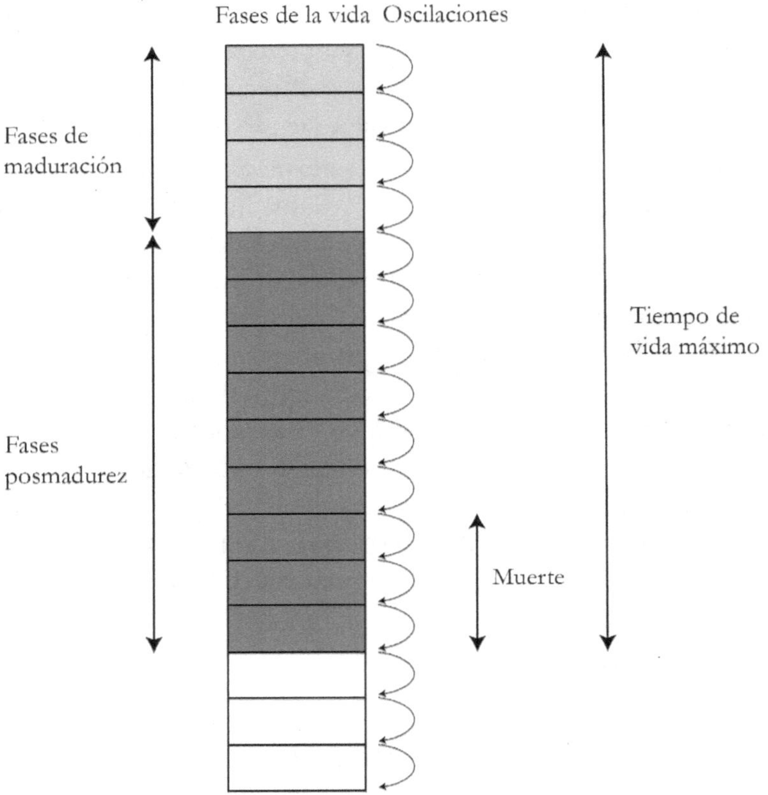

Figura 12: Representación de fases de la vida impulsadas por oscilaciones que conducen a la muerte. Redibujado.[27]

Además, se supone que la clásica "acumulación de daños", es decir, el "desgaste", es el factor principal para la muerte — ya que "durante el periodo PM (posmaduración) se produce una desinversión gradual en el mantenimiento y la reparación celular", con lo que la acumulación de daños (a nivel celular) conduce en última instancia a la muerte.[27] En periodos posteriores del desarrollo adulto, la desinversión en la reparación y el mantenimiento debería incrementarse y, por tanto, la acumulación de daños debería acelerarse con la edad. Esto se ha demostrado muchas veces (como por ejemplo, que la resistencia al daño por radiación disminuye con la edad), pero el resultado de eso — un crecimiento de la tasa de mortalidad con el tiempo — aumenta exponencialmente.

Neill propone esto basándose en su propio artículo de 2010, que resume así: "En lugar de una vía/programa genético, esta teoría propone un cronómetro de la longevidad que puede retrasar la tasa de daño celular acumulativo durante el periodo posmadurativo de la vida".[27] Así, aquí, un "cronómetro de la vida" (que según Neill debe ser intracelular y estar presente en todas las células) marca el ritmo de la vida. Se mencionan varios circuitos oscilatorios que pueden funcionar como relojes, siendo que muchos de ellos son relojes ultradianos cuyas oscilaciones se producen varias veces al día, y Neill también menciona el reloj circadiano, que oscila cada 24 horas (o más o menos).

En el diagrama de la Figura 12, Neill estipula que cada oscilación define una "fase", pero ¿qué significa fase en este sentido? Evidentemente, las fases inmaduras corresponden de alguna manera a las fases de desarrollo: cigoto, embrión, feto (y hay muchas etapas sin nombre). Sin embargo, suponiendo que el cronómetro sea el reloj circadiano — de lo que daré evidencias — no hay fases vitales de 24 horas que conozcamos (excepto el ciclo celular que está regulado por el reloj circadiano, y su efecto sobre el estado rédox del citosol y del núcleo). ¿Y con relación a las fases posmaduración? ¿Conocemos alguna fase de vida posmaduración? Abordaré este tema con más detalle más adelante, pero la respuesta breve es que sí — la adultez joven, la mediana edad y la vejez son algunas fases de la vida posmaduración rudamente delimitadas.

En el modelo de David Neill, hay miles o decenas de miles de fases, pero ¿qué significan? Para Neill, el "cronómetro de la vida" (CV) controla el desarrollo en las fases inmaduras y el deterioro en los organismos posmaduros. Como veremos, el CV controla la progresión del desarrollo — el envejecimiento coordinado de los órganos no siendo más que un fenotipo de la edad que es consistente (con variación individual) en toda la especie, y que conduce a la muerte.

Los investigadores del envejecimiento y los biólogos del desarrollo diferencian entre el desarrollo — en que, en algunos casos, pero no en todos, un animal se convierte en una forma más compleja y capaz — y el "envejecimiento", en que el organismo asume una forma menos compleja y menos capaz. Sin embargo, se trata de una distinción sin una diferencia; en muchas especies, formas móviles complejas se convierten en formas sésiles más simples, animales que se alimentan por filtración que en realidad se comen su propio cerebro para ahorrar energía, pero seguimos considerando que eso forma parte del desarrollo normal de dichas especies. Asumir que el envejecimiento es simplemente el deterioro del adulto joven ignora muchos rasgos específicos de la edad que no son deletéreos (por ejemplo, las diferentes tareas vitales requeridas por los animales en la mediana edad en comparación con los adultos jóvenes, al menos en los vertebrados superiores), y para las especies, hay enormes cantidades de evidencias de que el tiempo de vida es una característica de la especie que se conserva y es seleccionable. Por ejemplo, en el caso del killifish turquesa africano, su tiempo de vida se ajusta estrechamente al tiempo que permanecen líquidas las charcas creadas durante la estación de las lluvias, con la diferencia en distintas partes de África variando en meses, y sin embargo los killifish tienen ciclos vitales — desde el nacimiento hasta la reproducción y la muerte por vejez — que garantizan que los peces lleguen a vivir una vida plena, se reproduzcan y mueran, antes de que sus charcas se conviertán en barro duro.

El paso por la etapa de adulto joven, en que un organismo demuestra que es capaz de conseguir una pareja (reproducción), la mediana edad, en que, en el caso de muchos mamíferos, el adulto que se reproduce tiene la responsabilidad de mantener a su pareja y a su descendencia, y, finalmente, la vejez, en que el organismo ya no puede competir con los jóvenes y cede el liderazgo al siguiente en la línea (aunque de mala gana y como resultado de una batalla en muchos casos), es el patrón común en el tiempo de vida de los mamíferos, al igual que en el de los invertebrados. La cuestión es si este patrón está programado y si se puede cambiar.

Datos a gran escala e ideas más grandes

La "ley de los números grandes" es la idea de que cuando el número de observaciones crece lo suficiente, se revelan las probabilidades intrínsecas, en lugar de los meros resultados estadísticos implícitos en los pequeños experimentos. Cuando se utiliza un número pequeño de animales (*C. elegans*), se constata que el 50% de la población muere en dos semanas; cuando se utiliza un número grande (más de 100 mil animales), la "ley de los números grandes" convierte ese mismo resultado en la probabilidad de morir en dos semanas. Por eso, fue especialmente interesante que el laboratorio de Walter Fontana en Harvard (Fontana Lab), con la ayuda de un biólogo matemático, Nicholas Stroustrup, descubriera la base matemática del declive relacionado con la edad.

La tesis era sencilla: Fontana, en Harvard, y su colaborador Stroustrup desarrollaron un sistema automatizado que podía detectar la muerte de cada uno de los más de 100 mil gusanos *C. elegans* mantenidos en varios entornos diferentes hasta 20 minutos de su muerte. Así se obtuvieron curvas de mortalidad de una precisión sin precedentes. En la introducción de su artículo, ellos dicen: "Aquí, mediante la recopilación de estadísticas de mortalidad de alta precisión en grandes poblaciones, observamos que intervenciones tan diversas como cambios en la dieta, temperatura, exposición al estrés oxidativo e interrupción de genes, incluyendo el factor de choque térmico hsf-1, el factor inducible por hipoxia hif-1 y los componentes de la vía de la insulina/IGF-1 daf-2, age-1 y daf-16, alteran la distribución del tiempo de vida mediante un aparente estiramiento o encogimiento del tiempo".[41]

Nota personal — cuando intenté promover mi propia idea sobre esto hablando de un reloj (muy a la manera de Neill), Fontana se opuso a que mi comentario relativo a que sus tratamientos aceleraban o ralentizaban un "reloj de envejecimiento" se publicara en Nature y rechazó la idea de un reloj o cronómetro. Un segundo grupo de editores estuvo de acuerdo conmigo, pero un tercero dijo que mi comentario, aunque relevante, era demasiado importante para quedarse en un mero comentario, y me sugirió que desarrollara mis ideas en un artículo (bueno, eso ha ocurrido y está ocurriendo mientras escribo esto). Lo que realmente pensé es que sólo querían callar a un desconocido en favor de un profesor de Harvard — no estoy seguro de que debo culparlos.

La evidencia de este encogimiento o estiramiento del tiempo (tiempo biológico) es evidente y llamativa, y se basa en lo que se conoce como "curvas de supervivencia". Estas curvas simplemente muestran el porcentaje de la población original (trazada en el eje vertical con la población empezando en el 100% y terminando en el 0%) que queda después de un periodo de tiempo que comienza con la eclosión (ese tiempo se traza en el eje horizontal, como se ve en la Figura 13). Si observamos el gráfico superior, vemos la curva de mortalidad normal (es decir, el grupo de control de gusanos criados en condiciones estándar) en la línea continua; la población comienza en el 100% y se inclina hacia abajo, de forma parecida a un decaimiento exponencial hasta llegar a cero. Hay que recordar que el enorme número de animales, que hace que este estudio sea tan significativo al transformar los resultados experimentales en probabilidades sólidas de supervivencia futura debido a la "ley de los números grandes", ya no se aplica en el final de la curva, donde el número de animales supervivientes se reduce masivamente.

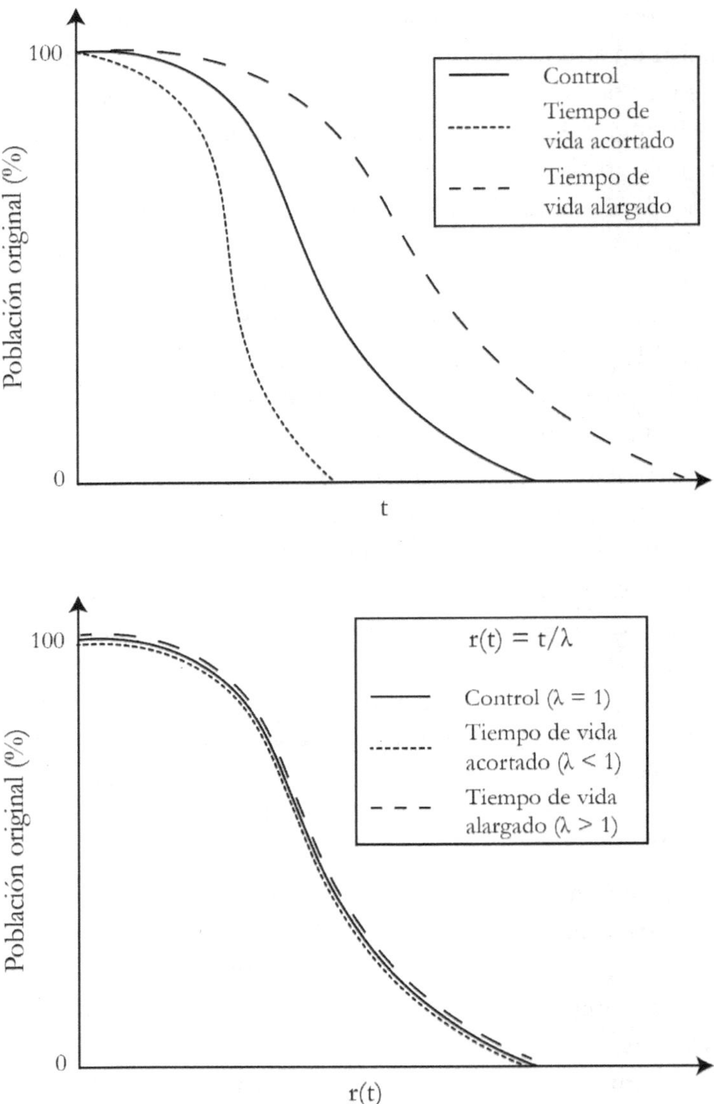

Figura 13: Curvas de supervivencia de tres poblaciones de *C. elegans* — control, con vida acortada y con vida alargada. Redibujado.[41]

En las otras dos curvas del gráfico de arriba, los gusanos son colocados en entornos, o tienen mutaciones, que aceleran el envejecimiento, es decir, que acortan la vida (varios emisores de ROS, temperaturas más altas, interrupción de los genes de choque térmico, etc.), o son criados en condiciones que alargan la vida (temperaturas más bajas, mutaciones en DAF-2 y agentes reductores como la N-acetilcisteína en sus entornos). En el gráfico de abajo de la ilustración, la letra griega λ es igual a la duración de la vida del grupo experimental dividida por el tiempo de vida del grupo de control, suponiéndose de esta forma que la vida alargada (curva discontinua en la ilustración) es el doble que la de los controles. $\lambda = 2/1 = 2$. Ahora podemos crear la función $r(t) = t/\lambda$. Si entonces, en lugar de graficar cada supervivencia como el porcentaje de supervivencia frente al tiempo desde el nacimiento, dividimos ese tiempo (t) desde la eclosión por λ, formando $r(t)$, ¡vemos que todas las curvas de supervivencia formadas de esta manera se superponen!

Como se utilizó un gran número de animales, podemos tomar cualquier punto de estas curvas y definir una mortalidad específica por edad $d(\log t)/dt$ (con una precisión de 20 minutos) que podemos definir como una "fase", y el punto de inflexión en que la mortalidad empieza a aumentar podría ser una de esas fases; parece producirse en torno al primer tercio de la vida total en el grupo de control — y puede verse que se produce en el primer tercio del tiempo de vida total en todas las diferentes condiciones elaboradas, ya sea acortado por el calor o alargado por una mutación. Cuando el porcentaje de supervivencia se traza frente a $r(t)$ (en lugar de "t"), todas las curvas de supervivencia se superponen unas a las otras, como se muestra en el gráfico de abajo de la ilustración. De eso se deduce que, sea cual sea la causa aparente de la muerte, la diferencia con el control no tratado es sólo la duración de las fases de vida, ya que todas las curvas de supervivencia tienen una forma idéntica cuando se trazan frente a $r(t)$. El único factor que afectó a la supervivencia de estos gusanos fue la proporción de su tiempo de vida por que habían pasado.

Así, un único factor determinó la mortalidad por todas las causas. Lo que reveló el estudio de Stroustrup y Fontana es que el tiempo de vida es una función de la "resiliencia"; aunque el estudio no revela ningún otro mecanismo para la "resiliencia", él mostró que la muerte por todas las causas es el resultado de una única variable asociada al tiempo de vida en comparación con el tiempo de vida en condiciones más favorables.[41] Stroustrup y Fontana llaman a esa variable "resiliencia" y consideran que su pérdida es responsable de todas las causas de muerte. La resiliencia disminuye con la edad, hasta que no es suficiente para salvar la vida de una célula en dificultades.

Entonces, ¿es la "resiliencia" simplemente una palabra, un concepto abstracto para la pérdida de algo que se define como la capacidad de sobrevivir a desafíos? ¿Qué es entonces responsable de la "resiliencia"? ¿Qué es en realidad? Según David Neill (su teoría del envejecimiento), ¿sería la capacidad continuada del CV de prolongar la juventud, o la pérdida de capacidad de superar la adversidad? Y aun así, ¿qué es este misterioso CV? Además, ¿se aplica lo mismo a los organismos superiores? Hay algunas evidencias que analizaré más adelante. Si en lugar de observar las curvas de supervivencia observamos las curvas de mortalidad, se ve el resultado representado por el gráfico de la Figura 14.

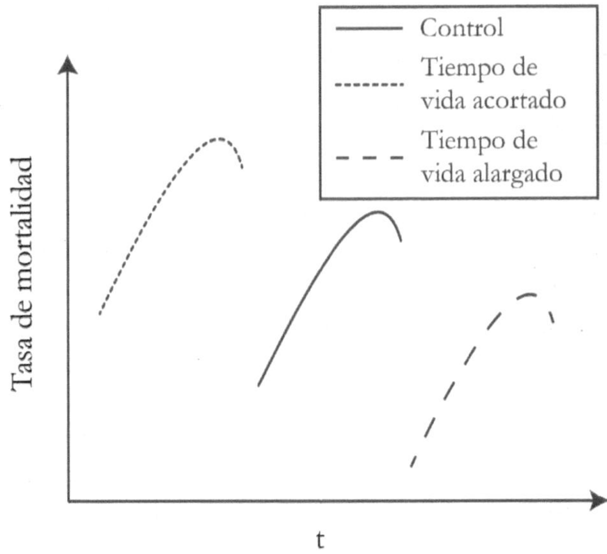

Figura 14: Tasa de mortalidad en función del tiempo para tres poblaciones de *C. elegans*. Redibujado.[41]

Vemos la similitud de estas curvas, aunque en realidad el tiempo de vida varía en más de un orden de magnitud[41] — esto es especialmente llamativo ya que se trata de un gráfico semilogarítmico; la aparente naturaleza lineal de las líneas revela un aumento exponencial de la tasa de riesgo a lo largo de sus vidas. El "gancho" descendente que se produce en el extremo superior de cada curva puede representar una disminución de la fuerza del envejecimiento o, dado que la mayor parte de las grandes poblaciones están muertas en este punto, puede representar simplemente la persistencia de una variante poblacional naturalmente resistente.

6

¿Por qué mueren las células que envejecen?

En todas las teorías sobre el envejecimiento que se han discutido hasta ahora, el envejecimiento da lugar a la pérdida de células, y aunque no lo hayamos discutido todavía, él ocasiona particularmente la pérdida de células "madre" y "progenitoras" — células con la función de producir las células somáticas necesarias para la continuación de la vida. En algunos casos, las células se comportan de forma anormal, ya sea por el desgaste de sus telómeros más allá de una "longitud crítica", o por la producción excesiva de oncogenes (genes que dan lugar a cáncer cuando son expresados por algunas células — la mayor parte son factores de crecimiento), o de otra manera, las células que están en el ciclo celular se convierten en "células senescentes", siendo así sacadas del ciclo celular.* Estas células senescentes, que no se reproducen y aparentemente no tienen función alguna, siendo supuestamente inocentes y decrépitas, sacadas del ciclo celular y jubiladas, en realidad no

---

* El ciclo celular, o ciclo de división celular, es la serie de eventos que tienen lugar en una célula que hacen que se divida en dos células hijas.

están muertas ni muriéndose, sino que son metabólicamente muy activas y segregan sustancias (el fenómeno de las células senescentes segregando sustancias potencialmente dañinas se denomina SASP — fenotipo secretor asociado a la senescencia, en la sigla en inglés). Estas sustancias promueven que otras células cercanas se vuelvan senescentes, y estas células senescentes también segregan enzimas que alteran la matriz celular (que une a las células). Esto, a su vez, permite la migración de células epiteliales que se han transformado; la EMT (transición epitelio-mesénquima, en la sigla en inglés) confiere a las células epiteliales (cánceres basados en células epiteliales se denominan *carcinomas*, el tipo de cáncer más común en seres humanos) la capacidad de abandonar sus ubicaciones (las células epiteliales normales mueren cuando se separan de las gruesas láminas unicelulares que forman) y migrar al torrente sanguíneo o al sistema linfático (un sistema paralelo al circulatorio que se encarga de la eliminación de residuos celulares y produce células inmunitarias para combatir a los invasores). Una vez que abandonan su lugar de origen, estas células epiteliales transformadas (ahora parecen células mesenquimales, a través de la EMT) son capaces de establecer micro-colonias en todo el cuerpo. Si estas microcolonias sobreviven, se convierten en tumores cancerosos.

Las células transformadas del cáncer tienen una ventaja que no tienen las demás células: no son programadas por el organismo (las células normales obedecen las reglas del cuerpo) y se ven empujadas constantemente (a menudo por ellas mismas) a reproducirse. Normalmente, las células muy dañadas se autodestruyen por diversos medios intrínsecos — la apoptosis es el más conocido, la ferroptosis también es bastante conocida, así como la simple necrosis, pero las células cancerosas no lo hacen.

En 2013, López-Otín et al. escribieron un resumen, llamado *The Hallmarks of Aging*,[42] ("Las características del envejecimiento", en traducción libre al español), de lo que la inmensa mayoría de los investigadores considera una revisión exhaustiva de la literatura. Al igual que su predecesor de nombre similar, *The Hallmarks of Cancer*,[43] este artículo de 2013 supuestamente definiría el campo del envejecimiento. Aunque en teoría este documento es un resumen del envejecimiento, resulta ser un resumen de algunas de las propiedades del envejecimiento celular. Así, para resumir las conclusiones de los autores, hay tres tipos de características del envejecimiento:

- Características primarias (causas del daño): inestabilidad genómica, desgaste de los telómeros, alteraciones epigenéticas y pérdida de proteostasis

- Características antagónicas (respuestas al daño): detección desregulada de nutrientes, disfunción mitocondrial y senescencia celular
- Características integradoras (culpables del fenotipo): agotamiento de células madre y alteración de la comunicación intercelular.[42]

Esto supuestamente significa que la **inestabilidad genómica** — daños en el ADN en todos los niveles, desde simples mutaciones de una sola base hasta la aneuploidía (tener demasiados o pocos cromosomas) — es una "causa" del envejecimiento. El **desgaste de los telómeros** es una parte normal del ciclo celular, y estas "puntas de cordones" protectoras del cromosoma (telómeros) se acortan durante cada división celular, acortándose un telómero en los extremos opuestos de cada cromosoma de doble cadena en cada cromosoma, ya que nunca se copian completamente cada vez que la célula se divide. Una enzima, la telomerasa, controla la longitud de los telómeros, pero sólo está presente en las células embrionarias y en las células madre (aunque su actividad disminuye con la edad). Esto resulta no ser un cronómetro tan seguro como indicaban las teorías originales, que equiparaban el desgaste de los telómeros con el Límite de Hayflick (el número máximo de divisiones que puede sufrir una célula individual antes de dejar de ser capaz de dividirse — senescencia replicativa). Antes de que Leonard Hayflick descubriera un límite al número de veces que una célula puede dividirse, Alexis Carrel, el premio Nobel que desarrolló por primera vez el cultivo celular, "demostró" que las células eran inmortales, pero más tarde se descubrió que él alimentó continuamente el cultivo celular con fibroblastos jóvenes, una célula fácil de cultivar. Pasado este límite, las células no se dividen o, si lo hacen, una o las dos "hijas de la división" (un gran nombre para una banda de chicas) mueren.

Las **alteraciones epigenéticas** son algo a lo que dedicaremos bastante tiempo, ya que es generalizada la creencia de que los cambios epigenéticos se correlacionan con los cambios de edad (y, como creen algunos, con la probabilidad de una vida continuada, como analizaremos) — pero la tesis principal aquí es que el envejecimiento se produce a nivel celular: la acumulación de lesiones en el ADN y el desgaste de los telómeros, un medio para medir la edad en las divisiones celulares como con los paramecios que mencionamos. Las variaciones epigenéticas de las que hablamos son, en gran medida, el resultado de la "deriva epigenética" que se produce con la edad a medida que los mecanismos epigenéticos se vuelven defectuosos.

La **pérdida de proteostasis** se refiere principalmente a las proteínas no plegadas o incorrectamente plegadas que se acumulan con la edad. Los efectos letales de estas proteínas se observan principalmente en la agregación de proteínas no plegadas que producen depósitos amiloides en los tejidos envejecidos. La causa de esto no se conoce, pero más adelante encontraremos una hipótesis.

Las "características antagónicas" no son, como indican los autores, "una respuesta al daño" (que por parte de la célula podría incluir la reparación), sino los resultados inmediatos del daño. La **senescencia celular** "es el resultado" del desgaste de los telómeros (y otras formas de senescencia son el resultado de otras causas, como la sobreexpresión de oncogenes, es decir, de "genes del cáncer". La presunción de que el **agotamiento de células madre** (una de las "características integradoras") es resultado del desgaste de los telómeros es sorprendente, ya que las células madre deberían ser capaces de autorrenovarse y proporcionar la mayor parte de los otros tipos de células, y deberían tener la telomerasa activa manteniendo sus telómeros largos — pero ellas también envejecen y pierden esa capacidad. Algunas se vuelven senescentes o quizás incluso cancerosas y mueren por apoptosis, o por alguna otra forma de suicidio celular o incluso por simple necrosis — simplemente mueren.

Ciertamente, el envejecimiento se correlaciona con los cambios epigenéticos, ya que la edad puede medirse, como explicaremos, por los cambios en la metilación del ADN utilizando un "reloj" de metilación de ADN, un proceso de IA que calcula la fracción de una muestra seleccionada (informativa) de las decenas de miles de sitios en el ADN de los vertebrados que incluyen el dinucleótido CpG en el que la "C" (residuo de citosina) tiene la probabilidad de añadir un grupo metilo adicional para hacer 5-metilcitosina, una señal que puede bloquear la disponibilidad del ADN para los factores de transcripción y las enzimas de reparación, pero que también puede ser positiva en algunos casos. La evaluación de las proporciones de determinados sitios CpG metilados "informativos" determina con precisión la edad del animal del que se extrajo el ADN, pero hablaremos de esto más adelante.

La **disfunción mitocondrial** significa básicamente que las mitocondrias se vuelven menos eficientes a la hora de convertir la fuerza motriz de los protones (proporcionada por el NADH) que impulsa la máquina mitocondrial (protones bombeados hacia el espacio intermembranal que intentan volver) en ATP, por lo que disminuye la producción de ATP, pero también aumenta el número de ROS producidas por cada molécula de oxígeno consumida. Por lo tanto, hay dos problemas: menos energía producida por cada molécula de alimento incorporada, y más producción de ROS, con daños potenciales.

Las "características integradoras" son los resultados finales de las dos etapas anteriores, de modo que tanto el desgaste de los telómeros como la inestabilidad genómica pueden conducir a la senescencia celular, y ambos o uno de ellos pueden llevar al **agotamiento de las células madre**. La última categoría, la **alteración de la comunicación intercelular**, tiene muchos efectos relacionados con la edad — como el descubrimiento de que la señalización Wnt es defectuosa en las células satélite musculares[44] — pero a lo que López-Otín et al. se referían principalmente era la inflamación, la producción de citoquinas inflamatorias (una amplia categoría de pequeñas proteínas importantes en la señalización celular) y los efectos que estas citoquinas tienen en el organismo.

Sin embargo, eso nos cuenta muchas historias y nos sugiere muchas causas por muchos motivos, pero ¿es posible que una sola causa subyazca a todas estas aparentes causas y efectos del envejecimiento?

Ya sabemos que en *C. elegans* (López-Otín et al. se ocupan sobre todo del envejecimiento de los vertebrados) *hay* una única causa de envejecimiento detrás de todas las dispares "características", y esa causa es la pérdida de "resiliencia" (también denominada reserva de órganos o vitalidad), la fuente de protección celular de todas las causas; pero ¿qué es esa "resiliencia" y qué ocurre con ella? ¿Y qué sabemos sobre "resiliencia", "reserva de órganos" o "vitalidad"? Está claro que "resiliencia" significa la capacidad de recuperarse rápidamente de las dificultades, la solidez, mientras que la reserva de órganos sugiere poseer más de lo necesario para superar las dificultades — la vitalidad es similar. Entonces, a lo que me refiero es que todos los miembros de una misma población tienen el mismo entorno y los mismos genotipos y, sin embargo, algunos individuos sucumben a algún daño que se produce debido a su entorno — debemos suponer que esos individuos carecen de "resiliencia".

La otra cosa que sabemos sobre la resiliencia es que cuanto más estrés sufre un organismo a lo largo del tiempo, más rápidamente pierde su resiliencia, de manera que incidentes a los que se sobrevive fácilmente en la juventud son letales cuando la resiliencia ha disminuido lo suficiente. Las condiciones que disminuyen el "estrés", como la introducción de antioxidantes en el entorno de *C. elegans*, parecen ralentizar la pérdida de resiliencia. Sin embargo, quizá sean las situaciones en que los sistemas de reparación están ausentes, como la falta de proteínas de choque térmico y de DAF-16 (un factor de transcripción FOXO que cuando se activa entra en el núcleo y acciona muchas funciones de reparación y mantenimiento), las que nos digan más.

Entonces, cuanto más daño, más rápido se pierde la "resiliencia" y más corto es el tiempo de vida, a menos que se repare ese daño. Así que, para acortar el tiempo de vida, podemos aumentar el nivel de daño o reducir el nivel de reparación. Podemos suponer que cada organismo recibiría la misma cantidad de daño (en el caso de las mutaciones HSP-1 y DAF-16, ambas siendo factores de transcripción que desencadenan la reparación), por lo que no es el daño lo que ocasiona (por ejemplo) un tiempo de vida más corto, sino si ese daño se repara o no. Entonces, ¿qué puede ser esta "resiliencia"? Resulta que otra teoría del envejecimiento está llamada a dar cuenta de eso; y como veremos, esta comprensión más básica de por qué mueren las células ilumina no sólo qué es la resiliencia, sino también cómo ella se relaciona con el *verdadero* "cronómetro de la vida", que Neill adivinó, pero luego descartó: el reloj circadiano.

La teoría rédox del envejecimiento

El tema de rédox (reducción y oxidación) es algo que muchos ya se olvidaron de la química de la escuela secundaria. Allí utilizábamos un acrónimo para la oxidación, LEO — Pérdida de Electrones [*Loss Of Electrons*, en inglés], oxidación — al que yo siempre añadía GER — Obtención de Electrones [*Gain Of Electrons*, en inglés], reducción, ya que el león (LEO) dice "GER". Hemos hablado básicamente de esto: toda la fuente de energía de la vida son electrones de alta energía (electrones que preferirían estar en otro lugar, es decir, inestables) que se mueven desde un lugar de alta energía potencial a un lugar de baja energía potencial — como en una batería, y como en una batería esa pérdida de energía potencial se puede convertir en trabajo.

En animales aeróbicos, la mayor parte de los electrones de alta energía potencial son transferidos a las moléculas de oxígeno para formar agua — un proceso llamado fosforilación oxidativa. Este proceso tiene lugar en las mitocondrias y está mediado por el receptor de iones hidruro NAD^+ que luego se convierte en NADH. El NADH es un dinucleótido (lo que significa que son dos nucleótidos unidos — el ADN y el ARN son polinucleótidos, es decir, muchos nucleótidos unidos), pero con un inusual enlace de difosfato que los conecta en lugar de un único enlace de fosfato (vean la Figura 15).

El NAD$^+$ actúa como grupo prostético (también llamado cofactor) para una clase de proteínas, en particular las *deshidrogenasas*, recibiendo iones hidruro y pasándolos finalmente a una cadena de cuatro complejos multiproteicos (complejos I a IV) con grupos prostéticos de metal-azufre para aceptar estos electrones de alta energía y pasarlos al siguiente complejo de la serie. Por último, un quinto grupo, aunque incrustado en la membrana mitocondrial interna, justo en la matriz mitocondrial, utiliza el potencial quimiosmótico generado por los cuatro complejos de lo que se denomina *cadena de transporte de electrones* (ETC) para fabricar ATP a partir de fosfato inorgánico y ADP.

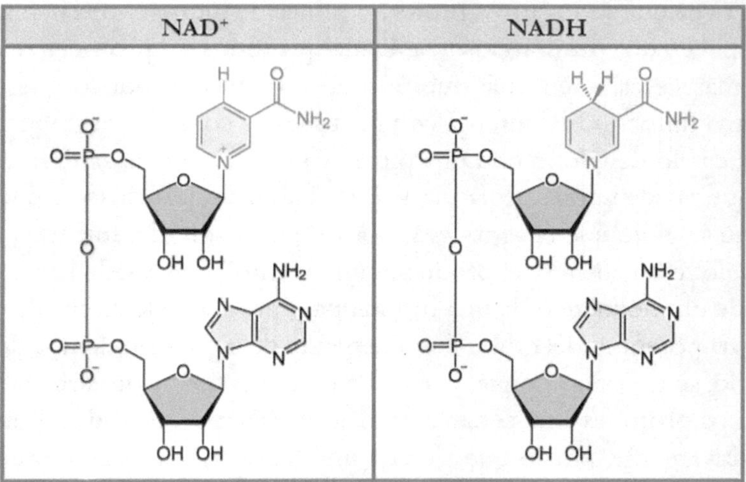

Figura 15: En este diagrama, la adenosina es el nucleósido de abajo, formado por un azúcar (llamado ribosa), de color gris oscuro, y una base, la adenina, de color gris claro. La parte superior es el otro nucleósido, también hecho de ribosa (gris oscuro) y otra base, llamada nicotinamida (gris claro con líneas grises). Los nucleósidos superior e inferior están unidos por un enlace difosfato, formando el dinucleótido. Adaptado de "Energy in living systems: Figure 1" de OpenStax College, Biology (CC BY 3.0), https://creative-commons.org/licenses/by/3.0/us/.

Sabemos que varias enzimas utilizan el NAD$^+$, la forma pobre en energía, para fines distintos del transporte de electrones, y veremos que esto puede ser un problema cuando el suministro es limitado: la función principal del NAD$^+$ es recoger iones hidruro y pasar sus electrones de alta energía y los protones que los acompañan (el átomo de hidrógeno normal está formado por un electrón que orbita un protón, y el ion hidruro tiene un protón y dos electrones) a la mitocondria para producir la energía que la célula necesita para todas sus funciones. La mitocondria hace esto con una serie de proteínas coordinadas con metales (proteínas con iones metálicos en su centro, como el hierro y el cobre) que forman una serie de vías para que electrones de alta energía crucen la membrana mitocondrial interna, arrastrando un protón con ellos, y dichos protones pueden ser atraídos al espacio intermembranal de la mitocondria contra la presión de sus propias cargas positivas, quedando apiñados.

Una vez que todos estos protones (iones de hidrógeno) están amontonados, ejercen una presión positiva. Dado que todos los protones se repelen, cuanto más cerca estén, más fuerte será la repulsión, por lo que llenar la membrana mitocondrial interna con protones es como inflar un globo; si se sujeta el cuello del globo con una pinza, y luego se suelta, se desarrolla una fuerza que puede impulsarlo a través de la habitación. Incluso se puede imaginar que se evite que él se mueva, por lo que al soltarlo, mientras se mantiene el globo en su sitio, él producirá un "viento" que puede hacer girar las paletas de un molinete o de una turbina para producir electricidad, ¿verdad? La energía potencial del globo lleno depende de la presión dentro del globo. Al inflarlo, se necesita energía, y se lucha contra la fuerza del aire que empuja afuera. Los protones almacenan aún más energía, porque todos están cargados positivamente, por lo que ejercen una fuerza de oposición mucho más fuerte cuando se intenta empujar unos contra otros.

Como la energía es igual a la fuerza aplicada por una distancia, empujar los protones hacia el espacio intermembranal requiere una fuerza aplicada por una distancia — lo que significa que se está almacenando energía como un gradiente de iones de hidrógeno, ya que se forma una mayor concentración en el espacio intermembranal que en la matriz mitocondrial interna. La energía eléctrica almacenada en la mitocondria, en términos de protones concentrados en el espacio intermembranal, utiliza la repulsión mutua (la "fuerza motriz de los protones") para impulsar una turbina molecular llamada ATP sintasa (ella realmente gira) que añade un grupo fosfato inorgánico (PO_4^{3-}) al ADP (adenosín **di**fosfato), para producir ATP (adenosín **tri**fosfato), un anhídrido de ácido de alta energía.

El ATP es la gasolina que impulsa todos los "motores" celulares — moléculas de proteínas que *hacen* algo (enzimas), como los complejos de proteínas musculares (actina-miosina) que se contraen permitiéndonos movernos, o algunas que actúan como bombas moleculares que impulsan el ADP, el ATP y una serie de pequeñas moléculas a través de las membranas celulares. Así, el ATP impulsa nuestros músculos y moléculas. Una cosa curiosa es que se puede ver si las mitocondrias de una célula están activas o no con la microscopía electrónica: las activas están hinchadas y las inactivas parecen encogidas.

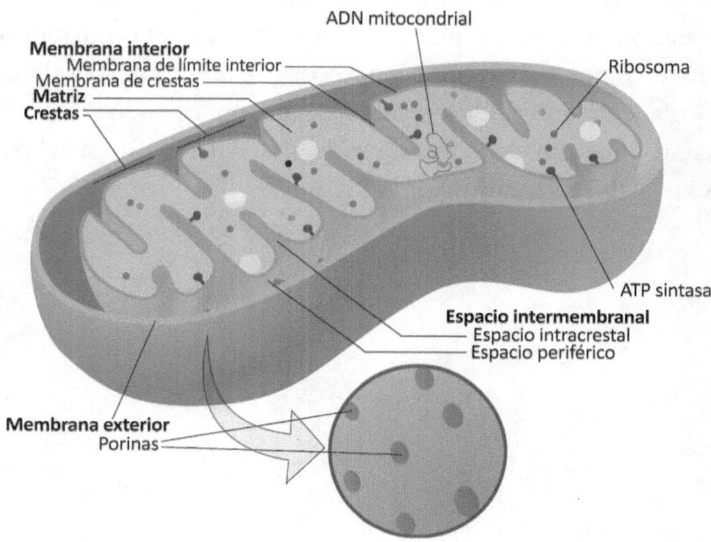

Figura 16: Estructura de la mitocondria. Adaptado de Kelvinsong; modificado por Sowlos, CC BY-SA 3.0 <https://creativecommons.org/licenses/by-sa/3.0>, vía Wikimedia Commons.

La Figura 16 muestra una ilustración de la estructura básica de la mitocondria con dos "bolsas" impermeables de membranas, siendo una de ellas más pequeña y muy arrugada (formando crestas — proyecciones de la membrana en forma de dedos para aumentar el área de la superficie), y la otra una bolsa exterior lisa. El espacio que separa estas bolsas es el espacio intermembranal, y es ese espacio el que se llena de protones cuando los electrones de alta energía potencial pasan por los complejos de la cadena de transporte de electrones (ETC) — I, II, III y IV — incrustados en la membrana mitocondrial interna, perdiendo energía potencial en cada paso. La energía potencial perdida se utiliza para bombear protones al espacio intermembranal contra el gradiente de concentración. Por cada electrón transportado a lo largo de la ETC, se transportan unos 10 protones al espacio intermembranal. Es a lo largo de esta vía que electrones se pasan como pares a las moléculas de oxígeno para formar agua — pero también es cuando electrones individuales se pasan a moléculas de oxígeno para formar radicales de anión superóxido.

Finalmente, la fuerza motriz de los protones generada por la mayor concentración de iones de hidrógeno en el espacio intermembranal se hace lo suficientemente grande como para crear un flujo de protones que hace girar la turbina que es el complejo F_0F_1 (complejo V), llamado ATP sintasa, que utiliza energía mecánica-química para juntar un ion de fosfato inorgánico (un constituyente normal de las gaseosas) y una molécula de ADP para formar el enlace de anhídrido de ácido de alta energía, que conecta los tres grupos fosfato y así almacena una considerable energía potencial como ATP. El ciclo ATP/ADP se muestra en la Figura 17.

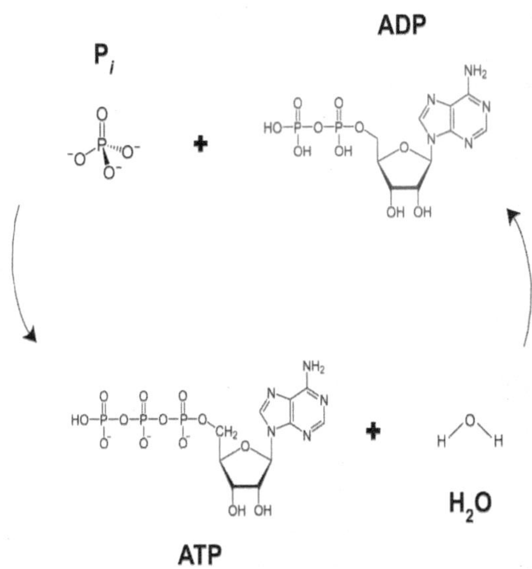

Figura 17: Conversión de ADP y fosfato en ATP y viceversa. Adaptado de Butrboy, dominio público, vía Wikimedia Commons.

Así, la idea es que nutrientes relativamente simples y ricos en energía se entregan a la mitocondria, que esencialmente los quema en dióxido de carbono y agua — obteniendo un enorme aumento de energía en comparación con procesos anaeróbicos, ya que cada molécula de glucosa (un simple azúcar de seis carbonos) quemada por la célula anaeróbica da lugar a dos moléculas de ATP, mientras que esa misma molécula de glucosa, cuando se metaboliza aeróbicamente en la mitocondria produce 30 moléculas de ATP. Es una generación de energía 15 veces mayor, así que está claro por qué las células que incorporaron lo que se cree que eran alfaproteobacterias endosimbióticas (que dieron lugar a las mitocondrias actuales) tuvieron tanto éxito.

Sin embargo, como han señalado ecologistas (y los principios básicos de la termodinámica), "no hay almuerzo gratis". Como he dicho antes, entre el 0,1% y el 3% de los átomos de oxígeno que procesa la mitocondria se convierten en aniones radicales superóxido y tienen efectos significativos en el tiempo de vida — y como es habitual en biología, efectos complicados. No obstante, hay que tener en cuenta que la cadena de transporte de electrones se vuelve menos eficiente con el envejecimiento, produciendo menos moléculas de ATP por glucosa y produciendo también más ROS.

Entonces simplifiquemos un poco todo — lo que está a continuación es una especie de descripción muy básica de lo que ocurre.

Una célula incorpora nutrientes (y para simplificar, consideraremos sólo uno por el momento, la glucosa, el azúcar de seis carbonos con el que funcionan nuestras células). En primer lugar, esa glucosa es descompuesta y oxidada, y al final de un proceso llamado glucólisis, se llega a una molécula de tres carbonos altamente oxidada llamada piruvato (ácido pirúvico) que es degradada aún más y combinada con un "mango" molecular (la coenzima A) para convertirse en acetil-CoA, que luego se une a un alegre baile circular de moléculas que intercambian parejas (el ciclo de los ácidos tricarboxílicos, o ciclo TCA), formándose dióxido de carbono, así como ATP (en realidad, GTP, pero ellos son energéticamente equivalentes y pueden interconvertirse, ya que GTP + ADP $\leftrightarrow$ ATP + GDP), y los portadores de electrones de alta energía NADH (que lleva un par de electrones) y $FADH_2$, que contiene un solo electrón de alta energía. Estos son los electrones que se transfieren a la cadena de transporte de electrones mitocondrial para ser convertidos en energía en forma de ATP.

Al igual que la electricidad en los hogares modernos, el ATP, en la célula, impulsa la mayoría de los procesos. Así, la célula eucariota tiene la capacidad de utilizar moléculas de alta energía de su entorno para producir enormes cantidades de ATP, mucho más de lo necesario para el simple mantenimiento de la vida.

En muchos sentidos, el descubrimiento de la mitocondria y de la fosforilación oxidativa por parte de la célula eucariota fue análogo al descubrimiento del fuego por parte de la humanidad — pero aunque el fuego es útil y poderoso, también tiene un lado oscuro. Él también provoca daños, y hay que hacer frente a esos daños inevitables. En el caso de las células, ese daño proviene de la generación de ROS (especies reactivas de oxígeno), que causan daños por oxidación, y también de la generación de compuestos de nitrógeno de alta energía.

Vimos que la producción aparentemente involuntaria del anión radical superóxido es el resultado de reacciones defectuosas en las que un solo electrón transforma la molécula de oxígeno en el altamente reactivo anión radical superóxido, una especie que puede causar un daño considerable, sobre todo porque está atrapada dentro de la mitocondria, que no permite que partículas cargadas (todos los aniones tienen carga negativa, diferentemente de los cationes, que son positivos) crucen su membrana interna. Para solucionar este problema, la enzima mitocondrial superóxido dismutasa convierte el anión radical superóxido en el menos reactivo peróxido de hidrógeno, una molécula que se difunde fácilmente a través de las membranas mitocondriales y entra en el citoplasma, y de esta forma el peróxido de hidrógeno (y los óxidos de nitrógeno) dañan importantes biomoléculas.

Los daños causados por los peróxidos y otras ROS deben ser reparados para que la célula no se degrade. La mayoría de los biólogos coinciden en que la causa última de la muerte celular en el envejecimiento celular es el estrés oxidativo (una sobreabundancia de ROS) — y las células eucariotas tienen varios sistemas dedicados a reparar el daño rédox causado por ROS (así como muchos otros tipos de daños). De hecho, las células eucariotas en general, y las nuestras ciertamente, tienen dos sistemas interdependientes para reparar el daño oxidativo, y muchas enzimas desconocidas para muchos están implicadas en la reparación de dicho estrés oxidativo. Ambos sistemas se basan en una molécula simple, una variante del dinucleótido NADH "marcada" (ya que esta marca no afecta al potencial rédox del NADH, sino que está ahí por diferentes razones) con un fosfato adjunto, y llamada nicotinamida adenina dinucleótido fosfato, o NADPH.

El NADPH es, al igual que el NADH, un donante de iones hidruro, pero también tiene otra función (una todavía más importante para la vida que reparar daños por oxidación), que es el crecimiento y el mantenimiento. El NADPH proporciona los aniones hidrógeno para la síntesis reductora de moléculas vitales para la continuidad de la vida; se utiliza como fuente de energía reductora. Una parte de la energía que la vida extrae de los electrones de alta energía del NADH y del $FADH_2$ se destina al mantenimiento de las actividades cotidianas de la vida — proporcionando energía para el movimiento, para el bombeo de iones, la producción de ácido estomacal, etc. En este caso, esos dos electrones transportados por el NADH serán pasados, a través de la cadena de transporte de electrones, al agua con una pérdida de energía potencial suficiente para la creación de tres ATP por cada NADH que transfiere sus electrones a la cadena de transporte de electrones mitocondrial. Sin embargo, la vida es más que simplemente movimiento; también es crecimiento, mantenimiento y reparación, y es para la consecución de estos objetivos que el NADPH utiliza sus electrones de alta energía.

Repaso: catabolismo y anabolismo

El antiguo símbolo taoísta del yin-yang comúnmente tiene el aspecto que se muestra en la Figura 18.

Figura 18: Representación del símbolo del yin-yang. Adaptado de Iruka13, dominio público, vía Wikimedia Commons.

En el taoísmo, que no he mencionado — una religión y filosofía china basada en ciclos eternos — la inmortalidad está asegurada; cada muerte es el comienzo de una nueva vida. El propio símbolo representa los dos opuestos que trabajan juntos para crear el todo. Así, no hay oscuridad sin que haya luz. No hay sequedad sin humedad, etc. La parte blanca representa el yin, y la negra, el yang. Como originalmente se concibió como dos peces que dan vueltas uno al otro constantemente, llevemos la analogía al metabolismo.

Hasta ahora, hemos hablado de una mitad del metabolismo, la parte llamada *catabolismo*, la descomposición de moléculas complejas para producir energía. Pensemos en eso como "yin": aquí, moléculas complejas, que contienen energía química potencial, se descomponen para proporcionar al NAD^+ los iones hidruro para convertirse en NADH (es decir, pasar su energía química potencial para crear NADH), y esa energía se libera como electrones que fluyen a lo largo de la cadena de transporte de electrones. En cada uno de los secuenciales "eslabones" de la "cadena" de los cuatro complejos, los electrones tienen una energía potencial cada vez más baja, ya que "atraen" a los protones que los acompañan para que se encaminen hacia el espacio intermembranal mitocondrial para producir el ATP que un organismo necesita para escapar de sus enemigos, buscar una presa o encontrar una pareja. En este proceso, la célula libera energía del entorno rompiendo moléculas complejas y ricas en energía ("alimento"), y capturando su energía, átomos y "moléculas especiales" (como las vitaminas) para sus propias necesidades. Sin embargo, eso se refiere sólo a mantenerse vivo — pero hay más: la reproducción, el crecimiento y el mantenimiento.

Mientras que durante el catabolismo el NAD^+ acepta iones hidruro, actuando como "mula" para llevarlos a la cadena de transporte de electrones donde finalmente producirán ATP para impulsar los procesos celulares, en el anabolismo el $NADP^+$ es el aceptador de iones hidruro, formando NADPH, y aunque esta molécula tiene exactamente el mismo potencial reductor que el NADH, tiene funciones totalmente diferentes. Mientras que la mayor parte del NAD^+ está encerrado en la mitocondria, un compartimento celular (ni el $NAD(P)^+$ ni el $NAD(P)H$ pueden atravesar las membranas celulares), el NADPH funciona en el citoplasma (sólo entre el 10% y el 15% se encuentra en la fracción mitocondrial) como fuente de potencial reductor para síntesis y reparación de los daños por oxidación que ocurren durante el catabolismo. Entonces, el yang del yin como catabolismo es el *anabolismo* — que es, como en el símbolo taoísta, exactamente lo contrario del catabolismo: en el anabolismo, la energía obtenida por la célula (del catabolismo) se utiliza para construir moléculas complejas y ricas en energía.

De esta forma, a este nivel superficial, la analogía del yin-yang está correcta; no se pueden construir moléculas complejas (anabolismo) sin la energía y los materiales proporcionados por el catabolismo, y del mismo modo el catabolismo requiere las moléculas complejas, como las enzimas, producidas por el anabolismo. Así, un "pez" impulsa al otro. Mientras que la energía captada por el NADH se utiliza para producir ATP con el fin de satisfacer las necesidades cotidianas e inmediatas del organismo, el poder reductor del NADPH se utiliza para añadir electrones en reacciones de síntesis. Por ejemplo, para sintetizar ADN, los nucleósidos de ARN basados en el azúcar ribosa deben tener sus partes de ribosa reducidas a desoxirribosa, porque eso es lo que se requiere para hacer ADN, y el NADPH es el cofactor enzimático que proporciona el poder reductor para esta reducción.

¿De dónde proviene el poder reductor del NADP⁺ y del NADPH?

El NAD^+ es el precursor inmediato del $NADP^+$; la enzima NAD^+ quinasa (una "quinasa" es una enzima que añade un grupo fosfato a otra molécula) funciona con el NAD^+ y no tanto con el NADH (la forma "reducida"). La diferencia es importante porque hay una disminución de la cantidad del NAD^+ con la edad y una disminución de la relación NAD^+/NADH con el tiempo. Esto se debe en parte a la destrucción del NAD^+ por parte de varias enzimas que lo utilizan como sustrato. Esto provoca también una disminución de la relación NADPH/$NADP^+$, ya que el NADPH es oxidado para reparar los daños debidos al estrés oxidativo. La disminución de NADPH/$NADP^+$ y, en particular, de la relación entre el glutatión (otra molécula bioquímica antioxidante) oxidado y el reducido da lugar a una disminución del potencial de reducción en el citosol y el núcleo. El cambio en el potencial rédox puede afectar profundamente a las enzimas con tioles reactivos (grupos -SH, cisteína y metionina son los únicos aminoácidos con este grupo).

Mientras que la mayoría de los iones hidruro que se unen al NAD^+ proceden de enzimas deshidrogenasas utilizadas en la glucólisis (enzimas que utilizan el NAD^+ como cofactor) y en la fosforilación oxidativa en la mitocondria, los equivalentes reductores obtenidos por el NAD^+ proceden de varias vías diferentes. La *ruta de la pentosa fosfato* es la vía más conocida para la reducción del $NADP^+$, y es una vía alternativa para la oxidación de azúcares que no van rumbo a la conversión energética mitocondrial sino a reacciones sintéticas anabólicas. El azúcar ribosa es un producto importante de esta vía. En estas reacciones, dos enzimas deshidrogenasas que eliminan los iones hidruro utilizan $NADP^+$ como receptor de hidruros y producen NADPH como producto, y otras tres enzimas citosólicas y cinco enzimas mitocondriales también utilizan cofactores de $NADP^+$ como receptores de hidruros.

Envejecimiento, muerte y energía

Como ya se mencionó, el otro propósito vital que cumple el NADPH es la reparación de los daños por oxidación que ocurren en la producción de energía. En realidad, no fue hasta que aprendí las "complejidades" de las teorías del envejecimiento basadas en el estrés rédox que comprendí que él debe estar implicado en el envejecimiento celular, ya que hay una pérdida constante de potencial reductor citosólico (las partes no compartimentadas del citoplasma de la célula, o sea, sin incluir los orgánulos delimitados por una membrana citoplasmática) con la edad, así como un aumento constante de potencial reductor en el retículo endoplásmico, que normalmente se mantiene con un alto potencial de oxidación para el plegamiento de proteínas, que requiere compuestos oxidantes para formar el enlace disulfuro intermolecular e intramolecular (-S-S-) que a menudo determina la forma final (y las funciones) de las proteínas y mantiene unidos los complejos proteicos.

Vemos que esto parece mucho ser la entropía en funcionamiento, con compartimentos celulares como el citosol y el núcleo comenzando en la juventud con entornos altamente reductores, con la mayoría del NADPH y el glutatión reducidos. El glutatión (GSH) es un tripéptido, o sea, tres aminoácidos unidos, siendo uno de ellos el aminoácido cisteína con un grupo tiol (-SH) que puede ser fácilmente oxidado. Este tripéptido está presente en concentraciones muy altas, milimolares, mientras que el NADH y las proteínas individuales están en concentraciones micro y nanomolares (y menores).

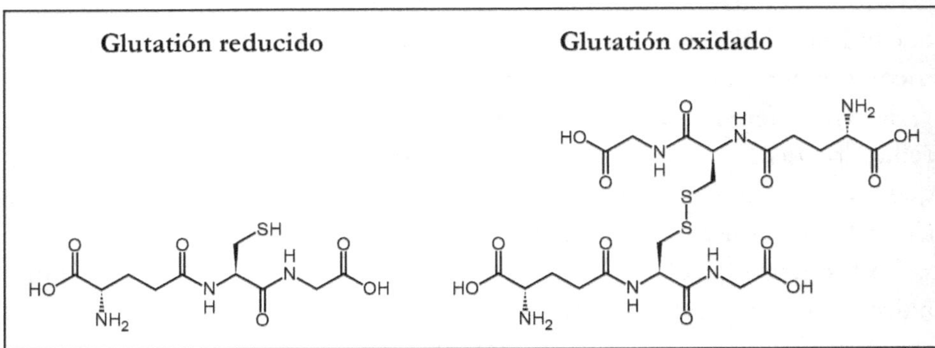

Figura 19: Estructura molecular de las formas reducida y oxidada del glutatión (GSH).

Con su alta concentración de grupos tiol, el glutatión reducido ofrece una fuente amplia y accesible de equivalentes reductores. Hay que tener en cuenta que se necesitan dos electrones para reducir el glutatión oxidado. La fuente fundamental del poder reductor del GSH es el NADPH y la enzima glutatión reductasa, que transfiere el ion hidruro para reducir el glutatión. Hay una serie de enzimas que utilizan el glutatión reducido como donante de electrones, como las glutarredoxinas, importantes enzimas que reducen las moléculas oxidadas por las ROS producidas en la fosforilación oxidativa. Sin embargo, existe otro sistema de reparación paralelo en el que los iones hidruro proporcionados por el NADPH son pasados a una familia de enzimas de reparación rédox llamadas tiorredoxinas (también con una importante tiorredoxina reductasa que depende del NADPH). Los miembros de esta familia que reducen los peróxidos se denominan peroxirredoxinas, y se encuentran entre las enzimas más comunes en las células.

Aubrey de Grey me escribió una vez (en medio de una discusión de meses) que, si la naturaleza seleccionara tanto los límites del tiempo de vida como la aptitud, estaría, figurativamente, pisando el freno y en el acelerador al mismo tiempo. Esto simplemente no es cierto, como explicaré (ya que diferentes etapas de la vida tienen fenotipos diferentes), pero al principio parece cierto.

Si tenemos un conjunto de reacciones de oxidación, que destruyen biomoléculas para liberar energía, así como reacciones de reducción que utilizan la energía liberada para crear biomoléculas, ¿no es eso como pisar el freno y el acelerador al mismo tiempo? Hay, por supuesto, soluciones a ese problema; una es separar físicamente las reacciones de oxidación para obtención de energía de las reacciones de reducción para la síntesis de macromoléculas y la reducción de moléculas celulares oxidadas. Esto se hace realmente, ya que las mitocondrias producen ATP catabolizando alimentos, y el retículo endoplásmico rugoso, el citosol y el núcleo sintetizan nuevas moléculas a partir de la energía (ATP) suministrada por las mitocondrias para producir trifosfatos de nucleósidos, ya sea ATP, CTP, GTP, UTP o TTP — cada uno con la misma energía química potencial.

Durante la síntesis de ADN y ARN, por cada nucleótido que se añade a una cadena de ADN o ARN creciente, se pierde un equivalente de energía de ATP. Durante la síntesis de proteínas, por cada aminoácido que se añade a una cadena proteica creciente, se necesitan alrededor de tres equivalentes de ATP. Cada movimiento de la célula, incluido el movimiento de sus flagelos o del citoesqueleto, requiere la descomposición de ATP (ATP à ADP +

fosfato + energía). La energía que se gasta en crecimiento y mantenimiento debe ser proporcionada por el catabolismo en la mitocondria (y en menor grado en el citosol).

La síntesis necesaria para crecimiento y reparación se limita a la energía proporcionada por el catabolismo (la conservación de energía se mantiene). El hecho de que la energía disminuye con la edad es evidente para las personas mayores — de hecho, David Neill propuso que la falta de energía era la responsable del envejecimiento. Pero, ¿por qué debería ser así? Es casi como si una célula o el organismo fueran como una batería, cargada con una cantidad definida de energía que finalmente se agota. Sin embargo, la energía de la célula o del organismo está determinada por la ingesta de alimentos, entonces ¿cómo eso es posible? Si se necesita más energía, ¿por qué no comer más, simplemente?

Lo que llama la atención en las células envejecidas — las células de los organismos viejos que carecen de la "resiliencia" de Stroustrup y Fontana — es que también carecen de NAD^+ (mientras que en los organismos jóvenes predomina el NAD^+, en las células de los organismos viejos predomina la forma reducida NADH). Y mientras que en las células jóvenes el NADPH está predominantemente en su forma reducida, su forma oxidada se incrementa en las células de los animales viejos.[45] Una disminución constante, dependiente de la edad, del GSH en el contenido de los órganos (es decir, dentro de las células de ese órgano) y en los niveles plasmáticos es un marcador reconocido del envejecimiento[46] y está asociado a múltiples morbilidades. Sostenemos que la pérdida de poder generador de energía por parte de las mitocondrias, junto con su mayor producción de ROS que oxidan cada vez más el citosol y el núcleo, y el entorno cada vez más reductor del retículo endoplásmico, son en suma la "resiliencia" que se pierde con el envejecimiento y la causa de todas las "características" del envejecimiento. Pero, ¿cómo y por qué se producen estos cambios?

El ritmo circadiano y el sueño

En latín, *circa* significa "alrededor, casi, cerca de", y *dia* significa "día", por lo que *circadiano* significa "alrededor de un día". Es un hecho conocido que todos los vertebrados superiores tienen un ritmo incorporado que hace que los tiempos de actividad y los tiempos de descanso y sueño estén predeterminados para la especie. También se sabe que la alteración de estos horarios acorta la vida.

¿Por qué algunos mamíferos pasan la mitad del día (como los perros) durmiendo? No es una pregunta periférica, porque el sueño es universal en los vertebrados (y estados análogos también existen en los invertebrados). Para que un organismo pase una fracción significativa de su vida en un estado que no contribuye a su ingreso de energía y materiales ni le ayuda a reproducirse, y que además deja al animal vulnerable e inmóvil, este estado debe ser de extrema importancia. Describiremos el sueño como un fenómeno global, pero esta función es tan básica para las neuronas que incluso las redes neuronales simples cultivadas in vitro muestran ciclos de sueño-vigilia. Un trabajo reciente de Steve Horvath muestra de forma convincente que es en el cerebro, y en ningún otro órgano probado, donde los genes que establecen el ritmo circadiano se hipermetilan con el envejecimiento (lo que significa que los marcadores epigenéticos del envejecimiento relacionados con el ritmo circadiano se encuentran en el cerebro).[47] Las conexiones funcionales entre los cambios en los patrones de sueño y una disipación general de los ritmos circadianos, y la edad, son claras.

Hemos comentado que la separación de los procesos metabólicos que podrían interferir unos con otros — separación física mediante barreras impermeables, es decir, "compartimentación" — fue parte de la solución, pero estos procesos también están separados temporalmente, y el lector astuto puede haber reconocido ya que el sueño — un tiempo de descanso (nocturno en los humanos, diurno en las ratas) — sería un momento en que no se necesitaría una amplia síntesis de ATP para la realización de actividades, y por tanto sería un buen momento para el crecimiento y la reparación. El propio Shakespeare reconoció eso cuando escribió "el sueño que teje la manga deshilachada del cuidado".

El reloj circadiano está presente en todas las células humanas, pero está controlado sistémicamente por una región del hipotálamo del cerebro llamada núcleo supraquiasmático (NSQ). A nivel de organismo, el hipotálamo libera periódicamente hormonas (en realidad, hormonas que liberan otras hormonas en la hipófisis — las llamadas "hormonas liberadoras" del hipotálamo) que controlan la sincronización en otros órganos. En un estudio reciente, Cai Dongsheng, de la Escuela de Medicina Albert Einstein, demostró que en el hipotálamo envejecido, la disminución de los niveles de la hormona liberadora GnRH (hormona liberadora de gonadotropina) causó una falla en la sincronización de relojes de otros tejidos, ocasionando envejecimiento; la suplementación de GnRH prolongó significativamente la vida de los ratones.[48] Es este reloj, presente en las células del NSQ, el que controla su actividad.

A nivel celular, lo que está claro es que existe un complejo sistema denominado bucle de retroalimentación de transcripción-traducción (TTFL, en la sigla en inglés) que determina cuándo tienen lugar las reacciones catabólicas que ocasionan la producción de ROS y el consiguiente estrés oxidativo, y el uso sintético y reparador de los equivalentes reductores. En pocas palabras (el bucle tiene otros subucles de los que no nos ocuparemos porque son periféricos al asunto), dos proteínas — Bmal1 y Clock — forman un dímero que actúa como factor de transcripción para provocar la transcripción de las proteínas criptocromo (CRY) y periodo (PER), que se traducen en el citoplasma (como es normal), formando finalmente heterodímeros PER-CRY que viajan de vuelta al núcleo donde impiden su propia transcripción inhibiendo la transcripción de las proteínas Bmal1 y Clock.

Finalmente, el heterodímero PER-CRY acaba siendo destruido y el ciclo comienza de nuevo. Sin embargo, este ingenioso mecanismo parece imponerse en ritmos más profundos de oxidación y reducción que se ha revelado que existen incluso cuando el mecanismo TTFL está desactivado — se ha descubierto que el estado de oxidación de las peroxirredoxinas (una familia de enzimas antioxidantes) oscila con un ritmo circadiano en los glóbulos rojos humanos, que al no tener núcleo no pueden contener un TTFL. Según Sandipan Ray y Akhilesh B. Reddy, investigadores de la Universidad de Cambridge, "posteriormente, las oscilaciones de las proteínas peroxirredoxinas (PRX) se han establecido como marcadores evolutivamente conservados del mecanismo del reloj, apuntando a los ciclos rédox como un probable principio unificador entre organismos dispares."[49]

El estado rédox del citosol y del núcleo afecta en gran medida a las numerosas enzimas que tienen grupos tiol (-SH) reactivos presentes en los residuos de cisteína y metionina (aminoácidos de una cadena proteica), modificando muchas propiedades de las enzimas, como la actividad, la unión proteína-proteína y la unión proteína-ácido nucleico.[50] Entre otras enzimas, una especialmente interesante es la telomerasa — la enzima que efectúa el alargamiento de los telómeros tras la división celular. La telomerasa funciona en condiciones reductoras, pero no en un entorno oxidante.

Es fácil imaginar que otras enzimas cambiarán sus propiedades (de forma similar a los cambios del envejecimiento) con un entorno cada vez más oxidante. De hecho, la unión del dímero Clock-Bmal1 al ADN depende de la proporción NAD$^+$/NADH (el "potencial rédox" de la célula). Mientras que el estado rédox controla el "reloj", a la inversa, el "reloj" controla el estado rédox, ya que muchas enzimas y cofactores antioxidantes y genes que responden a las ROS están controlados por el "reloj". Tengan en cuenta que como la relación NAD$^+$/NADH controla la unión Clock-Bmal1, existe una conexión directa entre el estado rédox y el reloj circadiano.

En la mosca de la fruta, *Drosophila melanogaster*, alrededor de dos docenas de neuronas controlan el sueño. Estas neuronas están controladas por la actividad de una enzima (en realidad, un canal de potasio — una abertura en el centro de esta proteína que atraviesa la membrana celular y que permite que una corriente de iones de potasio fluya hacia dentro o hacia fuera de la célula) con un cofactor NADPH que está expuesto a los subproductos oxidativos del metabolismo mitocondrial; una vez que las ROS han oxidado ese cofactor a NADP$^+$, el canal se cierra, elevando así el potencial de acción de estas neuronas e induciendo el sueño.[51]

Recíprocamente, los genes clock controlan muchos procesos metabólicos relacionados con la producción de energía y el control de los genes — la proteína Clock junto con Sirt1 (las sirtuinas son una familia de desacetilasas de proteínas, lo que significa que eliminan los grupos acetilo [$-CH_2COOH$] de las proteínas). Esto es de especial interés para nosotros, porque cuando esos grupos acetilo se añaden a la cromatina — a las "proteínas histonas" que forman los discos de hockey del nucleosoma alrededor de los cuales se envuelve nuestro ADN — eso "abre" la estructura de la cromatina, permitiendo que sus genes se transcriban en ARNm (ARN mensajero). Sin embargo, en la vejez, tramos de ADN que deberían estar desacetilados no lo están, lo que da lugar a una expresión génica aberrante (desregulación genética) en las células de los animales más viejos. La pérdida de NAD$^+$ es responsable de eso, ya que el NAD$^+$ es necesario para la desacetilación.

Como mencioné, hay una pérdida de NAD$^+$, GSH y NADPH en las células envejecidas, pero ¿por qué? Sabemos que el reloj circadiano controla muchos aspectos del metabolismo de estos importantes almacenes de equivalentes reductores; él controla la ruta de salvamento del NAD$^+$, en que el NAD$^+$ es utilizado como sustrato por sirtuinas y escindido en el proceso, y la ruta de salvamento restaura el NAD$^+$ a su forma original. Por si fuera poco, incluso la nueva síntesis de NAD$^+$ requiere la enzima NAMPT (nicotinamida fosforibosiltransferasa) que también varía rítmicamente. La enzima NAD$^+$ quinasa, que convierte NAD$^+$ en NADP$^+$, está controlada rítmicamente. La enzima metabólica central que produce la acetil-CoA que alimenta la mitocondria también está controlada rítmicamente. Además, la SIRT3 en la mitocondria está controlada por el reloj, y controla los ritmos del funcionamiento mitocondrial. Como sabemos que el funcionamiento del reloj se ve perturbado por el envejecimiento (y el funcionamiento perturbado del reloj también da lugar a una reducción del tiempo de vida), la pérdida de un ritmo circadiano robusto durante el envejecimiento puede explicar parte del problema de la pérdida de energía.

El sueño tiene innumerables funciones; por ejemplo, elimina las sustancias potencialmente tóxicas del cerebro (que en realidad se encoge una vez que estos subproductos de su metabolismo son secretados a través del líquido cefalorraquídeo hacia la red glinfática — que actúa como los vasos linfáticos del cerebro). Es durante el sueño que se consolidan los recuerdos. Durante las primeras fases del sueño, el NADPH se utiliza para reducir los ribonucleótidos a desoxirribonucleótidos para la producción de ADN, para la producción de grasas (colesterol) y para muchos otros fines sintéticos (en cualquier lugar en que deba producirse una reducción sintética).

Sin embargo, durante la última parte del ciclo de sueño, el propósito fundamental parece ser la restauración del potencial rédox celular y la reparación del daño oxidativo, básicamente trayendo las células del cuerpo nuevamente al estado en que se encontraban el día anterior, siendo "renovadas", por así decirlo, pero pasa lo siguiente: eso no sucede. Cada día, el citosol y los compartimentos nucleares se hacen más oxidantes, mientras que el compartimento endoplásmico se hace más reductor (lo que probablemente da lugar a proteínas mal plegadas ocasionando la respuesta de proteína desplegada). ¿Por qué la célula no asigna la energía necesaria para recargarse completamente? La pérdida diaria de potencial reductor citoplasmático y nuclear, y el aumento del potencial oxidante del retículo endoplásmico se acumulan y se convierten en una medida de envejecimiento. El potencial reductor (quedémonos en eso) del citoplasma disminuye a medida que disminuye la relación $NADPH/NADP^+$ y la cantidad de GSH. Se sabe que perturbaciones del ciclo circadiano influyen tanto en el envejecimiento como en la degeneración neuronal, pero ¿por qué?

Esto siempre fue un problema. ¿Por qué la célula se vuelve oxidante? ¿Qué ocurre con su potencial reductor? ¿Por qué el GSH disminuye con la edad? ¿Por qué el $NADP^+$ no es reducido por la ruta de la pentosa fosfato (la ruta metabólica que consume glucosa y genera NADPH) y sus varias otras rutas?

Como veremos, muchas de estas cosas están conectadas por la reducción de expresión relacionada con la edad de algunos genes, pero no de todos (y el aumento de expresión relacionado con la edad de otros genes, especialmente relacionados con la inflamación).

Aunque la síntesis de proteínas en las células que envejecen se ralentiza, y aunque hay una disminución global de la producción de proteínas, la mayoría de las proteínas son producidas como se haría normalmente. Sin embargo, algunas proteínas reducen su expresión — algunas de ellas son muy especiales, como la gamma glutamilcisteína sintasa (la enzima que produce GSH), varias enzimas de reparación de ADN, importantes enzimas metabólicas como la G6DH (la primera enzima oxidativa de la ruta de la pentosa fosfato que carga el NADPH), y enzimas para la reparación del daño por oxidación, incluyendo las enzimas tiorredoxina y tiorredoxina reductasa.

A pesar de que la célula necesita energía adicional, cofactores y antioxidantes, ella pierde la capacidad de producirlos. Y las consecuencias de esto son que el NAD^+ es utilizado por las sirtuinas en las reacciones de desacetilación, polimerizado por la PARP (poli ADP ribosa polimerasa) para formar las cadenas de poli ADP utilizadas para marcar los daños del ADN, y consumido por la CD38. La CD38 es una proteína que se encuentra en los linfocitos y que puede actuar como receptor activador, haciendo que las células T (linfocitos T) se activen para producir una serie de citoquinas, o como enzima, produciendo las moléculas de señalización ADP-ribosa y un poco de ADP-ribosa cíclica. Se necesitan 100 moléculas de NAD^+ para producir una molécula de ADP-ribosa.[52] La conversión de NAD^+ en $NADP^+$ por parte de la NAD^+ quinasa también se ralentiza cuando los niveles de NAD^+ disminuyen.

La complejidad de todas estas reacciones y sus efectos secundarios aún no se conocen del todo. Por ejemplo, la PARP1 — la enzima que forma las cadenas de poli-ADP que marcan el daño del ADN — también regula las funciones del reloj, mientras que las sirtuinas (SIRT3) controlan los ritmos de la respiración mitocondrial. Ni siquiera hemos hablado de la respuesta de la célula a estas condiciones. Normalmente hablaríamos de los factores de transcripción (FOXO, HSP1) que desencadenan la actividad de una serie de enzimas reparadoras para luchar contra los problemas de la oxidación y otros daños, pero si sabemos tanto como sabemos — si asumimos que el aumento de los niveles de GHS, de las proporciones de $NAD^+/NADH$ y $NADPH/NADP^+$, y la eliminación de las ROS deberían alargar la vida y este parece ser el caso — podemos adoptar un enfoque diferente.

Los trabajos de David Sinclair[53] y Leonard Guarente[54] mostraron (en ratones) que si de alguna forma se "convence" a las células del animal a producir más NAD^+, o a sustancialmente reducir la producción de ROS, se aumenta un poco el tiempo de vida. Vivir un 30% más sería un importante beneficio — especialmente porque eso retrasaría y aliviaría las enfermedades del envejecimiento, que significan un tremendo costo para una población que está envejeciendo, pero pasa lo siguiente: como vimos en los experimentos de Stroustrup y Fontana, estas soluciones extienden proporcionalmente todas las etapas de la vida. Entonces, si estos tratamientos llegan a ser exitosos, lo que haremos es extender la vejez.

Esto se parece a la leyenda de la diosa Eos, que amaba al joven Titono, y cuyas súplicas a los otros dioses para que lo hicieran inmortal fueron atendidas — pero lo que Eos se olvidó de pedir es que le dieran también juventud inmortal, y él se hizo cada vez más viejo y feo con el tiempo hasta que Eos simplemente lo encerró lejos de la vista. Esto no es un buen plan, pues lo que queremos es una juventud inmortal, a pesar de que parece que las teorías clásicas del envejecimiento nunca nos darán esa posibilidad. Claro, uno puede mantener al viejo cacharro funcionando, pero, ¿podemos hacer mejor que eso? Si yo no tuviera la respuesta, no estaría escribiendo esto.

Antes de que veamos cómo esto puede ser alcanzado, quiero cambiar completamente la dirección de la conclusión de David Neill sobre el "cronómetro de la vida" (que pienso que es el reloj circadiano). El Dr. Neill escribe — sobre su teoría del envejecimiento — que "más que una ruta o programa genético, esta teoría propone un cronómetro de la longevidad que puede retrasar la tasa de daño celular acumulativo durante el período de vida posmaduración."[27]

Demostraré que lo opuesto es verdadero, y yo diría sobre mi propia teoría que más que un programa genético, es un programa epigenético lo que trabaja con los ciclos metabólicos controlados por el reloj circadiano para causar la acumulación acelerada del daño celular durante el período de vida posmaduración, ocasionando la muerte en el tiempo de vida máximo de la especie o antes de eso.

7

Un par de notas autobiográficas

Cuando yo era muy joven (alrededor de 8 años), me acuerdo de que estaba acostado en la cama a la noche pensando sobre el "propósito" de la vida. Todo parecía reducirse a reproducirse y morir. Fue en ese momento en que realmente empecé a pensar sobre el envejecimiento y la muerte. Posteriormente, cuando yo tenía alrededor de 14 años, mi mamá cayó enferma con cáncer de colon — y por cuatro años horribles vi a mi mamá debilitarse sintiendo tanto dolor que rogaba por la muerte, lo que ella finalmente recibió. ¿Cómo es que esta vida vale la pena si después de todo lo que hacemos terminamos de esa forma? Este fue el problema de Gilgamesh cuando su amigo Enkidu murió, en *La Epopeya de Gilgamesh*, analizada al principio de este libro.

Terminé la escuela secundaria, y después de mucho más tiempo de lo que se debería, terminé la facultad — yo no era un buen alumno y eran los años 1960, con muchas distracciones agradables. Sin embargo, después de un tiempo como profesor de escuela secundaria en Kingston, Nueva York, me di cuenta de que por más placentero que fuera dar clases, me sentía insatisfecho, y decidí hacer un posgrado. Mi formación original había sido en física, por lo que hice algunos cursos y un examen oficial para conseguir mi licenciatura en biología — mis viejos devaneos sobre la vida y la muerte todavía dominaban mi mente. En esa época, yo estaba casado y tenía un hijo, Danny (que fue el Padre de los Dragones en la serie *Juego de tronos*), con otra hija en camino (Rachel), por lo que elegí la Universidad de la Ciudad de Nueva York (campus Herbert H. Lehman en el Bronx), al ser conveniente y barata. Allí, después de un tiempo, trabajé en el laboratorio de la doctora Susan Wallace, especializada en reparación de ADN.

En aquella época era "evidente" que daños en el ADN eran "la" causa del envejecimiento, de modo que mi interés en la reparación de ADN era grande — e hice un trabajo interesante, finalmente publicado en *Biochemistry*. Un poco antes de terminar mi doctorado, empecé a trabajar en la Universidad del Sur de California con los padres de la bioinformática Michael Waterman y Temple Smith. Allí aprendí a usar computadoras para descubrir interesantes hechos sobre el ADN. Un evento muy perturbador, que ocurrió en esa época, cambió mi vida. Yo tenía un diente infectado, una muela que me dolía cada vez más. El dentista, que también era administrador del edificio en que yo vivía adentro del campus, siempre postergaba mi consulta. Intenté todo lo se me ocurrió para controlar la infección, que después de un tiempo hizo que la parte derecha de mi rostro y de mi cuello se hincharan. Busqué al "dentista", que me dijo que con ese tipo de infección, él no me podría ayudar — yo tendría que hablar con un médico. Yo estaba cada vez más enfermo, y llamé al hospital Kaiser Permanente, expliqué mi estado y entonces, sintiéndome muy, muy mal, tomé un autobús hacia el hospital.

Cuando llegué, fui a la recepción y pregunté adónde debía ir. Me dijeron que no tenían idea, y que yo debería esperar en la sala de emergencia como todos los otros mientras esperaba ser atendido. En ese momento, mi estado seguía empeorando — mi cuello tenía un bulto como una pelota de rugby, y había docenas, o tal vez cientos de personas, en esa sala de emergencia de un hospital de una gran ciudad. Me estaba casi desmayando cuando escuché mi nombre. Un Dr. Golan, a quien nunca seré capaz de agradecer lo suficiente, sabía que yo supuestamente llegaría al hospital, y como parecía que yo no había llegado, él me empezó a buscar. No sé cuántos médicos que trabajan en un gran hospital hubieran hecho eso. Mientras me llevaba a la sala de cirugía, él me iba inyectando (lo que me dolía bastante) analgésicos en el cuello (supongo que eran analgésicos), pero él no esperó que hicieran efecto para hacer un corte en mi cuello. Le dije que me iba a desmayar, pero el Dr.

Golan dijo que no, y la siguiente cosa que me acuerdo es que estaba acostado en una cama en cuidados intensivos con un tubo llegando hasta mi tráquea y rodeado de muchas máquinas que hacían pitidos y tenían luces rojas que titilaban, y además poderosos antibióticos se me estaban inyectando de forma intravenosa. Yo estaba muy enfermo y no sabía si estaría vivo el día siguiente. Y esa noche tuve un sueño que cambió mi vida.

Hoy día, raramente recuerdo mis sueños, pero este fue diferente. Yo me encontraba en una alcoba en lo alto de una carretera oscura, iluminada por un tenue sol rojo. Pero era mediodía — y por esa carretera marchaban soldados, y una persona de cierta importancia se dirigía a las tropas, y yo sabía que marchaban en mi honor. Yo sabía que no estaba en la Tierra, sino tal vez en un planeta que orbitaba una estrella enana roja. Yo también sabía, tal vez por lo que dijo el orador, que nos encontrábamos 400 años en el futuro; no puedo recordar exactamente todas las palabras del discurso que pronunció esta autoridad, pero la parte que me impactó y cambió mi vida fue: "En honor a Harold Katcher, que trajo la inmortalidad a la humanidad". Y, sin embargo, no lo sentí como un sueño, sino como una visión, un mensaje de que yo no estaba a punto de morir, y mucho más que eso.

Fue literalmente un sueño febril; sin embargo, en ese momento supe que no iba a morir. Pero era una locura que yo trajera la "inmortalidad a la humanidad". Ya estaba a punto de desistir del concepto de que el envejecimiento pudiera ser algo más que aliviado, retrasado quizás, e incluso propuse esquemas para construir enzimas bacterianas de reparación de ADN que contuvieran plásmidos (quizás en liposomas), para ayudar a las células a repararse a sí mismas, y llegué a redactar una propuesta de subvención, pero no tuve éxito.

Sin embargo, en ese momento ya estaba harto de la ciencia y de los arrogantes científicos con los que había trabajado, y me di cuenta de que con las teorías de entonces sobre el envejecimiento (que siguen siendo las de hoy día — la Fundación de Investigación SENS sigue aceptando la idea de que el daño puede detenerse o "eliminarse por ingeniería" — aunque cada vez se comprende mejor la importancia de la biología rédox, lo que ha cambiado algunas opiniones, como se ha comentado, pero en aquel momento todo se resumía a daño en el ADN), este campo de investigación estaba intentando hacer algo como barrer las mareas con una escoba. Para mí, la perspectiva de introducir enzimas de reparación en todas las células de un cuerpo parecía imposible. ¿Cómo hacer llegar enzimas de reparación a todos los billones de células del cuerpo? A pesar de mi sueño, yo sabía que no había forma de hacer más que alargar moderadamente la vida — disminuyendo la tasa de daños y sobreexpresando los factores de reparación. Casi todos los expertos estaban de acuerdo en la afirmación de que el esfuerzo para prolongar la vida sería enorme y costoso, y que el grado de prolongación de la vida posible ni siquiera merecería la pena.

Entonces, como si yo quisiera que mi sueño no fuera más que un sueño imposible, dejé la ciencia para convertirme en programador informático (aunque autodidacta, yo era bastante bueno). El pago en la programación informática era mucho mejor en aquella época (principios de los años 1990) y me encantaba esa actividad (sigue siendo una de mis aficiones). Trabajé para un equipo comercial, haciendo un poco de programación rutinaria y arreglando el (horrible) trabajo de un programador que me había precedido — y admito que estaba feliz. Yo vivía en Salt Lake City con mi esposa Fatemeh y mi hija Sasha (por aquel entonces, mis otros dos hijos, Rachel y el "Dragón" Dan, ya eran grandes y no vivían conmigo). Aunque con demasiada frecuencia durante los fines de semana mi "bíper" (¿se acuerdan, antes de los teléfonos móviles?) se activaba y yo tenía que pasar un fin de semana tratando de arreglar el software de nóminas, o alguna otra función vital, en general era una vida bastante agradable.

Sin embargo, cuando recibí una oferta de la Universidad de Maryland para incorporarme a su programa en el extranjero, mi mujer, a la que le encanta viajar, fue a favor. Pasé un par de meses antes de mi mujer y mi hija en Daegu, Corea del Sur, en Camp Henry, y cuando todo me pareció lo suficientemente cómodo mandé a buscar a mi familia. Mi hija tenía entonces algo más de dos años. Daegu, aunque probablemente nunca hayan oído hablar de ella, es una ciudad de millones de habitantes en el centro de Corea del Sur — que sinceramente me interesaba poco (aunque me encantaba la comida coreana); no había mucho que hacer. Sin embargo, hicimos muchos amigos, tanto coreanos como militares estadounidenses, y ¿qué más necesitas que amigos? Bueno, en nuestro apartamento alquilado (algo muy difícil de conseguir en Corea del Sur), podíamos oír las ratas corriendo por el techo, pero ellas nunca entraron en el departamento y nos sentíamos lo suficientemente seguros.

Después de unos dos años — yo era un profesor exitoso y querido, y supongo que como recompensa (en la facultad se sabía que trabajar en Corea equivalía a "pagar tu cuota") — nos enviaron (en un transporte C5, con asientos de red y una lata de pintura vacía como baño, sentados junto a un tanque) a Misawa ("tres pantanos", en japonés). Se trataba de una gran base militar estadounidense en una pequeña ciudad pesquera costera que era mucho más agradable de lo que su nombre podría dar a entender, y para abreviar la historia (aunque podría tener su propio libro), me ascendieron a profesor titular y luego me nombraron Director Académico de Ciencias Naturales de la División Asiática — Japón, Corea, Okinawa (aunque Okinawa oficialmente forma parte de Japón, los okinawenses no se consideran japoneses) y Guam.

Aunque las cosas iban muy bien, después de haber vivido en Japón durante casi una década, mi esposa decidió que no quería morir en Japón — y decidimos volver a Estados Unidos. Como yo tenía responsabilidades, mi mujer y mi hija se fueron primero, y me fui un poco después. Volví a nuestra casa de Salt Lake City y, como me acercaba a la edad de jubilación, seguí trabajando para la Universidad como profesor adjunto impartiendo cursos en línea. En aquella época, pienso que nosotros — la UMUC, ahora UMGC (Campus Global) — teníamos el mayor programa en línea del mundo.

Supongo que ese sería el sueño de la mayoría de las personas: poder trabajar desde casa, seguir ganando un sueldo decente y tener un trabajo interesante (yo enseñaba física y biología, aunque echaba de menos enseñar matemática, cosa que hacía en Asia). Pero ¿y mi sueño? Nunca lo olvidé, pero en esa época estaba muy claro que nunca se cumpliría; yo estaba jubilado, no tenía acceso a un laboratorio y no tenía la menor idea de cómo realizar la tarea. Yo de hecho daba clases sobre biología del envejecimiento, y sobre lo que todo el mundo sabía sobre reparación de ADN, estrés oxidativo, sistemas de reparación mTOR-FOXO y todas las cosas habituales que se pueden encontrar en libros de texto y artículos. Aunque sabíamos mucho más sobre el envejecimiento celular, todavía era poco lo que se podía hacer. Al fin y al cabo, ese sueño era sólo un sueño.

En general, el envejecimiento podía resumirse de la siguiente manera: debido a los daños acumulados a lo largo de la vida, las células desarrollan todos esos problemas que he indicado al mencionar las *Características del envejecimiento* de López-Otín et al. y finalmente mueren cuando los daños superan la capacidad de las células de seguir viviendo; y así, como el envejecimiento mata a las células o las hace senescentes, en un determinado momento, como se sabe, los tejidos empiezan a perder células a medida que las propias células madre mueren y otras se vuelven senescentes. Esta pérdida asciende en la jerarquía, ya que, si faltan células o ellas funcionan mal, el tejido que componen deja de funcionar correctamente, y los órganos que esos tejidos componen pierden funcionalidad, los sistemas de órganos de los que forman parte esos órganos son entonces menos capaces de cumplir sus funciones, y finalmente el organismo funciona mal, y esto es lo que llamamos "envejecimiento", y es lo que casi todos los demás científicos del mundo y yo creíamos en ese momento. No había camino hacia la inmortalidad — las cosas se desgastan, y cuando la información para su reparación (contenida en el ADN) también se pierde, no queda ninguna esperanza. No hay "resurrección" celular.

Aunque yo tenía muchas horas de clase (en línea), seguía teniendo mucho tiempo libre — y debido al hecho de que estaba enseñando biología del envejecimiento, todavía "me mantenía al día" con el campo (aunque él no había avanzado mucho). Yo estaba jubilado, seguía gozando de buena salud física, era un ávido senderista (y Utah es uno de los mejores lugares para eso) y estaba contemplando la posibilidad de crear algunos servicios en línea — mi mujer y yo (ella es programadora informática) fuimos posiblemente las primeras personas en iniciar un servicio de empleo en línea, que no funcionó, afortunadamente.

Mientras consideraba mis opciones, leí un artículo en una revista sobre el trabajo realizado por Conboy et al.[55] alrededor de cuatro años antes (en 2005) que, a pesar de mi amplio conocimiento de la literatura, yo nunca había visto (¡y eso que estaba en Nature!) y nunca había oído mencionar, así que busqué ese artículo y lo leí con creciente entusiasmo. Ahora yo sabía cómo llevar la "inmortalidad a la humanidad" — estaba tan convencido que se lo conté a todos mis parientes (que en general tienen una buena opinión de mí), y a mis amigos. Pero yo seguía siendo un hombre de sesenta y cinco años sin laboratorio ni financiación, así que aunque el "sueño imposible" parecía ahora posible, seguía siendo muy improbable, a menos que yo encontrara a alguien que me apoyara, y dediqué los siguientes años — una voz que gritaba en el desierto — a encontrar ese apoyo.

Qué nos dijo la investigación de los Conboy

Existe un procedimiento llamado *parabiosis heterocrónica*, en que "hetero" significa "mixta", mientras que "crónica" se refiere a la edad. Sin embargo, es la parte de "parabiosis" la que necesita más explicación, básicamente significando "vivir uno al lado del otro", pero esta parabiosis es bastante más íntima que simplemente eso. En esencia, dos animales del mismo tipo, y a menudo genéticamente isógenos (con aproximadamente los mismos genes), son gravemente heridos de tal manera que pueden ser cosidos juntos. Así, en resumen, se cosen un animal viejo (normalmente ratones o ratas) y otro joven. Es un procedimiento bastante cruel, con una alta tasa de mortalidad. Frecuentemente, la rata más grande le arranca a mordidas la cabeza a la más pequeña (en las ratas, hay un aumento significativo de la masa durante el envejecimiento), entonces ¿por qué alguien haría un procedimiento tan bizarro y cruel?[56]

El procedimiento se inició en el siglo XIX; los primeros trabajos en que se utilizó la parabiosis heterocrónica (PH) para estudiar el envejecimiento fueron realizados en los años 1950 y principios de los 1960 por investigadores como Clive McCay[57] — que había establecido que la restricción calórica alargaba la vida — que indicaron que si se unía un animal joven y otro viejo mediante PH, el más viejo parecía más joven por tener más blancos los tendones y otros tejidos conectivos de este tipo que normalmente amarillean con la edad. Además, los tejidos eran más blandos, ya que los tejidos también se endurecen con la edad (debido a los depósitos de amiloide). En aquella época, nuestros conocimientos sobre los biomarcadores del envejecimiento eran limitados y pocos animales tenían su ADN secuenciado.

Sin embargo, más cerca de nuestro asunto, fueron Ludwig y Elashof quienes, en 1972, determinaron el efecto de este experimento sobre el tiempo de vida.[58] Esta vez, un amplio estudio demostró un aumento de la longevidad, sobre todo con hembras emparejadas, en comparación con animales no emparejados o con animales en parabiosis con otros de la misma edad. Más tarde, durante la década de 1980, hubo relevante experimentación rusa con esta técnica.

Los estudios de Ludwig y Elashof mostraron ciertamente un aumento de la longevidad, y además (como señaló Michael Conboy por primera vez) el animal en parabiosis más joven ya no era joven al final del experimento, pero ¿qué causó este aumento? Si yo hubiera sabido de estos experimentos, no habría supuesto un rejuvenecimiento, sino más bien que los órganos del animal en parabiosis más joven compensaban la funcionalidad decreciente de los órganos del animal más viejo.

Sin embargo, yo no tenía conocimiento de esta PH hasta que leí el artículo de Conboy et al. procedente del laboratorio de Irv Weisman en Stanford.[55] El título lo dice todo: *Rejuvenecimiento de células progenitoras envejecidas por exposición a un entorno sistémico joven* (en la traducción en español del original en inglés). El "entorno sistémico joven" era el suministro de sangre compartido de los compañeros parabióticos. ¿Células progenitoras? Células progenitoras son células madre con una potencia limitada, lo que significa que, a diferencia de, por ejemplo, células madre embrionarias (que pueden diferenciarse en todos los tejidos del cuerpo humano), células progenitoras sólo pueden diferenciarse en tipos limitados de células. Así, en el caso de células progenitoras del hígado, hay varios tipos de ellas en el hígado, pero sólo un tipo que se diferencia en hepatocitos, la mayoría de las células del hígado. Del mismo modo, existen las llamadas "células satélite" del músculo. Éstas se sitúan en el exterior de los haces de fibras musculares y, cuando se activan, son fundamentales para la reparación de daños musculares o el crecimiento de más músculos para soportar mayores cargas físicas. Aunque también son denominadas células "madre", como está claro que sólo forman células musculares, también deben considerarse células progenitoras. Y fueron estos dos tipos de células progenitoras que Conboy et al. investigaron utilizando PH en ratones.

En el estudio, criterios moleculares demostraron que hubo un rejuvenecimiento funcional de estos tipos de células en el animal en parabiosis de mayor edad y un aparente envejecimiento en el animal más joven. A medida que envejecen, las células progenitoras de hepatocitos proliferan a un ritmo reducido, y las células satélite del músculo son menos capaces de apoyar la formación de nuevas fibras musculares, o de curar heridas en el tejido muscular; sin embargo, por ejemplo, la PH devolvió a las células satélite del músculo viejas una capacidad cercana a la de su juventud para crear nuevo tejido muscular. Así que ahora teníamos pruebas de que el entorno sistémico joven afectaba a las células progenitoras a nivel celular. Otros experimentos (incluyendo anteriores a este) dieron a entender a Conboy et al. que los cambios en la señalización intercelular eran la causa probable de estos rejuvenecimientos, pero ya veremos que no es así. Otro estudio, totalmente convincente, salió de Harvard, y fue uno de los trabajos más interesantes sobre el rejuvenecimiento del cerebro viejo por PH, realizado por Saul Villeda y Tony Wyss-Coray en Harvard.[59]

Saul Villeda et al. resumen sus resultados de la siguiente manera: "Aquí, utilizando parabiosis heterocrónica, demostramos que factores sanguíneos presentes en el medio sistémico pueden inhibir o promover la neurogénesis adulta de forma dependiente de la edad en ratones".[59] Además, Villeda descubrió que había un aumento de la concentración de ciertas quimiocinas (sustancias químicas que atraen los glóbulos blancos) en el cerebro y en la sangre, que él sospechaba que eran los factores proenvejecimiento en la sangre.

En particular, la quimiocina CCL11, la eotaxina — una quimiocina que atrae los glóbulos blancos llamados eosinófilos — mostró aumentos sustanciales en su concentración, y la inyección de esta quimiocina en la vena de la cola de ratones jóvenes produjo los síntomas de declive cognitivo y escasez de neurogénesis, mientras que la PH revirtió estas condiciones, acercando la neurogénesis a niveles juveniles. Esto parecía confirmar el hecho de que había factores proenvejecimiento en la sangre que producían estos resultados, y que su eliminación era suficiente para estimular el rejuvenecimiento según criterios cognitivos (aprendizaje espacial, evitación del dolor) y el aumento de la neurogénesis (aunque esto no se ha relacionado causalmente con el aprendizaje).

Después de esto, algunos de los autores originales del trabajo, como Thomas Rando, continuaron con estos estudios, demostrando finalmente que casi todos los tipos de células madre y progenitoras examinados, desde los cardiomiocitos hasta los oligodendrocitos, rejuvenecían con PH en el animal en parabiosis más viejo y envejecían en el animal más joven (aunque Amy Wagers afirma no haber envejecimiento en los animales en parabiosis más jóvenes). Más tarde se descubrió que la simple transfusión de sangre o incluso la inyección de suero sanguíneo tenían efectos similares.

Los Conboys realizaron estudios paralelos in vitro que revelaron los mismos efectos del plasma joven en células satélite musculares y progenitoras hepáticas viejas que in vivo.[55] Existían dos posibilidades para estos efectos, que no se excluían mutuamente; o el plasma sanguíneo joven (se descartó la participación celular) contenía sustancias que rejuvenecían las células, o el plasma sanguíneo viejo contenía factores que envejecían las células (o ambas cosas, como se ha mencionado). Otros trabajos realizados por el grupo original de Stanford y otros ilustraron el efecto de la PH (parabiosis heterocrónica), resumido por Saul Villeda, como "En animales envejecidos, la exposición a sangre joven a través de la parabiosis heterocrónica mejora la función de las células madre en músculo, hígado, médula espinal y cerebro, y mejora la hipertrofia cardíaca."[60]

Mi respuesta

Tras leer el artículo de Conboy et al. de 2005, me di cuenta de repente de que todo lo que me habían enseñado (y que yo mismo había enseñado) sobre el envejecimiento estaba equivocado. Rápidamente se me hizo claro que el envejecimiento celular era un mito. Al trabajar durante muchas semanas dibujando diagramas de circuitos de vías rédox (estoy más familiarizado con los circuitos eléctricos, y al fin y al cabo estamos lidiando con el flujo de electrones y su uso en la producción de la energía que necesita la célula), yo no había encontrado ninguna razón obvia para que las células no pudieran restaurar sus componentes si se les daba suficiente energía (en forma de alimentos). Ahora la razón se hizo clara: ¡el envejecimiento celular era un proceso no autónomo de la célula! Eso significaba que el envejecimiento celular no dependía de la historia de la célula, sino de su entorno. El envejecimiento corporal no era el resultado del envejecimiento celular, sino que el envejecimiento celular era causado por el envejecimiento corporal (es un proceso de retroalimentación cuando las células que envejecen dan señales a los órganos para que cambien).

Fue en ese momento que me convencí de que el envejecimiento podía curarse y creí saber cómo. A finales de 2009, durante el feriado de Navidad, escribí a la única persona que conocía que era lo suficientemente valiente (o arrogante) como para dejar de lado los consejos de los expertos y lanzarse a curar el envejecimiento a través de su Fundación de Investigación SENS: Aubrey de Grey. Le escribí diciendo que creía que sabía una forma de curar el envejecimiento. Envié un correo electrónico a Aubrey, pero su guardián, Michael Rae, no me dejaba hablar con él sin revelar mi secreto, y finalmente accedí a hacerlo, aunque la Fundación de Investigación SENS no quiso firmar un acuerdo de no divulgación — pero ¿qué opción tenía yo? No conocía a nadie más con el poder y la influencia que tenía Aubrey.

Mi idea era sencilla — para mí, obvia. Puesto que se había determinado que era el plasma (acelular) de la sangre el que tenía efectos rejuvenecedores, ¿por qué no sustituir el plasma de una persona vieja por el de una persona joven? Y la forma de hacerlo también era obvia — una técnica médicamente probada y certificada (aunque utilizada más en Europa y Japón) llamada intercambio de plasma, una forma de plasmaféresis en que el plasma extraído de la sangre vieja se sustituiría por el de la sangre joven. Mi suposición era que con una serie de transfusiones de este tipo, tanto si la sangre vieja contenía factores proenvejecimiento, como si la sangre joven contenía factores antienvejecimiento (o si las dos cosas estuvieran ciertas), lo que yo llamaba Intercambio de Plasma Heterocrónico debería tener éxito.

Mi revelación tuvo efecto, y entonces el siguiente correo electrónico que recibí de la Fundación de Investigación SENS fue del propio Aubrey (lo tengo), y lo primero que escribió fue algo como "Aquí está por qué no funcionará". Aubrey era de la vieja escuela — el envejecimiento celular era resultado del daño molecular y no había forma de que el plasma sanguíneo joven pudiese ayudar. Sin embargo, tuvo la amabilidad de presentarme a los Conboys — que estaban bastante de acuerdo con Aubrey, aunque Irina Conboy sugirió que el plasma rico en plaquetas tenía efectos antienvejecimiento. Él también me puso en contacto con Amy Wagers, que al principio parecía interesada hasta que descubrió que yo no tenía financiación. Para la comunidad del envejecimiento, estoy seguro de que yo parecía un tipo raro. Sin embargo, Aubrey me dijo que los Conboys iban a trabajar con un sistema, junto con Frank Longo, para probar mi sistema, pero a pesar de una misteriosa llamada de Michael e Irina Conboy, en que fijamos una cita para discutir los resultados, ellos la cancelaron posteriormente y nunca me enteré de los resultados. El verdadero problema es que, a pesar de sus propios resultados, los Conboy aun así parecían apoyar el envejecimiento por "desgaste".

Buscando en Internet a personas que pudieran aceptar el envejecimiento programado, encontré a Ted Goldsmith, quien, como ingeniero de sistemas formado en el MIT, no podía aceptar las teorías del envejecimiento de "desgaste" basadas en principios de ingeniería; por fin yo tenía compañía en mis creencias. Fue Ted quien me presentó al científico ruso más responsable de la teoría del envejecimiento programado, Vladimir Skulachev. Skulachev, que era el editor de *Biochemistry*, una revista de la Academia Rusa de Ciencias, me invitó a presentar un artículo en su revista, lo que hice, titulado *Estudios que arrojan una nueva luz sobre el envejecimiento* (en traducción al español del original en inglés) en 2013,[61] que afortunadamente recibió cierto interés. Pero esto seguía siendo "teoría", y yo quería ver resultados.

Fue entonces cuando me puse en contacto con Mitch Harman, que era médico y tenía un doctorado, en el ya desaparecido Instituto de Investigación de la Longevidad Kronos, quien me dijo en aquel momento que el instituto era financiado por el multimillonario que vino de abajo John Sperling, el hombre que fundó la Universidad de Phoenix como una forma de ayudar al trabajador (como él había sido, un marinero mercante) a tener acceso a educación. Cuando le conté a Mitch mi idea y le envié mi artículo, se mostró muy entusiasmado por comenzar con el primer receptor de intercambio de plasma heterocrónico. Entramos en contacto con el doctor Dobri Kiprov, cuyo punto fuerte era el intercambio de plasma (descubrí que era sorprendentemente barato), y él aceptó hacerlo. Sin embargo, el Dr. Kiprov tenía otras ideas y estaba convencido de que la albúmina de suero (la principal proteína del plasma) era el secreto del rejuvenecimiento, y dudaba en utilizar plasma humano joven. Pedí que se buscaran donantes jóvenes, pero Dobri pensaba que plasma "disponible para venta" era lo suficientemente bueno, y que mejor aún sería una solución salina de albúmina.

Poco después, me invitaron a la casa de John Sperling en San Francisco y me reuní con él, Mitch y el yerno de Sperling para hablar del procedimiento. Incluso acepté realizar el tratamiento junto con John, para reducir sus temores, pero no fue así. El médico personal del Dr. Sperling (John tenía entonces 91 años) le dijo que el procedimiento era peligroso y lo desaconsejaba totalmente. John estaba claramente temeroso (yo podía ver el pánico en sus ojos) y finalmente declinó, y así se acabó nuestra gran oportunidad. John Sperling murió al año siguiente y creo que su médico personal le hizo un gran disfavor (y a mí también).

Incluso un programa de intercambio de plasma usándose una solución salina fisiológica y albúmina habría sido suficiente para promover el rejuvenecimiento de los tejidos, como demostraron los recientes trabajos de los Conboys junto con Kiprov.[14] Al parecer, diluir el plasma viejo a la mitad mediante el intercambio de plasma con solución salina-albúmina produjo efectos significativos al cabo de un tiempo, lo que presumiblemente mostró que el envejecimiento estaba causado por factores proenvejecimiento en la sangre (aunque no refutó los factores antienvejecimiento en la sangre joven). Kiprov y, posteriormente, Mitch Harman y otras personas que yo conocía formaron su propia empresa (Young Blood Institute), pero me abandonaron por completo. Una vez más, yo tendría que comenzar de cero.

A pedido de *Current Aging Science*, escribí otro artículo, *Hacia un modelo del envejecimiento basado en evidencias* (en traducción al español, del original en inglés),[62] pero él no suscitó tanto interés como el artículo "Estudios". Parecía que yo nunca podría testear mi teoría.

La siguiente parte de mi recorrido fue bastante embarazosa. Se pusieron en contacto conmigo dos personas, a las que llamaré simplemente Fred y Jean (no son sus nombres reales), que querían patrocinar mis experimentos. Jean, una mujer de negocios, y Fred, su empleado y compañero, querían abrir una clínica en Belice, y eso sólo sería cuestión de tiempo. Luego, sus planes se modificaron, y ellos cambiaron Belice por una clínica en Filipinas. Al cabo de un tiempo, comprendí que estaban utilizando esto como una artimaña para atraer grandes cantidades de dinero de gente prominente sin ninguna posibilidad real de montar una clínica en una nación muy católica y con instalaciones médicas muy limitadas. Corté mi contacto con ellos.

Durante ese período, se puso en contacto conmigo un empresario indio, Akshay Sanghavi, que también era un bloguero muy entendido en medicina antienvejecimiento, con un conocimiento específico de la medicina ayurvédica — pero como yo ya estaba comprometido con Fred y Jean, tuve que dejar pasar esa oportunidad (eso ocurrió, por supuesto, antes de darme cuenta de quiénes eran Fred y Jean).

Las evidencias se acumulan

Cuando se produce un fenómeno que difiere radicalmente de las expectativas — como la "fusión fría" o la "poliagua" (la idea de que las moléculas de agua forman polímeros), pero año tras año los resultados son a veces negativos y a veces positivos, es probable que ese fenómeno no tenga fundamento. Sin embargo, cuando las evidencias que lo avalan se acumulan sistemáticamente, hay buenas razones para considerarlo cierto.

Como confirmación de su artículo anterior (2011), Villeda, en su artículo de 2014,[60] repitió con éxito los experimentos anteriores, pero añadió a sus resultados previos un aumento de la plasticidad neuronal en los animales tratados con PH, medido como un aumento de la transcripción de genes implicados en la plasticidad neuronal. Además, se produjo un aumento del número de espinas dendríticas en ciertas células del giro dentado del hipotálamo. Se obtuvieron resultados similares en ratones mediante simples inyecciones de plasma joven (de ratones de 3 meses) o de plasma viejo (de ratones de 18 meses), mostrando que, en comparación con los ratones tratados con plasma viejo, los ratones tratados con plasma joven mostraron un aumento del aprendizaje y de la memoria cuando fueron sometidos a una prueba en un laberinto acuático.

Villeda et al. concluyeron que "En conjunto, nuestros datos demuestran que la exposición a sangre joven contrarresta el envejecimiento a nivel molecular, estructural, funcional y cognitivo en el hipocampo envejecido".[60] Sin embargo, hubo una diferencia respecto al artículo anterior, que se expuso de la siguiente manera: "Además, anteriormente identificamos factores 'proenvejecimiento' en animales en parabiosis heterocrónica jóvenes actuando como reguladores negativos de la neurogénesis y la cognición; sin embargo, estos factores no se modificaron en los animales en parabiosis heterocrónica envejecidos. En consecuencia, nuestros estudios sugieren dos estrategias distintas para revertir los fenotipos del envejecimiento. Una posibilidad es que la introducción de factores 'projuventud' de sangre joven pueda revertir las deficiencias relacionadas con la edad en el cerebro, y una segunda posibilidad es que retirar los factores proenvejecimiento de sangre envejecida pueda contrarrestar dichas deficiencias. Estas dos posibilidades no se excluyen mutuamente, justifican una mayor investigación y pueden proporcionar cada una una estrategia exitosa para combatir los efectos del envejecimiento".[60]

Entonces, ¿qué era lo correcto, "factores projuventud", "factores proenvejecimiento", o ambos? Como veremos, los factores projuventud serán todo lo que se necesita — aunque la eliminación de los factores proenvejecimiento probablemente aceleraría el rejuvenecimiento, a un costo, pero uno que puede valer la pena pagar.

Así, parecía cada vez más claro que mi intercambio heterocrónico de plasma (tratado en mi artículo de 2013[61] como HPE, en su sigla en inglés) debía funcionar si los mismos mecanismos de envejecimiento y de control del envejecimiento existieran en humanos — y la probabilidad de que un proceso tan fundamental difiriera entre mamíferos me parecía remota. Sin embargo, ¿cómo yo lo demostraría?

Akshay al rescate

Era alrededor de 2016, y parecía que yo nunca alcanzaría mi objetivo. Imaginar que yo podía rejuvenecer a la gente era extraño — en toda la historia de la humanidad, la gente buscó ese premio, a través de magia negra, como "la Reina Vampiro" Elizabeth Bathory, y con extraños brebajes químicos más propensos a causar la muerte que el rejuvenecimiento. Además, en todo el mundo existían leyendas sobre un elixir mágico — el Soma de India, la Ambrosía de los dioses griegos, el Elixir Vitae de los europeos medievales. La idea de que tal posibilidad existiera — y encima que yo la descubriera — era pura fantasía. Sin embargo, el trabajo con PH y otros experimentos similares relacionados con el plasma sanguíneo apuntaban a esa posibilidad.

A esta altura, yo estaba sintiendo mi edad (74 años, pero aún no necesitaba dos manos para beber), y me preguntaba qué haría con el resto de mi vida. No es que yo no tuviera suficiente para entretenerme — mis habilidades informáticas, unidas a mis conocimientos de electrónica, me llevaron a pensar en varios proyectos, y luego, simplemente envejecer, y morir. El destino común de la humanidad; ¿cómo yo podía esperar algo mejor? Sin embargo, ese sueño que tuve — el que me dijo que iba a traer la inmortalidad a la humanidad — nunca se fue de mi mente. Yo no había cumplido mis objetivos, pero quizás otros sí lo harían, aunque todos parecían estar mirando en la dirección equivocada.

Entonces recibí un correo electrónico de Akshay Sanghavi, en que me preguntaba si seguía interesado en hacer los experimentos que yo había propuesto. Sin embargo, a diferencia de su última oferta, hecha cuando yo trabajaba con Jean y Fred — cuando me dijo que yo podría hacer la investigación donde quisiera — esta vez yo tendría que ir a trabajar a Bombay, India, donde Akshay (un financista, además de biólogo amateur de gran talento) había empezado a apoyar financieramente proyectos junto con una joven profesora adjunta llamada Kavita Singh en el departamento de farmacología de la Universidad NMIMS, en los suburbios del oeste de Bombay (no se engañen, no se parecen en nada a los suburbios estadounidenses — ver cuervos comiendo una rata muerta en la calle no era raro — pero los ricos y famosos vivían allí. Ese suburbio, Juhu, es el hogar de muchas estrellas de Bollywood).

Para decir verdad, yo estaba muy enfermo (síndrome del intestino irritable) y débil, y la idea de dejar a mi familia para ir a una tierra extraña y difícil para hacer un trabajo que yo no estaba seguro de poder hacer, ni de que pudiera tener éxito, hacía que fuera una decisión bastante difícil de tomar (por cierto, me siento mucho más joven ahora que entonces). ¿Pero qué sentido tenía mi vida si no? Claro, yo podría dormir en los laureles — tuve una aportación importante en el descubrimiento del primer gen del cáncer de mama, el BRCA1, cuando trabajé en Myriad Genetics en Salt Lake City (pero me fui con un sabor amargo en la boca), trabajé para la Universidad de Maryland y fui ascendido a profesor titular, y luego a Director Académico de Ciencias Naturales, donde creo que hice un buen trabajo. Yo era respetado y, aunque no ganaba mucho, tenía lo suficiente para cubrir mis necesidades. Impresionar a los demás no era ninguno de mis objetivos, pero yo sí quería contribuir al mundo, así que solicité una visa india.

En aquel momento, lo mejor que pude hacer fue conseguir una "visa electrónica" de dos meses, ya que todas las transacciones se hacían por Internet. Finalmente, todo quedó listo y, con la ayuda (y el pago) de Akshay, reservé mi vuelo a India. Tengo que reconocer que, después de haber sido engañado por Jean y Fred, yo había perdido bastante confianza en "apoyadores financieros". Yo no conocía a Akshay casi nada, pero ¿qué opción yo tenía si quería cumplir mi sueño?

El vuelo a Bombay fue para mí un horror (atrapado en un asiento del medio durante las primeras 9 ½ horas), para luego hacer transbordo en Hamburgo, donde, debido a retrasos de mi vuelo, perdí mi vuelo de conexión y me ofrecieron alojamiento en un hotel cercano al aeropuerto. Esto fue probablemente algo bueno, ya que en todo momento sentía que me iba a desmayar. Cada movimiento era doloroso y agotador. Al día siguiente tomé el siguiente vuelo de 10 horas a Bombay — por lo que estuve aproximadamente 20 horas en el aire. Pero finalmente llegué. Luego pasé horas en la cola para que me sellaran el pasaporte y la visa, y otra hora más buscando mi equipaje — que a pesar de que yo había hecho un esfuerzo especial para decir a los empleados del aeropuerto en Alemania que se aseguraran de que mi equipaje me siguiera, eso no ocurrió. Finalmente salí del aeropuerto y Akshay me recibió. Tuve la impresión de que le parecí demasiado viejo, pero en ese momento él ya estaba comprometido.

Al día siguiente, la compañía aérea envió mi equipaje al hotel, y probé por primera vez comida del sur de India en el desayuno: idli (una especie de bollo denso hecho con una mezcla fermentada de granos) junto con sambar (una salsa roja picante, sin tomate), y ya me estaba aclimatando a India. Akshay fue un buen anfitrión (y desde entonces, un buen amigo y aliado), y en los días siguientes empecé con un proyecto que Akshay consideraba prometedor. Akshay, como ya he dicho, era un bloguero antienvejecimiento y, al entender muchos de los síntomas del envejecimiento, había ideado una combinación de ingredientes diseñada para mitigarlos todos. Fue entonces que conocí a Kavita, que era nuestra conexión con la universidad, y ese fue el comienzo de nuestra familia extendida.

Lo primero que decidimos fue utilizar ratas en lugar de ratones para nuestro experimento — mi idea original era que las venas más grandes de las ratas nos permitirían hacer el intercambio de plasma más fácilmente. A continuación, empezamos con uno de los proyectos de Akshay. Akshay también era un experto en medicina ayurvédica, y tenía su propio enfoque sobre el antienvejecimiento que combinaba hierbas ayurvédicas y otras ideas del siglo XXI sobre el envejecimiento. El objetivo era tratar los síntomas del envejecimiento, todos ellos con una mezcla vegetariana de hierbas y aceites. Mi trabajo consistía entonces en planificar los experimentos, y yo quería abarcar el mayor número y la más variada mezcla de marcadores potenciales de envejecimiento que pudiéramos, teniendo en cuenta las limitaciones de dinero y equipo. Afortunadamente, como yo nunca había lidiado con animales, un estudiante de doctorado — un joven competente, Sagar — estaba allí para ayudar.

La Universidad NMIMS no estaba diseñada para la investigación; era fundamentalmente una escuela de negocios con un edificio separado en que los estudiantes de farmacología recibían su formación, en su mayoría para convertirse en farmacéuticos. Sin embargo, Kavita tenía en curso un programa de formación de investigadores, tanto de estudiantes de maestría como de doctorado. Como ella era una de las pocas profesoras que realizaba activamente investigación, el equipamiento, en su mayoría para uso de los estudiantes, era en gran parte nuestro, cuando los estudiantes no lo estaban utilizando. A diferencia de lo que ocurre en Estados Unidos, donde cada profesor investigador tiene su propio espacio y equipamiento de laboratorio, en NMIMS todo el equipamiento estaba en zonas comunes.

Más tarde le pregunté a la decana de la Facultad de Farmacia, una mujer maravillosa llamada Bala Prabhakar (que fue elegida decana del año, a nivel nacional), por qué no contrataba a más profesores investigadores, y ella me dijo que las subvenciones indias no incluían dinero para la universidad en que trabajaba el investigador, por lo que la única forma en que podían ganar dinero para la facultad era dando clases — un lamentable error que desalienta la investigación. No me detendré demasiado en el personal, pero la decana Bala me hizo sentir bienvenido, dándome una oficina para que pudiera trabajar en la escuela. No olvidaré su amabilidad.

Yo debía ayudar a diseñar los criterios experimentales que utilizaríamos para determinar si se producía el antienvejecimiento. Yo quería testear todos los aspectos del envejecimiento, a nivel bioquímico, fisiológico y cognitivo. Así que, al medir las citoquinas inflamatorias, me ocupé de los niveles bioquímico y fisiológico (además, habría muchas pruebas "ex vivo" en órganos que se harían al final del experimento). Teníamos la posibilidad — pidiendo encarecidamente — de utilizar un laberinto acuático de Morris (un tanque de agua en que las ratas tienen que aprender y recordar la ubicación de una plataforma subacuática en que podrían descansar, en vez de nadar sin parar), pero eso era muy estresante.

Sagar, que estaba terminando las últimas calificaciones para su doctorado, construyó un laberinto de Barnes, que consiste en una mesa grande, alta y circular con agujeros circulares a lo largo de su perímetro — agujeros lo suficientemente grandes como para que una rata pase por ellos. Algunos objetos en su superficie y en las paredes circundantes actúan como pistas visuales. La mesa tenía alrededor de una docena de agujeros redondos, cada uno de unos 15 centímetros de diámetro, y estaba a un poco más de un metro del suelo. Desde todos estos agujeros, excepto uno, había una caída recta hasta el suelo, pero uno de ellos tenía una bolsa blanda debajo, en la que cabía una rata. En este experimento, una rata era colocada en el centro de la mesa, quedando totalmente expuesta, una situación que las ratas odian. Sin embargo, lo que odian aún más es caer de más de un metro de altura hasta el suelo, así que la única solución para la rata era encontrar el agujero con la bolsa, y para eso estaban las pistas visuales, para ayudar a la rata a orientarse.

Las ratas recibían nueve días de entrenamiento y luego se les permitía encontrar el agujero, por separado, y se registraba el tiempo que tardaban en encontrar el agujero adecuado (su "latencia") como indicación de aprendizaje y memoria (también velocidad y motivación). En general, los resultados fueron los esperados; las ratas más viejas (de alrededor de 20 meses) tardaron mucho más (una latencia mayor) que las jóvenes (de alrededor de tres meses) en llegar al agujero correcto.

Una señal de envejecimiento en todos los vertebrados es el aumento de la inflamación — y esto podría medirse por los niveles de sustancias químicas proinflamatorias, fabricadas por el cuerpo, llamadas "citoquinas" (moléculas de señalización que se encuentran en la sangre de todas las personas en diferentes grados). Las citoquinas que elegí fueron las más importantes con relación a la inflamación (sólo se eligieron dos — aunque me hubiera gustado incluir la IL-1 beta — simplemente por falta de recursos y personal).

Sagar tuvo que forzar la alimentación de la mezcla de Akshay en las ratas mediante una jeringa, ya que ellas no se la comían por sí solas, y finalmente, tras un mes de pruebas, nada de resultados positivos. Íbamos a sacrificar las ratas al final del mes, pero pensé que valía la pena un mes más — ya que la mayoría de los medicamentos ayurvédicos tardan en hacer efecto — y al final del mes siguiente, las ratas realmente parecían más jóvenes. De hecho, su inflamación volvió a niveles casi juveniles, y su capacidad para resolver laberintos también aumentó. Sin embargo, traducido a términos humanos, un mes de vida de una rata equivale a unos 2,5 años humanos (como proporción del tiempo de vida medio), de modo que alguien tendría que comer cantidades bastante grandes de este brebaje durante cinco años para ver sus efectos (y si las ratas no se lo comían...).

Aunque esto es ciertamente mejor que la alternativa (envejecer durante esos mismos años), otro factor nos hizo abandonar nuestros esfuerzos por publicar estos resultados; las ratas viejas tratadas habían perdido un peso considerable en comparación con los controles viejos no tratados, lo que hacía posible que el conocido fenómeno de la restricción calórica hubiera sido el responsable del aparente rejuvenecimiento. Aunque pesamos los alimentos ingeridos, no pesamos las heces. Sigue siendo posible que la fórmula de Akshay funcione como él esperaba, y sería maravilloso contar con una medicina antienvejecimiento basada en plantas (en su mayor parte), pero nuestros resultados posteriores apuntaron en otra dirección más prometedora.

Sin embargo, no se sientan mal por Akshay; en ese momento, pusimos en práctica otra de las ideas patentadas de Akshay, un compuesto antienvejecimiento de fácil administración que yo mismo utilicé (ya que en general se consideraba seguro) con un efecto excelente — eliminó la horrible "púrpura senil" (manchas moradas causadas por el daño solar durante la juventud), y además, sorprendentemente, mejoró tanto mi coordinación como mis niveles de energía.

Pero ahora era el momento de mi proyecto; la idea, como antes, era hacer un intercambio de plasma con ratas. Hasta donde sabíamos, sólo había un grupo, en Alemania, que había hecho plasmaféresis en ratas, y ellos prometieron enviarnos la información que necesitábamos. Sin embargo, a pesar de recordarles constantemente, nunca lo hicieron. Así que yo estaba completamente atascado, sin nada que hacer y con poca o ninguna esperanza de hacer lo que quería. Pero se me ocurrió una idea: si no podíamos hacer nuestro experimento con el sistema alemán, quizás podríamos hacerlo manualmente.

La plasmaféresis consiste básicamente en lo siguiente: se extrae sangre del sujeto y ella se centrifuga para separar la parte celular (aproximadamente la mitad del volumen de sangre) del plasma. Las células empaquetadas, en su mayor parte glóbulos rojos y plaquetas, forman una masa sólida de color rojo en el fondo del tubo de centrifugado, con una fina capa de glóbulos blancos por encima (la llamada "capa leucoplaquetaria"). A continuación se saca el plasma amarillento (o rojizo, en caso de hemólisis — rotura de glóbulos rojos), y la capa celular es mezclada con una cantidad igual de una solución salina con adición de albúmina sérica (para mantener la osmolaridad), y se vuelve a inyectar en el paciente. El objetivo principal de este procedimiento es terapéutico — por ejemplo, eliminar rápidamente (aunque no tan rápidamente) sustancias tóxicas del plasma sanguíneo. Sin embargo, si alguna vez les han dado plasma a ustedes (a menudo donado por jóvenes a cambio de dinero), se podrán recordar que el proceso es idéntico, excepto por las cantidades de plasma tomadas — lo ideal es que en el intercambio terapéutico de plasma se sustituya casi todo el plasma. El procedimiento (intercambio de plasma) está aprobado médicamente.

Una rata tiene aproximadamente 30 mL de sangre (por tanto, unos 15 mL de plasma). Si pudiéramos extraer cinco alícuotas de sangre, centrifugarlas, retirar el plasma viejo y sustituirlo por volúmenes iguales de plasma joven, mezclarlo y volver a inyectarlo en la rata, podríamos obtener el mismo efecto que con el intercambio de plasma automatizado que se realiza normalmente en humanos (con un solo volumen de sangre: 30 mL para una rata, 5.000 mL para un ser humano). Sin embargo, esto tampoco fue posible — las venas de las ratas eran demasiado frágiles para este tipo de operación, así que de nuevo me quedé trabado. Otra vez, no había esperanza de hacer lo que yo necesitaba, así que decidí hacer otra cosa.

Para entonces, era mi tercera estancia de dos meses en Bombay, y de hecho yo tendría que esperar un tiempo considerable antes de poder solicitar otra (el número de visitas al año era limitado). Así que tuve que idear algo nuevo, y rápido. Aproximadamente al mismo tiempo, Sagar había completado todos los requisitos del doctorado, y se estaba yendo para ocupar un puesto posdoctoral en una gran empresa farmacéutica en Estados Unidos. Así que necesitábamos encontrar un sustituto para él, alguien que pudiera trabajar con animales, y que se interesara por biología molecular. Tuvimos una estudiante de posgrado en un momento dado, pero su trabajo no era bueno y, de todos modos, nos dejó por "pastos más verdes" (si ella hubiera sabido...).

Pusimos anuncios y realizamos varias entrevistas, pero nadie parecía tener la habilidad y los intereses que nosotros (en ese momento, Akshay, Kavita y yo) necesitábamos. Eso fue hasta que llegó Shraddha Khanair. Para decir verdad, como era una chica de un pueblo pequeño y probablemente hablaba sobre todo Mahrati en casa, yo apenas podía entender su inglés, pero si me esforzaba y le pedía que repitiera las cosas, poco a poco me fui dando cuenta de que tenía buenos conocimientos de biología molecular y que podía lidiar con animales, y voté que sí por ella, y pasó a formar parte del equipo. Ahora estábamos todos inextricablemente unidos como debe ser una familia, todos ayudándonos mutuamente.

Tanto Kavita como Shraddha son chatria (la casta guerrera y real). Shraddha es descendiente directa de Shivaji Maharaj, que estableció el estado de Maharashtra en el que se encuentra Bombay. Akshay, el empresario, es un vaisia, la casta de los empresarios (a decir verdad, él es mucho más que un empresario). Yo, en este contexto, soy un judío estadounidense.

Es curioso, yo nunca había pensado en el sistema de castas de esta manera, pero si nadie se esfuerza, no hay competición; la vida, teóricamente, se hace más fácil para las castas más altas y "nobles", al menos cuando nadie busca ascender por encima de su "posición". En ese sistema, incluso los extractores manuales de excremento de las alcantarillas de Bombay, a menudo atascadas y abiertas, sabían que eso era su trabajo y su destino (presumiblemente por algo que hicieron o dejaron de hacer en una existencia anterior), y que su trabajo era su deber religioso. Su suerte en la vida estaba determinada por la herencia de su familia, su casta.

Un judío estadounidense no tiene casta, excepto entre los indios, los ricos — conocí a varios que eran jainistas (monoteístas, pero con un Dios sin forma que está en todas partes, no un anciano con barba, y que no desea hacer daño a ningún ser vivo), y discutí en la mesa la agudeza comercial de los marwaris (un grupo de Rajastán), los gujaratis (Akshay es un "gugu", como los llama mi amiga Tina — aunque su ex es uno de ellos) o los judíos.

El reconocimiento de las diferencias entre los pueblos en una tierra con 122 lenguas oficiales (y muchos más dialectos) es muy importante. También hay que tener en cuenta que India tiene 1/3 del tamaño de Europa y el doble de población. Los pueblos diferentes, no aceptados fácilmente, son los musulmanes, y eso es el resultado de la invasión y conquista mogola de la India durante muchos siglos. Por lo tanto, estas personas (algunas de las cuales han tenido mucho éxito en la India y en otros lugares) no tienen una casta (aunque se podría suponer que son de casta inferior con aspiraciones de mejora), por lo que no parecen formar parte del pueblo y representan una antigua humillación (y conocida por todos).

Para los musulmanes, los hindúes son los peores idólatras, personas a las que los musulmanes podrían matar legalmente si no se convirtieran al al-Islam (el sometimiento). Conflictos entre hindúes y musulmanes son frecuentes y mortales; por supuesto, los hindúes son mayoría. India acogió a muchas otras religiones y pueblos — curiosamente, los judíos tuvieron una larga historia en India (la familia Sassoon es de judíos de origen indio), y también los parsis (zoroastrianos que escaparon de la conquista musulmana de Irán), y muchos, muchos otros pueblos. En un corto trayecto fuera de la ciudad (no que haya algún trayecto corto para salir de Bombay) se puede entrar en territorios tribales donde la gente sigue viviendo como agricultores de subsistencia.

8

La invención y el descubrimiento del E5

Aunque yo estaba seguro de que mi procedimiento funcionaría, había problemas insolubles para nosotros. ¿Había un enfoque diferente que pudiera producir los mismos efectos? Mi idea original (expresada en mis artículos de 2013 y 2015) era que había factores pro y antienvejecimiento presentes en la sangre — pero ¿cuáles importaban más? Mientras que sólo en 2020 los Conboys et al. demostraron que diluir el plasma sanguíneo viejo era suficiente para producir una apariencia de rejuvenecimiento a nivel tisular,[63] experimentos como los realizados por Wyss-Coray inyectando plasma (incluso plasma humano) en ratones ya habían mostrado rejuvenecimiento.[60,64]

Sin embargo, como estas inyecciones siempre tenían un contenido considerablemente menor que el contenido sanguíneo de un ratón (75 mL comparado con alrededor de 1.500 mL, es decir, un 5% del volumen sanguíneo por inyección) y para el momento de la siguiente inyección muchas proteínas del plasma habrían sido reemplazadas (se administraban bisemanalmente a lo largo de meses), no había momento en que se pudiera decir que la dilución del plasma era la causa de este rejuvenecimiento, ya que el plasma es un líquido dinámico ("No puedes entrar en el mismo río dos veces"). También se me ocurrió, al prolongarse el experimento durante meses, que estos factores inductores de la juventud tenían una larga vida media, pues de lo contrario sus efectos no se habrían acumulado con el tiempo.

Así que, aunque seguía estando claro que había sustancias proenvejecimiento en la sangre, estaba igualmente claro que también había factores "projuventud" (como veremos), ya que la simple inyección de plasma joven en los cerebros de los ratones era suficiente para provocar un retorno de la plasticidad neuronal (evaluada a nivel celular por el aumento de la producción de los ARNm que son específicos para la plasticidad neuronal) y había indicios de una mejora de la memoria y del aprendizaje a partir de rodajas de hipocampo que mostraban un aumento de la *potenciación a largo plazo* (LTP, en la sigla en inglés), que está asociada con el aprendizaje y la memoria.[64]

El par de hipocampos (derecho e izquierdo) es uno de los sitios donde se produce la neurogénesis. En los humanos, el revestimiento (el espacio periventricular) de los ventrículos internos llenos de líquido cefalorraquídeo en el centro del cerebro es otro sitio; un tercer sitio (aunque quizás no en los humanos) es el bulbo olfativo, una región cerebral primitiva relacionada con el sentido del olfato. La sangre joven también aumentó la densidad de las espinas neurales, pequeñas proyecciones que se producen en cada conexión (sinapsis) con otras neuronas. También estaba claro que estos efectos podían ser superados por factores presentes en la sangre vieja. Hoy día, creo entender el porqué, y lo explicaré más adelante cuando hablemos de nuestros resultados.

Entonces, leí todo lo que pude, y descubrí que proyectos que no mostraban rejuvenecimiento, aunque eran casi idénticos a los experimentos de inyección de suero de Wyss-Coray, me enseñaban más que los que habían tenido éxito. Además, a estas alturas ya sabía qué buscar y dónde buscar. Al final, yo sabía qué no debía hacer y qué debía hacer. Pero eso estaba en mi cabeza; la cuestión era si funcionaría, y el tiempo se acortaba y había que intentarlo.

Bombay no está organizada convenientemente, ya que el tráfico es horrible, y la ciudad está muy esparcida, por lo que se tardó mucho tiempo en reunir lo necesario (y tuvimos que importar ratas viejas de un distribuidor a cientos de kilómetros de distancia, lo que significa transporte aéreo). Las carreteras son algo increíble — tardamos 12 horas en recorrer 300 km hasta Shirpur (donde se encuentra el segundo campus de NMIMS) para dar una conferencia como invitados a los estudiantes; sin embargo, Shirpur es la India rural, y se podría escribir otro libro entero sólo sobre eso.

Sin embargo, al fin y al cabo, estábamos listos para empezar y yo estaba listo para irme. Preparamos nuestro primer lote de E5 — y nos tiramos el lance. Akshay dijo que debíamos aumentar la dosis para actuar contra los restantes factores proenvejecimiento, y yo estuve de acuerdo, así que Shraddha (yo ayudé, pero sobre todo observé, ya que ella es muy buena) administró a cada animal experimental viejo una dosis que era un múltiplo de la cantidad de E5 que creíamos que tendría un animal joven (evidentemente, tuvimos que hacer muchas suposiciones). Así que después de que Shraddha (que me había ayudado en todo, incluso ayudando a pedir el almuerzo en la cafetería de la escuela, en hindi — la comida era del sur de India, deliciosa y barata) dio a las seis ratas cuatro inyecciones de menos de un mililitro en las venas de la cola, cuatro veces, en días alternos, preparé las valijas, y tomé otro insoportable (para mí, conozco a algunos que les encanta) vuelo de veinte horas (más mucha espera).

Volví a mi familia en Salt Lake City y, sinceramente, me sentí un poco aliviado. Si funcionaba, aunque fuera ligeramente, trabajaríamos para perfeccionarlo, pero a menos que un montón de conjeturas en secuencia estuvieran correctas, no funcionaría en absoluto, y yo podría quedarme con mi familia. Yo había hecho todo lo que podía hacer. Si estuviera equivocado, no sería el primero. Como cualquier empresario (y yo apenas empezaba a confiar de verdad en Akshay después de nuestra primera discusión real — la desconfianza siendo un residuo de actos de traición del pasado), Akshay tendría que asumir las pérdidas. Yo odiaba esa idea, pero cuando uno se arriesga, eso es de esperar. La verdad es que yo no esperaba que funcionara, pero era lo mejor que podía hacer. Sí, era una locura — me sentía como si me hubieran dado una misión, pero yo había hecho todo lo posible, así que pasara lo que pasara, al menos sabía que había hecho mi parte.

No pasó ni una semana hasta que recibí un correo electrónico de Kavita (Shraddha es su estudiante de posgrado) diciendo que la fuerza de agarre de las ratas experimentales viejas había cambiado considerablemente, mucho más de lo que yo había imaginado. Y pronto, los niveles de las citoquinas que medíamos (Il-6 y TNF-alfa) empezaron a descender hacia niveles juveniles. Y no se necesitaron estadísticas para evaluar nuestros resultados, aunque Agnivesh, el marido de Kavita Singh, farmacólogo y una persona extremadamente agradable, nos hizo las estadísticas. Los resultados eran claros a simple vista.

Bueno, admito que yo no tenía otra opción, y para entonces conseguí una visa de cinco años (con la ayuda de los influyentes amigos de Akshay), con regresos y salidas ilimitados. Volví a hacer las maletas, me despedí de mi maravillosa y solidaria familia, y me fui de nuevo a India. Esta vez, creo que fue en los Países Bajos donde esperé el vuelo a India, pero, sinceramente, lo disfruté un poco. Me rejuveneció de verdad levantarme a la mañana y hacer algo que valía la pena. Al parecer, mi serie de conjeturas un tanto extrañas había resultado correcta. Probablemente era bueno que yo no supiera que las grandes industrias farmacéuticas habían gastado millones buscando un equivalente del E5 y habían fracasado. De todos modos, era un tiro en la oscuridad basado en una comprensión limitada, pero resultó ser mejor que una comprensión incorrecta, si yo estaba en lo cierto.

Volví a India, pero el Airbnb que tenía con Milan (el nombre de un muchacho, que significa "reunión") estaba ocupado, así que después de buscar, encontré una dirección en Juhu Beach, tal vez a una cuadra del océano (océano Índico — la gente nada allí, a pesar de las aguas residuales sin tratar que se tiran en esa agua a tal vez un poco más de un kilómetro al sur).

La propietaria del Airbnb era Tina Pandey, y ella dijo que estaría fuera del departamento la mayor parte del tiempo, así que yo lo tendría para mí. Eso sonó bien — sin embargo, era interesante hablar con Tina, muy interesante. Finalmente, Tina se fue a otra ciudad donde tenía familia, así que por fin tuve el departamento para mí solo. Cuando Tina volvió, ambos nos dimos cuenta de que nos echábamos de menos y nos convertimos en grandes amigos. Tina era una mujer imponente, aunque medía menos de un metro y medio (los indios son altos — yo mido 1,75 y soy bajito en India, al menos en las castas más altas) y pesaba menos de 40 kilos. Describirla requeriría en realidad otro libro.

La vida en Juhu me hizo hacer ejercicio junto a cientos de indios que caminaban por la arena de la playa (de vez en cuando podías ver peces muertos de aspecto muy extraño siendo comidos por los siempre presentes cuervos — que no eran totalmente negros pero con la cabeza de color polvoriento).

En mi paso de la calle a la playa estaban instalados varios santuarios religiosos a varios dioses y un enorme Rama. India es muy religiosa, con decenas de religiones y una variedad de personas y trajes mayor que la que uno se puede imaginar. Los restos de las flores utilizadas en la puya (ceremonia de oración) del viernes están por toda la playa, ya que hay que arrojarlos al agua, y ella está abarrotada — pero correr por la playa (más bien caminar, en mi caso) es un buen ejercicio.

De vuelta al laboratorio, nos preparamos para volver a intentar el mismo experimento, y de nuevo se gastó mucho tiempo consiguiendo lo básico necesario, pero volvimos a realizar el experimento — había ocho ratas jóvenes de control, ocho ratas viejas de control y ocho ratas viejas de la misma edad (de unos 20 meses) que fueron tratadas con E5.

De nuevo, se siguió el mismo cronograma, se midieron las citoquinas inflamatorias y, en lo que posteriormente se convirtió en nuestra prueba de eficacia de nuestro tratamiento, los niveles de citoquinas empezaron a descender en el quinto día después de la primera inyección.

En ese momento, sin embargo, tuve una idea; teníamos más de 30 marcadores de edad bioquímicos, fisiológicos y cognitivos que nosotros (principalmente Shraddha y Shivani, una joven técnicamente muy competente) analizamos. Varios de ellos se analizaron ex vivo (sacrificados) — para determinar los niveles de sustancias químicas importantes en los órganos. Al cabo de 30 días, obtuvimos una excelente repetición de nuestros primeros resultados — no fue una casualidad. Todos los más de 30 marcadores de edad biológica, desde los bioquímicos hasta los cognitivos de alto nivel, mostraron una reducción significativa de la edad — pero ninguno de ellos estaba categóricamente relacionado con la edad, así que mi idea fue entrar en contacto con el científico de fama mundial que era la fuerza detrás del envejecimiento epigenético, Steve Horvath, conocido por el reloj de metilación de ADN que inventó y que podía estimar la edad de una persona con un margen de tres años sólo con el ADN. Le propuse que trabajáramos juntos en la construcción de un reloj para ratas (para ratas Sprague Dawley), aunque en aquel momento no había certeza de que ese reloj fuera posible de hacerse. Eso requería disecar decenas de animales de todas las edades, ya que había que sacar los órganos y separar y purificar su ADN. Los animales se sacrificarían en seis intervalos desde el nacimiento hasta la vejez. La condición explícita era que Steve procesara nuestros animales tratados (y los de control) para añadir la prueba de edad más definitiva, el "criterio de referencia". Para mi sorpresa, Steve aceptó.

Para ser sincero, yo no tenía ni idea de si las pruebas de Steve mostrarían algo — al menos hacia el final, cuando yo había vislumbrado vías alternativas (erróneas) sobre cómo podría producirse este aparente rejuvenecimiento — pero si pudiera haber un reloj para ratas, así como para humanos, eso apoyaría en gran medida la teoría del envejecimiento epigenético de Steve Horvath. Pero antes de continuar, tengo que contarles un poco sobre el tema de la metilación de ADN y el reloj de Horvath — ahora relojes. Permítanme primero decirles de qué estoy hablando.

Metilación del ADN

Hoy día, todo el mundo tiene una idea de qué es y qué hace el ADN. Un breve resumen se da al definirse dos palabras:

1. Transcripción: copias de ARN monocatenario se realizan a partir de ADN, que codifica instrucciones sobre cómo construir moléculas de proteínas en un "código genético", traducido en una cadena proteínica por el ribosoma, una máquina molecular. Las leyes del emparejamiento de bases se aplican al ARN y al ADN, que difieren en un único átomo de hidrógeno en los azúcares de la ribosa (un anillo de cinco lados) al que se unen las cuatro clases de "bases" complejas que contienen nitrógeno para formar un nucleósido y, en última instancia, un trifosfato de nucleósido (el trifosfato almacena la energía utilizada para añadir otro nucleótido a la cadena creciente de ARN o ADN). Mientras que el ADN utiliza la base timina, el ARN utiliza la base uracilo, aunque ambas bases tienen la misma propiedad de unión — se unen a la base adenina si esta se opone a ellas en la otra hebra complementaria de los polímeros de ácido nucleico bicatenario. El ARN suele ser monocatenario, mientras que el ADN es bicatenario.

    Una sola hebra de un ácido nucleico podría representarse así: pApTpCpGpApGpApApApCp… Donde A, T, C y G representan los nucleósidos adenina, timina, citosina y guanina, y la "p" representa los enlaces de fosfato que los unen — un polímero son grupos químicos similares unidos, cabeza con cola (por así decirlo) para formar una larga cadena. El ADN monocatenario de un ser humano tiene alrededor de tres mil millones (3.000.000.000) de estos nucleótidos hilvanados, y estos (entre otras cosas importantes) representan los códigos para fabricar proteínas; ese código se copia en ARN y se transfiere hacia afuera del núcleo de la célula (donde se guarda su ADN), al citoplasma, donde se produce la traducción.

    Moléculas proteicas denominadas "factores de transcripción" deciden qué partes de las larguísimas cadenas de ADN se transcriben, fijándose a sitios específicos del ADN; a menudo varios factores de transcripción diferentes se adhieren a múltiples regiones cerca de donde comienza la transcripción del ADN, en las regiones "promotoras" del ADN, que son secuencias reguladoras no codificantes.

2. Traducción: una herramienta molecular asombrosa, el ribosoma, similar en estructura y funcionamiento desde las bacterias hasta los humanos, "lee" el ARN, llamado ARN mensajero (ARNm) porque lleva el mensaje de qué proteínas construirá el ribosoma, proporcionando instrucciones específicas de la proteína para hacerlo. El microARN puede decidir si un ARNm sale en algún momento del núcleo para ser traducido a proteína o si será destruido en el núcleo por un complejo macromolecular diseñado para trocearlo.

Ahora, echen un vistazo al corto polinucleótido original que escribí arriba:

pApTpCpGpApGpApApApCp...

Por cierto, la versión bicatenaria es:

TpApGpCpTpCpTpTpTpCp...
pApTpCpGpApGpApApApGp...

El ARN suele ser "monocatenario", pero puede formar muchas formas diferentes con el autoemparejamiento — una parte de cualquier cadena de ARN es complementaria a otra parte de sí misma, por lo que el ARN puede dar vueltas y unirse a sí mismo para formar una infinidad de formas potenciales. Como dicen los biólogos, la forma sigue a la función (y viceversa), por lo que estas moléculas complejas pueden hacer algo más que simplemente transportar información, como el ADN conformacionalmente estático.

Las moléculas de ARN pueden hacer cosas por sí mismas, al igual que las proteínas. Los ribosomas, sin ninguna de sus alrededor de 80 proteínas (en mamíferos), sólo las tres moléculas de ARN largas e intrincadamente plegadas que constituyen el corazón del ribosoma, aún pueden ensamblar péptidos a partir de ARNm (si se les da la materia prima que necesitan). Se han encontrado ARN que se autoempalman (por primera vez en el ciliado tetrahymena), y éstos son un componente vital de la telomerasa, ya que el gen TERC codifica el ARN que es la plantilla que la transcriptasa inversa telomerasa utiliza para alargar los telómeros.

Además, si se escinde parcialmente esa secuencia de ADN con unas enzimas llamadas "exonucleasas" que rompen los enlaces de fosfato que mantienen unida la cadena, se obtendría Ap, Tp, Cp, Gp, y quizás algunos dinucleótidos como ApC o GpT y también cadenas más largas, ¿verdad? Teniendo en cuenta que estos cuatro tipos de nucleótidos están presentes en proporciones conocidas, uno pensaría que el dímero ApT debería aparecer, por pura casualidad, tan a menudo como el TpA, y tendría razón, y pensaría que el CpG debería aparecer tan a menudo como el GpC, y estaría equivocado.

El dinucleótido CpG es mucho más infrecuente de lo que debería ser, estadísticamente, aparentemente porque tiene una función especial. Aunque los casos en que está presente este CpG están dispersos por todo el genoma (la suma total de los genes de un organismo), se concentran especialmente en las regiones de control de conjuntos importantes de genes; estas regiones ricas en CpG se denominan "islas CpG". Se trata simplemente de tramos de unos 1.000 nucleótidos en que la proporción entre CpG y GpC es superior a 0,6 — pero la verdadera importancia de estas islas es que se encuentran en los promotores de los genes y su mensaje se codifica en la primera parte de la "transcripción" (ARNm). Para que quede más claro, las secuencias CpG se encuentran preferentemente en las regiones controladoras del ADN. También es posible añadir un "grupo" químico muy simple (una disposición de átomos que se adhieren entre sí) — un átomo de carbono central con tres átomos de hidrógeno que comparten electrones a su alrededor y un enlace sin unión que sobresale, llamado grupo metilo (Figura 20).

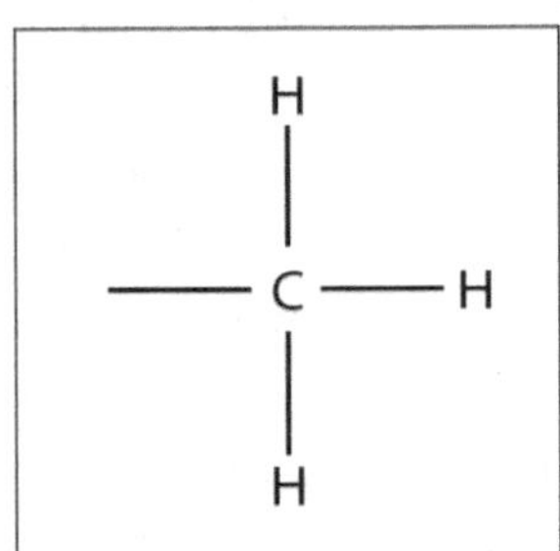

Figura 20: Grupo metilo.

Y hay enzimas que unen grupos metilo a los residuos de cistina (C) de grupos CpG, y a menudo cuando el grupo CpG en estas islas CpG que controlan los genes está metilado (tiene un grupo metilo — o hipermetilado, si hay varios grupos metilo en él), hay un cambio en lo que un gen produce, normalmente negativo. Así, la metilación de un grupo CpG afecta negativamente a la transcripción del gen que él "promueve".

Lo interesante es que algunos genes reducen su expresión con el envejecimiento, y otros incrementan su expresión con el envejecimiento (especialmente en lo que se refiere a la inflamación). Normalmente, las islas CpG se hipermetilan con el tiempo, y las regiones metiladas fuera de las "islas" se vuelven menos metiladas (hipometiladas). Algunos genes cambian su estado de metilación a lo largo del tiempo de una manera que revela la edad de un organismo, y muchos creen, a medida que se descubren más evidencias, que estos patrones de metilación producen el fenotipo relativo a la edad del organismo.

Mediante el uso de técnicas de secuenciación de ADN que pueden distinguir entre "C" y "C metilado", y de técnicas estadísticas y de inteligencia artificial que pueden detectar patrones en volúmenes de datos demasiado grandes para que nuestros limitados cerebros los almacenen (y mucho menos que evalúen las interconexiones entre todos esos datos), el Dr. Horvath (la gente lo llama Steve — es universalmente querido, diría yo) llegó a un número limitado de sitios CpG del ADN en que el porcentaje de estos sitios que estaban metilados era el dato de entrada principal para una IA que comparaba este porcentaje con muchas edades y patrones de edad definidos para órganos a partir de la metilación de ADN.

Steve cree, y yo también, que el envejecimiento es un fenómeno epigenético; al igual que el epigenoma determina la diferenciación celular, el estado diferenciado relativo al envejecimiento de una célula está determinado por varios medios epigenéticos. Y permítanme aclarar: los fenómenos epigenéticos controlan la expresión de los genes e incluso la forma de los productos de los genes (normalmente, pero no siempre, proteínas) sin cambiar la secuencia de nucleótidos que constituyen el ADN genómico (y mitocondrial). Todas las células de nuestro cuerpo tienen el mismo conjunto exacto de instrucciones, pero algunas se convierten en células hepáticas y otras en neuronas. Como mencionado, suponemos que los cambios del envejecimiento celular, al igual que los que provocan la diferenciación celular, están controlados por medios epigenéticos. Sigue siendo una cuestión abierta si los cambios en la metilación del ADN son o no la causa del envejecimiento o sólo un resultado más de un "reloj de envejecimiento", el resultado acumulativo del daño por oxidación, la agregación de proteínas, el desgaste de los telómeros y el metabolismo en general, ya que se sabe que las enzimas metabólicas se encuentran en el núcleo (algunas tienen tanto la función de enzima como de factor de transcripción — son moléculas o complejos moleculares con varias funciones, a veces completamente desvinculadas, según parece).

Durante el desarrollo, tal y como él suele concebirse, desde el cigoto (óvulo fecundado) hasta el adulto, hay una serie de etapas vitales con nombres específicos, como, por ejemplo, embrión, feto, recién nacido, bebé, niño pequeño, escolar, preadolescente, adolescente y adulto, y para los biólogos, al menos para los que se ocupan del envejecimiento, ese es el final del desarrollo — todo lo demás es deterioro. Sin embargo, en el mundo de las ciencias sociales, hay etapas de desarrollo posteriores a la edad adulta, cada una con sus objetivos y características, y los científicos sociales, pero no los biológicos, entienden que estas etapas de la vida posteriores a la llegada a la edad adulta siguen una progresión estándar que se prolonga durante un período — las últimas etapas de vida son las que tienen tasas de riesgo crecientes que finalmente conducen a las enfermedades relativas al envejecimiento y la muerte. Steve Horvath ha demostrado, tanto en humanos como en ratas (y más recientemente en todos los mamíferos[65]), que el envejecimiento puede seguirse con el mismo reloj. Introduzcan en el algoritmo de Horvath hasta qué punto están metilados los sitios CpG homólogos y sabrán, por ejemplo, que tienen un ratón de 1 año y medio o un humano de 36 años.

Lo que debemos inferir de esto se parece mucho a la teoría básica de Neill de que un paso predeterminado por fases de desarrollo preasignadas conduce a la muerte. El reloj de Horvath reconoce estas fases de desarrollo (ya que se caracterizan por cambios en la metilación del ADN), de manera que un ratón de mediana edad y un humano de mediana edad tienen los mismos patrones. Es obvio que el tiempo de vida es un rasgo de la especie que depende de varios factores, pero sobre todo del papel ecológico de la especie y de su necesidad de sobrevivir como tal en la naturaleza, lo que está controlado en gran medida por la depredación, como afirma Robert Ricklefs. Él también afirma la realidad de la relación fija entre los periodos de inmadurez y de madurez sexual en todos los vertebrados terrestres (la relación depende de la clase [aves, reptiles, mamíferos, anfibios]), y reconoce que la duración del desarrollo inmaduro está relacionada con la depredación, al igual que la duración de la vida después de la madurez, pero admite que no sabe cómo funciona esta relación.

Entonces, la idea subyacente es un reloj basado en los cambios periódicos del potencial rédox celular que se producen a diario, y en que el citosol de las células se vuelve significativamente más oxidante con la edad (o, mejor dicho, con las etapas avanzadas de la vida); tal vez ésta sea la base molecular de por qué algunas enzimas pueden funcionar en la juventud y estar ausentes o funcionar de forma diferente con el envejecimiento (el "código rédox"), ya que cambios rédox se producen en la célula. Pero, como se dice, "antes de juzgar hay que probar".

De vuelta al E5

Todos estábamos muy entusiasmados con los resultados del primer mes — habíamos demostrado que nuestro experimento original no había sido una casualidad. Esto no fue sorprendente, con las ocho ratas tratadas mostrando una eficacia del 100%; no había ninguna posibilidad de que fuera una casualidad, y después de alrededor de 90 días (en que se produjo un aumento de los niveles de citoquinas inflamatorias hasta aproximadamente la mitad de los de las ratas viejas), íbamos a sacrificar nuestras ratas para evaluar los niveles en sus órganos de varios biomarcadores relacionados con la edad (que mostraré más adelante), cuando pensé "¡No!". Por razones que pensábamos tener que ver con las publicaciones (y con conseguir inversionistas), dije "vamos a sacrificar dos ratas de cada uno de los tres grupos (controles — jóvenes y viejos — y experimental) de ocho animales y dar a las seis ratas experimentales restantes otro tratamiento de E5 (cuatro inyecciones en la vena de la cola) para ver qué pasa". Mi gran temor era que después que el cuerpo fuera engañado y creyera que era joven, él pudiera desarrollar "defensas" (en sus esfuerzos suicidas) contra el E5. Sin embargo, descubrimos que no ocurrió nada de eso; de hecho, ocurrió lo contrario, como mostraré.

Pues bien, teníamos lo que queríamos, más de 30 biomarcadores diferentes demostraban que habíamos reducido significativamente la edad de ratas viejas. ¿Qué más podíamos pedir? Dejé a mis amigos de Bombay, a la familia de Nugenics Research y a mi amiga Tina (que me llevó al aeropuerto; ya no era la propietaria de donde yo estaba, sino mi amiga). Volví a Estados Unidos para reanudar mi vida, con la esperanza de que Akshay consiguiera el dinero suficiente para que pudiéramos confirmar nuestros descubrimientos con validaciones de terceros y ampliar los experimentos con el E5, sacarlo al mercado y... Digamos la verdad: cambiar el mundo.

Sin embargo, la noticia más emocionante fue totalmente inesperada, cuando recibimos un correo electrónico de Steve Horvath diciéndonos que nuestro experimento había funcionado, y funcionado extremadamente bien — el rejuvenecimiento indicado por todos nuestros datos fisiológicos y bioquímicos, que parecían mostrar a nuestras ratas viejas con la mitad de su edad cronológica, fue confirmado por el nuevo reloj para ratas de Steve Horvath. Su edad de metilación de ADN era en realidad menos de la mitad de su edad cronológica.

2020 fue posiblemente el peor año para muchas cosas, y Akshay estaba dirigiendo más de cinco negocios, pagando por todo esto y reuniéndose con nosotros periódicamente según le permitía su agenda (claramente éramos sus favoritos). Él es un hombre inteligente y con muchos conocimientos (además de "ahorrador" — admito que soy así también), pero también generoso. Ahora estamos constituidos bajo el nombre Yuvan Research, produciendo E5 para validación de terceros por un Laboratorio de Investigación por Contrato (CRL, en la sigla en inglés) y académicos, incluyendo los grupos de Steve Horvath y Greg Fahy.

Exposición de datos y resultados

Algunos (la mayoría) de estos resultados se publicaron en nuestro preprint en bioRxiv,[1] pero el artículo no se ha publicado, porque no nos conformamos con revistas de menor nivel. Y las revistas de primer nivel no pueden publicar nuestro trabajo hasta que revelemos qué es el E5. Es justo; los experimentos científicos deben poder repetirse para que se confirmen los resultados, y sin E5 disponible, no hay forma de confirmarlos. Sin embargo, eso no significa que podamos estar inventando todo. bioRxiv revisó todos nuestros datos primarios, y los consideró de buena calidad, y sabemos que son verdaderos.

Muchas de las cosas a continuación serían bastante aburridas en un artículo científico, pero dado que prometen, como mínimo, una segunda vida, eso las hace de alguna forma pertinentes para todos. Así que ahora presentaré nuestros datos y explicaré qué significan. Cada gráfico tiene realmente una historia detrás; algunos ustedes ya conocen, otros no (a menos que también sean estudiosos del envejecimiento — desarrollo a partir de la fase adulta). Pero estos son los resultados más impresionantes que cualquier persona ya ha visto.

Primer objeto

El primer objeto con el que voy a empezar es nuestro primer indicio de que nuestra preparación, que llamamos E5, funcionó.

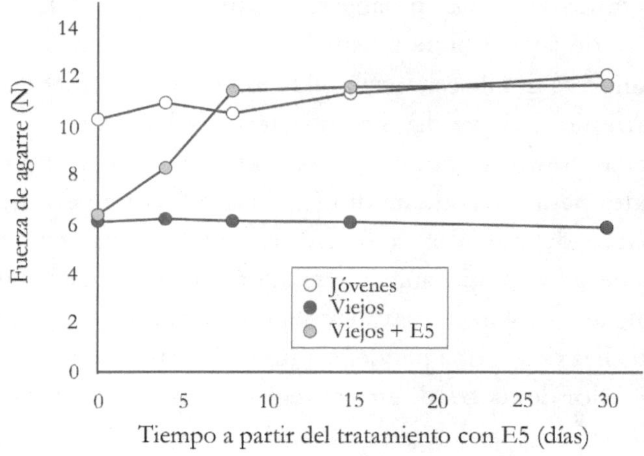

Figura 21: Variación de la fuerza de agarre debido al tratamiento con E5.

Los resultados que se muestran en la Figura 21 son de nuestro primer experimento, el que pensé que tenía pocas posibilidades de éxito, en lo que afortunadamente yo estaba equivocado. Como pueden ver, la fuerza de agarre de los ratones jóvenes de tres meses se mantuvo alta ("N" significa newtons, una unidad de fuerza), aumentando un poco con la edad (los círculos blancos). Las ratas más viejas (no tratadas) mostraron un ligero pero constante descenso de su fuerza incluso a lo largo de 30 días (que, recordemos, son 2 ½ "años humanos" para ellas).

Sin embargo, por supuesto, lo más emocionante son los círculos grises claros de los animales viejos tratados. Los animales de nuestro grupo control viejo (círculos grises oscuros) tenían la misma edad y el mismo sexo (eran machos) que el grupo que estábamos tratando (el grupo experimental). Los animales del grupo experimental (círculos grises claros) eran igualmente débiles al principio, el día de su primera inyección, el día cero (los controles jóvenes eran ratas de tres meses), pero cinco días después de la primera inyección, el grupo experimental ya tenía una fuerza intermedia entre nuestros controles jóvenes y viejos. Al décimo día (los días están en el eje horizontal), en realidad ya superaban en fuerza al grupo joven. Al final de los primeros 30 días (31, en realidad), sacrificamos las ratas (nitrógeno, una muerte fácil; yo casi morí así, entonces lo sé por experiencia personal). Sus órganos se enviaron a laboratorios comerciales independientes para análisis de patología y fotomicroscopía, y luego se analizaron sus niveles de varios marcadores bioquímicos relativos a la edad.

¿Qué significa la fuerza de agarre y cómo se mide? El aparato para medir la fuerza de agarre tiene un medidor en un extremo con una varilla unida a él; cuando se tira de esa varilla, el medidor mide la fuerza de ese tirón. En el otro extremo de la varilla, hay una serie de barras a las que se puede agarrar una rata (como se muestra en la Figura 22). Un alumno sujeta una rata (las grandes pesan más de medio kilo) por la cola y permite que ella se agarre a las barras del medidor de fuerza de agarre, y entonces, el alumno (o la persona — he sido yo) que sujeta la rata, tira de la cola de la rata hasta que esta se ve obligada a soltar las barras y seguir su camino hacia abajo (ya que la prueba se realiza desde una pequeña altura y las ratas tienen miedo a las alturas), y el medidor de fuerza de agarre registra y muestra la tensión máxima.

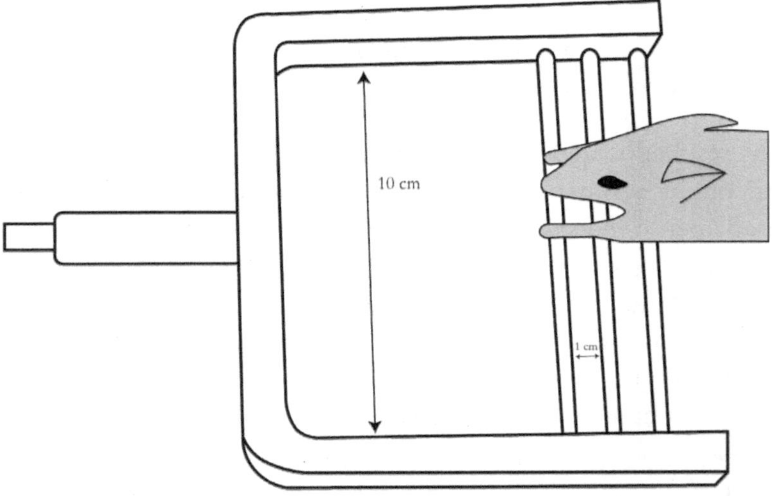

Figura 22: Ilustración del aparato para medir la fuerza de agarre.

No repetimos esto en nuestra siguiente serie de experimentos porque pensé, al igual que Shraddha, que había demasiado factor humano presente y, lo que es más importante, porque la persona que nos prestó el medidor lo quería de vuelta, y era demasiado caro para nosotros comprar uno en ese momento.

Entonces, ¿cuáles son las implicaciones de este ensayo?

Mi opinión: el cambio en la fuerza se produjo sin duda antes de que se produjera cualquier división celular, por lo que al menos parte del cambio en la fuerza con el envejecimiento no se debe a la pérdida de masa muscular (ya que las células satélite del músculo que sustituyen al músculo lesionado no responden a la señalización — señalización Notch, según el artículo de Conboy et al.[66] — o lo hacen fabricando fibras no contráctiles, no músculo útil). La masa muscular de hecho disminuye con la edad, pero no observamos un aumento de la masa muscular, ya que no pesamos los músculos individuales; sin embargo, sí demostramos que había un aumento de la fuerza muscular cuando el animal viejo recibía un entorno interno juvenil que restablecía los músculos viejos a un fenotipo de edad más joven.

No sé si las ratas "aumentan sus músculos" para impresionar a otras ratas; sospecho que no (trabajamos con machos en su mayoría), y no sabemos si tiene lugar la miogénesis (la formación de nuevo tejido muscular), pero parece haber una respuesta a nivel celular que hace que los músculos sean más fuertes. Como la fragilidad es una parte ineludible e intratable del proceso de envejecimiento, creemos que el E5 es una solución importante para este problema imposible de resolver hasta el momento. Ya hemos comprado nuevos medidores de fuerza de agarre, y seguimos trabajando con ratas en nuestros laboratorios de Bombay, ya que hay muchas, muchas preguntas a las que queremos dar respuesta (y ratas son convenientes, en comparación con perros o abogados). También estamos tratando a las ratas con E5 "para siempre", en caso de que vivan tanto tiempo, y viendo si la fuerza de agarre se mantiene constante en esas ratas tratadas. Tal vez sea posible llevar las células al fenotipo de edad que habrían tenido en las primeras etapas de la vida, lo que tal vez nos permita reconstruir órganos. Creemos que hemos descubierto un nuevo continente y sólo estamos viendo su pico más alto; pienso que lo que hay debajo ofrecerá oportunidades que actualmente están más allá de nuestra imaginación.

La administración continua y de por vida (por muy larga que sea) de E5 es un experimento generosamente financiado por Didier Cournelle,[67] cuyo interés es la prolongación de la vida, y cuya pregunta es: ¿cuánto tiempo podemos prolongar la vida de las ratas? Él apuesta a que no podemos superar la duración máxima de la vida (unos cuatro años) en un 50% — estoy seguro de que es una apuesta que él quiere perder. Experimentos con primates no humanos — monos — acercarán el E5 al uso humano, y el uso de E5 en perros, aparte de la validación, mostrará cómo podríamos rejuvenecer a nuestros viejos animales de compañía. ¿Y no sería eso genial?

Segundo objeto

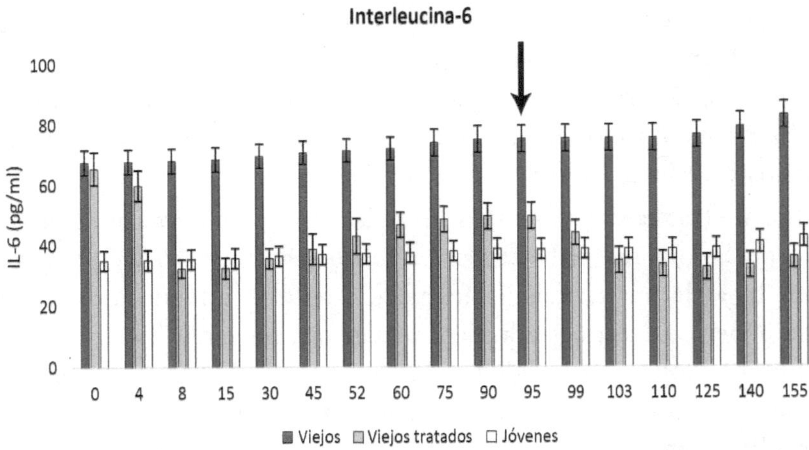

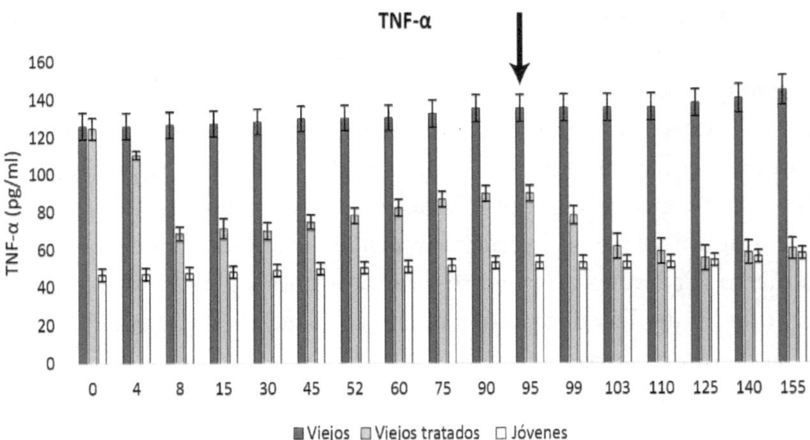

Figura 23: Variación de la concentración de IL-6 y TNF-alfa en el grupo tratado y en el control. Adaptado de Steve Horvath et al.[1], CC BY-ND 4.0 https://creativecommons.org/licenses/by-nd/4.0/.

Los dos gráficos de la Figura 23 representan la concentración de dos importantes citoquinas inflamatorias (sustancias químicas de señalización producidas internamente que son responsables de la inflamación crónica asociada al envejecimiento de los animales, desde los peces hasta los humanos) en el transcurso del experimento de dos tratamientos que he mencionado (nuestro segundo conjunto de experimentos). De nuevo, el gris oscuro (la primera barra de cada conjunto de tres) representa los controles viejos, las barras grises claras (en el medio), el grupo experimental, y las blancas, nuestros controles jóvenes (aunque a los ocho meses ya no son tan jóvenes). La flecha que apunta hacia abajo sobre el día 95 del experimento (en realidad, el día 96) muestra el momento en que se administró la primera inyección del segundo tratamiento (la primera de cuatro inyecciones, una cada dos días — es decir, alrededor de una semana de inyecciones).

Ahora, miremos a la derecha de esa flecha hacia abajo que indica el comienzo de un segundo tratamiento idéntico con E5. Aquí vemos que los niveles de TNF bajan a su punto más bajo sólo cuatro días después de la primera inyección del segundo conjunto de inyecciones, y ellos siguen bajando hasta llegar a un punto más bajo que en los controles jóvenes y se mantienen aproximadamente en ese nivel incluso 60 días (el equivalente en ratas a cinco años) después del segundo tratamiento con E5. Parece que después de un segundo tratamiento con E5, el envejecimiento avanza a un ritmo normal o incluso reducido. La pandemia de COVID-19 detuvo este experimento (ya que nuestras instalaciones en la Universidad NMIMS fueron cerradas), pero, como he mencionado, se ha iniciado un nuevo experimento que esperamos que sea muy extendido (en términos de tratamientos con E5).

La situación es similar en el estudio de IL-6 mencionado. Una vez más, se necesitan cuatro días para verse un descenso en sus niveles sanguíneos, pero alrededor del octavo día, ¡el nivel de IL-6 queda por debajo (ligeramente) de los niveles en los controles jóvenes! Tras el segundo tratamiento, los niveles de IL-6 (de los que es responsable el famoso factor de transcripción NF-kB) volvieron a bajar. El NF-kB es impulsado por altos niveles de ROS, y la unión del NF-kB al ADN es responsable de gran parte del daño que crean las células senescentes, incluyendo su producción de citoquinas inflamatorias, y el estrés oxidativo adicional hace que las células "poseídas" por el NF-kB sean inmunes a la muerte autoprovocada (apoptosis — un mecanismo para deshacerse de las células que "se hacen malas"). Vemos que los niveles de IL-6 en las ratas tratadas están por debajo de los niveles de los controles jóvenes (que empezaron a los tres meses de edad y tenían ocho meses al final del experimento), y no parecen superarlos ni siquiera 60 días después de la primera inyección del segundo tratamiento.

Observen también que tanto en los controles jóvenes como en los viejos hay un aumento constante de los niveles tanto de IL-6 como de TNF con la edad.

¿Qué importancia tiene esto? En primer lugar, la teórica: sabemos que todos los vertebrados (al menos los terrestres) tienen niveles de inflamación cada vez más altos a medida que envejecen, y se han dado muchas explicaciones para esto, incluyendo infecciones no resueltas, y virus ocultos en el genoma que se desprenden del ADN del huésped; sin embargo, con las evidencias que ya tenemos, ¡podemos afirmar definitivamente que la inflamación crónica del envejecimiento es causada por la falta de E5! Nuestros resultados demuestran el aumento natural de estas citoquinas con la edad, y que al restaurar la edad del animal se restauran los niveles de inflamación.

En términos prácticos, se cree que la inflamación crónica es la causa de varias enfermedades, como el cáncer, las enfermedades cardíacas y la demencia. Al eliminarse la inflamación crónica asociada al envejecimiento, deberíamos ver una marcada disminución de la aparición de las numerosas "enfermedades del envejecimiento" asociadas a ella. El aumento de la fuerza de agarre es una excelente señal de que el E5 podría tratar la fragilidad general. Pero, ¿es esto el comienzo de un patrón? ¿Qué patrón? Tal vez que los cambios relacionados con la edad no tienen otra causa que la edad. Esto es lo que la fórmula de Stroustrup, $r(t) = t/\lambda$, nos dice realmente, que no hay ninguna causa de mortalidad por envejecimiento que no sea el paso de un organismo por sus últimas etapas de vida — todo lo demás es consecuencia.

Tercer objeto

A continuación, veamos otros biomarcadores en la Figura 24.

Esto es lo que significa toda la información de la Figura 24; el grupo experimental (ratas viejas tratadas con E5 — cada punto es la media de seis ratas) comienza con los mismos niveles que las ratas viejas de control, y termina con valores casi exactamente iguales a los de la población joven después de 155 días.

En los gráficos de la Figura 24, no es necesario descubrir cómo "conectar los puntos"; es obvio qué trayectoria sigue cada grupo. También en este caso, se trata del mismo código de colores: gris oscuro (viejos), gris claro (viejos tratados) y blanco (jóvenes). Y es el mismo tipo de pruebas que se podrían realizar a cualquier ser humano envejecido, en que se analiza la función hepática, los lípidos (grasas) y la glucosa en la sangre, así como el funcionamiento de los riñones. Los niveles de todos los detectores clínicos de anomalías en los órganos envejecidos mostraron que en nuestros animales tratados desaparecieron todos los signos de posibles daños hepáticos, renales y cardíacos. ¿Por qué? Porque tu edad, tu paso por las etapas de la vida, determina la mortalidad por todas las causas. La naturaleza te va a agarrar — nada personal, ella sólo está recuperando lo que es suyo. Sin embargo, no estoy robando — fue un regalo de la naturaleza.

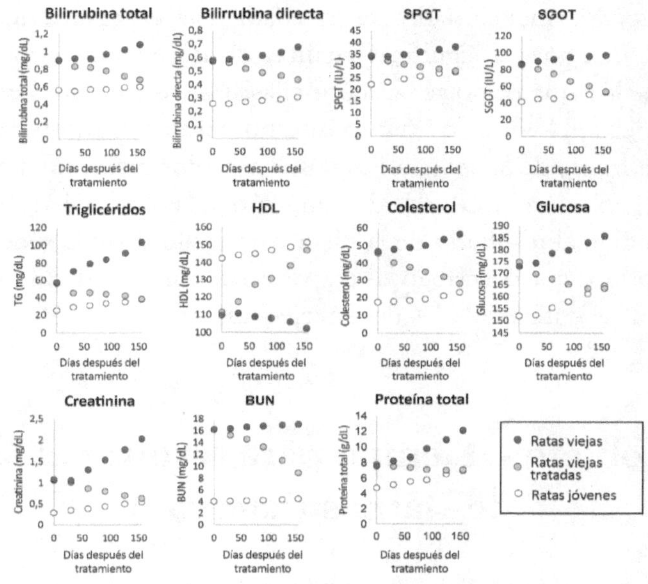

Figura 24: Fila superior: función hepática — la SPGT es una enzima que se libera en la sangre cuando el hígado o el corazón están dañados, y la SGOT es una enzima hepática que llega a la sangre cuando se dañan las células del hígado. Fila central: los triglicéridos son ácidos grasos normales unidos a la glicerina, que se cree que están relacionados con las enfermedades del corazón. HDL (lipoproteínas de alta densidad), el "colesterol bueno", son moléculas que eliminan el colesterol de las células, mientras que el colesterol se refiere al total y es un correlato negativo de la salud del corazón. Fila inferior: función renal — la creatinina debe ser excretada por el riñón; si no, se acumula en la sangre. BUN significa nitrógeno ureico en sangre, en la sigla en inglés — al igual que la creatinina, debe ser excretado por el riñón; si no es así, puede detectarse mediante un análisis de su presencia en la sangre. Adaptado

¿Recuerdan cuando podían comer cualquier cosa sin aumentar de peso ni preocuparse por sus efectos sobre la salud? Eso era antes, pero puede volver a ser así. Esto es una reiteración del punto que comenté anteriormente: el único determinante de los cambios destructivos o maladaptativos en los órganos y tejidos mencionados es la edad, más específicamente, la edad "biológica", que parece significar cuántas de las etapas de vida asignadas han pasado. ¿Y a qué ritmo se pasa por ellas? Está claro que el entorno tiene influencia, pero el "entorno" (tanto interno como externo) se conecta con la genética a través de la epigenética. Esos cambios maladaptativos, como el aumento del colesterol LDL o la disminución del colesterol HDL, no son en tan gran medida el resultado de la dieta y un estilo de vida sedentario, pues son los fenotipos que describen las etapas posteriores de la vida — fenotipos que incluyen las enfermedades del envejecimiento.

Cuarto objeto - Tiempo para resolver el laberinto de Barnes (latencia)

Los cuatro gráficos de la Figura 25 pueden no parecer muy interesantes, pero cada punto (con el mismo código de colores) representa el tiempo medio que tardaron las seis ratas de cada grupo en recorrer un laberinto de Barnes (la mesa con agujeros circulares cortados a lo largo de su periferia, uno de ellos con una bolsa oculta para escapar). La "latencia" se refiere al tiempo que tarda la rata en encontrar el agujero adecuado. Se elige un agujero, se le pone una bolsa y luego se colocan marcadores a lo largo de la mesa y de las paredes de la habitación que la rodea para proporcionar marcas de guía. Se entrena a la rata durante nueve días y luego se la pone a prueba durante nueve días. Una rata colocada en el centro de la mesa del laberinto de Barnes quiere salir de una posición expuesta, por lo que naturalmente busca la bolsa para esconderse. Para cada nueva prueba, se elige un agujero diferente para recibir la bolsa y se colocan diferentes marcadores en la mesa y las paredes.

Vemos que en el día 18 después de la primera inyección del primer tratamiento, no hay realmente ninguna diferencia entre el grupo viejo y el grupo de control (cada grupo de ocho animales fue probado cada día durante nueve días). Sin embargo, en el día 21, vemos una diferencia. Entonces, el efecto de rejuvenecimiento tarda más en manifestarse en el caso de las habilidades cognitivas, como era de esperar, porque ellas requieren cambios más profundos desde los niveles bioquímicos y celulares inferiores hasta que se producen cambios a nivel de órganos y sistemas de órganos, para que la coordinación de músculos y neuronas vinculadas a la actividad cerebral se manifieste como una mejora del rendimiento cognitivo. Observen también que ambos grupos de ratas viejas tardan aproximadamente el doble de tiempo que las ratas jóvenes en sus ensayos independientes iniciales, pero que al cabo de nueve días (del primer mes), las ratas tratadas tenían latencias más cercanas al grupo joven que al viejo.

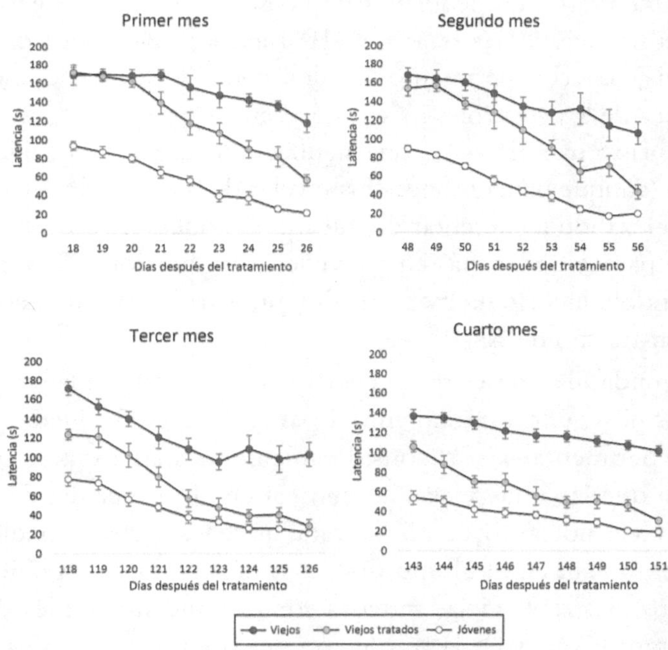

Figura 25: Resultados de latencia. Adaptado de Steve Horvath et al.[1], CC BY-ND 4.0 https://creativecommons.org/licenses/by-nd/4.0/.

Vemos que en el día 18 después de la primera inyección del primer tratamiento, no hay realmente ninguna diferencia entre el grupo viejo y el grupo de control (cada grupo de ocho animales fue probado cada día durante nueve días). Sin embargo, en el día 21, vemos una diferencia. Entonces, el efecto de rejuvenecimiento tarda más en manifestarse en el caso de las habilidades cognitivas, como era de esperar, porque ellas requieren cambios más profundos desde los niveles bioquímicos y celulares inferiores hasta que se producen cambios a nivel de órganos y sistemas de órganos, para que la coordinación de músculos y neuronas vinculadas a la actividad cerebral se manifieste como una mejora del rendimiento cognitivo. Observen también que ambos grupos de ratas viejas tardan aproximadamente el doble de tiempo que las ratas jóvenes en sus ensayos independientes iniciales, pero que al cabo de nueve días (del primer mes), las ratas tratadas tenían latencias más cercanas al grupo joven que al viejo.

En el segundo experimento con el laberinto de Barnes (segundo mes), en que se cambiaron la posición de la bolsa y las marcas de guía, las ratas re-entrenadas mostraron un pequeño cambio al principio de los experimentos, en el que la latencia de las ratas tratadas fue un poco menor que la de los controles viejos, y el experimento terminó con el grupo experimental todavía más cerca de los controles jóvenes que en sus primeras pruebas, aunque no se administró más E5 — lo que significa que el rejuvenecimiento siguió ocurriendo (aunque para entonces los niveles de las citoquinas inflamatorias estaban empezando a aumentar de nuevo). Entonces, el proceso de rejuvenecimiento parece tardar más en rejuvenecer las funciones superiores, pero sigue haciéndolo incluso un mes y medio (unos tres años humanos) después de la administración de E5.

La segunda fila (meses tres y cuatro) corresponde a los resultados obtenidos tras el segundo tratamiento a partir del día 95. Pueden notar que las ratas experimentales son considerablemente más capaces de resolver el laberinto que las ratas viejas de control en el primer día de la prueba, aunque todavía no tanto como las ratas jóvenes, pero a medida que las pruebas continúan, en el último día de prueba en ambos gráficos (meses tres y cuatro), las ratas viejas tratadas son casi indistinguibles de las ratas (ahora no tan) jóvenes en la resolución del laberinto (las ratas viejas son considerablemente más pesadas que las ratas jóvenes también, así que eso puede haberlas retrasado).

El hecho es que la memoria y la resolución de problemas volvieron a niveles cercanos a los de la juventud; sin embargo, como el cerebro es muy importante, estamos planeando dedicar más tiempo al rejuvenecimiento cerebral, y tenemos algunos planes. Evidentemente, aunque la pérdida de memoria asociada al envejecimiento normal es preocupante, la pérdida de toda la vida, la familia y los amigos de toda la vida a causa de la demencia (en particular de la enfermedad de Alzheimer) es el destino más aterrador para la mayoría de las personas, y las evidencias de rejuvenecimiento del cerebro son una buena noticia — aunque hay algunos otros abordajes para el rejuvenecimiento del cerebro que podrían utilizarse junto con un tratamiento con E5.

Perdónenme, yo debería ("quiero", porque es una buena historia) contarles todo sobre el E5. Sin embargo, hasta que tengamos que revelarlos (bajo la protección de patentes), nuestros secretos son nuestro mayor activo. Si los reveláramos sin la debida protección de patentes, nos quedaríamos sin nada. Además, uno de mis grandes temores es que las grandes farmacéuticas quieran que el E5 desaparezca, ya que él podría reducir considerablemente sus negocios, sobre todo porque muchos de sus medicamentos más vendidos — y que requieren uso de por vida — están dirigidos a las enfermedades y problemas de salud del envejecimiento. En algún momento, tendremos que revelar nuestros secretos, pero también queremos nuestros 20 años de control exclusivo de hacia dónde nos dirigimos, y hacia allí se dirigirá la biología (me vienen a la cabeza imágenes de la película Existenz).

Algunos indicios de por qué se revertió el envejecimiento (o incluso si se revertió) fueron dados por el siguiente "objeto", que discute múltiples puntos relacionados con el estrés oxidativo en el envejecimiento y el rejuvenecimiento que requirieron el sacrificio de los animales. Un laboratorio independiente se encargó de hacer la medición, en los órganos, de varias moléculas que son marcadores del envejecimiento.

Quinto objeto

Como mencioné, la única forma de obtener las mediciones de la Figura 26 fue sacrificando a los animales. Los gráficos de barras individuales muestran el contenido en los órganos de varios marcadores o enzimas relacionados con el potencial rédox involucrados en la neutralización del estrés oxidativo, según se ha descrito. El malonaldehído es un producto de la oxidación de las grasas e indirectamente indica los niveles de producción de ROS por las células del órgano medido. Se observa poca oxidación en el cerebro, y más en el hígado en los animales viejos en comparación con los jóvenes. Pero los animales tratados con E5 eran mucho más parecidos a los controles jóvenes (de unos ocho meses) que a los controles viejos (de 22 meses). Por lo tanto, esto significa que hubo menos exceso de producción de ROS, ya sea porque se produjo un rejuvenecimiento de las mitocondrias (produciendo menos ROS por electrón transportado) o un incremento de la actividad de las enzimas de reparación (ya que se sabe que algunas disminuyen su actividad con el envejecimiento), o probablemente ambas cosas.

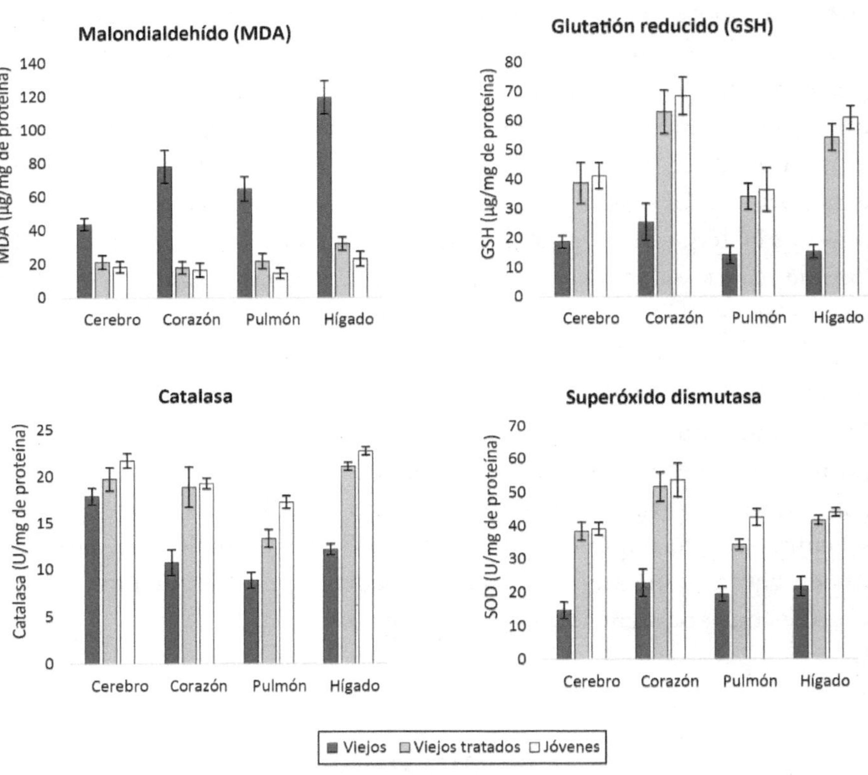

Figura 26: Resultados del análisis ex vivo de las ratas. Adaptado de Steve Horvath et al.[1], CC BY-ND 4.0 https://creativecommons.org/licenses/by-nd/4.0/.

El gráfico a la derecha de ese muestra las cantidades en los órganos de glutatión reducido, un determinante importante de la capacidad reductora del citoplasma y de las mitocondrias de una célula — su "resiliencia" — ya que determina si una célula sobrevivirá o no a un evento de estrés oxidativo. La disminución continua de las reservas celulares de glutatión reducido determina cuánto puede recorrer una molécula de peróxido de hidrógeno o una especie nitrogenada de alta energía a través de una célula (su "camino libre medio"), es decir, cuál puede ser su tiempo de vida antes de ser aplacada por un agente reductor. Cuanto mayor sea ese camino libre medio, más probable será que cause daños.

También se considera que el glutatión es un determinante primario del potencial rédox citosólico y mitocondrial (si una molécula recibirá hidruros o los donará), y eso depende de la proporción entre la forma oxidada y la reducida. Normalmente, el glutatión reducido se escribe como GSH — la "G" es de "glutatión" y "SH" representa el grupo tiol unido (simplemente un átomo de azufre y un átomo de hidrógeno, GS-H, un grupo que puede perder su hidrógeno para convertirse en GS- con ese enlace vacío en su extremidad derecha). La acción reductora del glutatión puede describirse mediante las siguientes reacciones 1 y 2:

$$2GSH + H_2O_2 \; à \; GSSG + 2H_2O \quad (1)$$

al reaccionar con el peróxido de hidrógeno

$$2GSH + R_2O_2 \; à \; GSSG + 2ROH \quad (2)$$

al reaccionar con un compuesto orgánico peroxidado

El glutatión se encuentra en una concentración muy alta en la célula, pero no todo el glutatión se utiliza como se describe en las reacciones mostradas anteriormente. Las glutatión-S-transferasas, por ejemplo, son enzimas que unen toda la molécula de glutatión a proteínas con lesiones rédox; el glutatión se une enzimáticamente a estas proteínas y así ellas son "curadas" (o expulsadas de la célula). Sin embargo, la idea de que el glutatión reducido (GSH) siempre se oxida a GSSG es errónea; el GSH se utiliza para neutralizar sustancias químicas tóxicas combinándose con ellas, y es el GSH el responsable de mantener nuestras vitaminas C y E en un estado antioxidante.

De esta forma, la disminución de los niveles celulares de glutatión es un marcador de envejecimiento en ratas y personas (los niveles en el hipotálamo en humanos se correlacionan negativamente con la enfermedad de Alzheimer). Sólo en algunos tumores de cáncer de hecho se observa un aumento del glutatión reducido — y en las células de nuestros animales rejuvenecidos.

Así que, claramente, aunque no mostraré los datos, después de alrededor de 30 días (nuestro primer experimento) los niveles de GSH llegaron a cerca del 70% de los valores de las ratas jóvenes, pero en los gráficos de la Figura 26 vemos que en todos los órganos analizados al final de cinco meses y dos tratamientos, los niveles de glutatión reducido en los órganos de las ratas viejas tratadas con E5 eran casi indistinguibles de los controles jóvenes, con superposición entre los grupos en todos los casos, mientras que ninguna rata tratada se acercaba a los valores de los controles viejos. Así, en lugar de perder gradualmente GSH — una marca del envejecimiento en muchos organismos — la cantidad de GSH aumentó en cada órgano, lo que proporcionaría una mayor "reserva de órgano".

Aquí, realmente sentí que estaba viendo el envejecimiento siendo revertido, pero había una gran sorpresa por venir: los resultados de Steve Horvath. Aunque pareció tardar una eternidad, Steve construyó su reloj de ratas (ratas Sprague Dawley) con nuestra ayuda y la ayuda adicional de Rodolfo Goya, de Argentina. Así que, ahora, era el momento de la parte del trato de Steve — y no parecíamos estar en lo alto de su lista de prioridades (no puedo culparlo), así que esperamos y esperamos. Yo intentaba responder a la pregunta de por qué nuestro E5 mostraría resultados tan intensos y el ensayo de Steve no mostraría nada (por si acaso), porque yo estaba más convencido de nuestros resultados que del significado del ensayo de Steve, pero como veremos, ese ensayo aclaró todo de la mejor manera posible. Sin embargo, antes de llegar a eso, vamos a ver qué información adicional nos da el "objeto" actual.

Los dos gráficos de barras inferiores de la Figura 26 son enzimas que tienen la responsabilidad de lidiar con el peróxido de hidrógeno, H_2O_2. La superóxido dismutasa produce H_2O_2 a partir del anión radical superóxido, más energético y tóxico. Tiene versiones mitocondriales y citosólicas, y se necesita para la vida. La catalasa convierte el peróxido de hidrógeno en agua y oxígeno. Se encuentra exclusivamente en los peroxisomas, que participan en el catabolismo de los ácidos grasos pero no producen ATP (aunque sí producen NADH). Curiosamente, cuando la catalasa se trasladó a las mitocondrias (genéticamente, en ratones) se produjo un aumento significativo del tiempo de vida. Así que, si en lugar de peróxido de hidrógeno se obtiene agua y oxígeno, y eso alarga la vida, parecería que el peróxido de hidrógeno (¿en exceso?) contribuye al envejecimiento y a la muerte.

Una de las razones por las que los niveles de antioxidantes aumentaron puede mostrarse en los gráficos de la Figura 27.

El Nrf2 es un factor de transcripción que normalmente se mantiene en el citoplasma y es degradado continuamente por la célula; la molécula tiene una vida media de veinte minutos. Sin embargo, cuando el citosol se vuelve oxidante, cuando hay una explosión de ROS (especies reactivas de oxígeno y nitrógeno), el factor de transcripción se libra de ser degradado, se incrementan sus niveles y entra en el núcleo. Allí se une a secuencias específicas de ADN llamadas "elementos de respuesta antioxidante" (ARE, en la sigla en inglés), que están presentes en las regiones promotoras de los genes y afectan a su transcripción. Muchos de los genes del Nrf2 (los que controla) están relacionados con la reparación del daño oxidativo y la eliminación de los productos tóxicos de la oxidación, como los genes que codifican las glutatión-S-transferasas. Algunos de los genes del Nrf2 están relacionados con la producción de glutatión mediante el incremento de la glutamato-cisteína ligasa, la enzima reguladora de su producción.

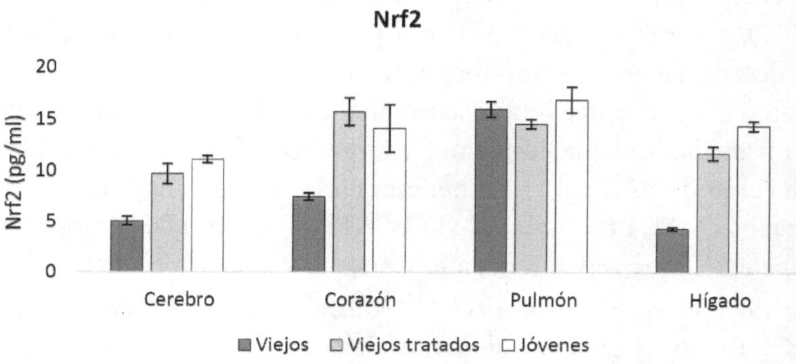

Figura 27: Niveles de Nrf2 obtenidos en el experimento. Adaptado de Steve Horvath et al.[1], CC BY-ND 4.0 https://creativecommons.org/licenses/by-nd/4.0/.

La familia de proteínas antioxidantes de la tiorredoxina, incluidas las peroxirredoxinas, están controladas por los ARE. Así, mientras que en los pulmones no había ninguna diferencia apreciable entre las ratas viejas tratadas y las no tratadas, tampoco había ninguna diferencia significativa con respecto a las ratas jóvenes. Diferentemente, en el cerebro, el corazón y el hígado, los niveles de Nrf2 estaban en los niveles de juventud, o cerca de ellos, y eran claramente diferentes de los animales viejos no tratados.

Lo importante es notar que, aunque los niveles de ROS intracelulares aumentan con la edad, la cantidad de Nrf2 en los órganos disminuye considerablemente con la edad. Una posible razón para eso es que cuando los niveles de ROS son muy elevados, el factor de transcripción de "supervivencia" NF-kB toma el control. Cuando lo hace, la célula comienza a producir citoquinas inflamatorias, en particular la IL-6 (el NF-kB se une al promotor de la IL-6) y factores antiapoptóticos (que impiden que se mate a sí misma — como exige la "etiqueta celular" de las células dañadas). Otra propiedad del NF-kB es que inhibe al Nrf2, pero la respuesta es mutua; ¡el Nrf2 inhibe al NF-kB!

En un momento dado se me ocurrió una explicación de lo que ocurría, que era algo así: la célula (citosol y núcleo) pierde potencial reductor a medida que él es utilizado por cantidades crecientes de ROS y otros usuarios de poder reductor (síntesis), y no se repone con la suficiente rapidez, de modo que hay un suministro decreciente de NADPH y GSH, todo eso causado por la disminución de NAD^+, causada, a su vez, por el aumento de la reparación de ADN (ya que el NAD^+ es un sustrato para la PARP, que se utiliza para marcar el daño en el ADN mediante el establecimiento de largas cadenas de poli ADP), y por el uso del NAD^+ por parte de las sirtuinas para las reacciones de desacetilación (recordemos que en las células "viejas" hay una falta de mantenimiento epigenético, así como una desregulación genética). En última instancia, la célula llega a un "momento difícil" cuando la exposición o producción de ROS (el H_2O_2 penetra en las membranas celulares) supera los recursos (NADPH, GSH, NAD^+ y ATP — todos ellos componentes de la "resiliencia") que reparan el daño causado, y la célula muere.

Ya no apoyo más este modelo. Ahora debemos tener en cuenta que la mortalidad del organismo depende de la etapa vital en que se encuentre (una proporción de la vida total — medida como tiempo de vida medio o máximo, ya que son proporcionales), y el hecho revelado por el grupo de Stanford (Conboys, Rando, Wagers) de que la edad de una célula (o más exactamente, el fenotipo de edad — cómo se ve y actúa) está determinada por su entorno intercelular, por factores pro y antienvejecimiento en el plasma sanguíneo, y no por el tiempo que ha vivido en el cuerpo.[14,63]

El hecho de que los cuerpos viejos contienen células con apariencia vieja se debe a que el cuerpo controla el fenotipo de edad celular, y no a que las células hayan envejecido. Células de personas centenarias que han sido tratadas con factores de Yamanaka (por Laure Lepasset[68]) y retornadas a la condición de células madre embrionarias fueron capaces de formar cualquier tipo de célula — sus telómeros se alargaron, sus mitocondrias volvieron a ser eficientes como en la juventud, sus perfiles de transcripción volvieron a los patrones juveniles — y podrían en última instancia ser utilizadas para la formación de quimeras (donde podrían ser mezcladas con el embrión temprano de una especie diferente), y tal vez, si se les permitiera, podrían vivir otra vida completa.

Entonces, ahora tengo la clara impresión de que la pregunta sobre cómo funciona nuestro rejuvenecimiento fue respondida de la manera más inesperada y esclarecedora.

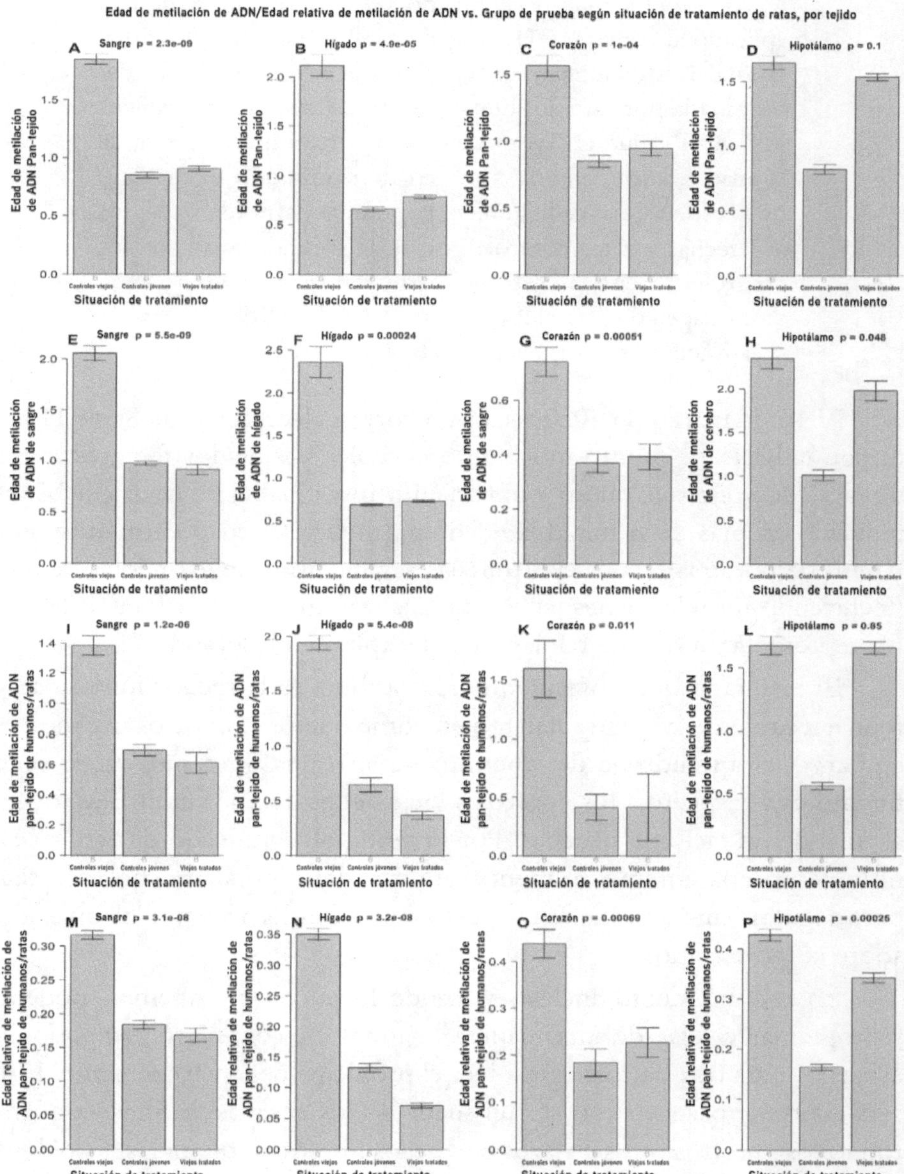

Figura 28: Análisis del reloj epigenético del tratamiento con fracción de plasma. Cada fila representa un tipo de reloj (seis en total), y cada columna representa un tejido/órgano; desde

la izquierda, sangre, hígado, corazón e hipotálamo. La primera fila es el reloj pan-tejido de rata. La segunda fila muestra:
E) reloj de sangre de rata aplicado a la sangre, F) reloj de
hígado de rata aplicado al hígado, G) reloj de sangre de rata
aplicado al corazón y H) reloj de cerebro de rata aplicado al
hipotálamo. La tercera fila representa la edad cronológica determinada por un reloj humano-rata. La cuarta fila (gráficos
M-N-O-P) muestra las mediciones del reloj humano-rata de
la edad relativa definida como edad/tiempo de vida máximo
de la especie. En cada gráfico, la primera barra (de izquierda
a derecha) son los controles viejos, la segunda barra son los
controles jóvenes y la tercera barra son las ratas viejas tratadas. Imagen de Steve Horvath et al.[1], CC BY-ND 4.0 https://
creativecommons.org/licenses/by-nd/4.0/.

El 16 de marzo de 2020 recibí un correo electrónico de Steve Horvath con la barra de asunto mostrando el título "resultados fantásticos reloj
de rata" que dijo que nuestro tratamiento funcionaba; de hecho, habíamos
reducido en más de la mitad la edad epigenética (la edad de metilación de
ADN) de nuestras ratas viejas tratadas según varios de los relojes de Steve
(incluyendo un reloj panespecies que analizaremos). En la Figura 28, cada
fila representa un tipo de reloj, como se explica en la leyenda.

El resultado que obviamente no combina es la menor intensidad de
rejuvenecimiento en el hipotálamo en comparación con otros órganos. Sin
embargo, el aprendizaje de laberinto mostró una gran mejora de rendimiento con respecto a los controles viejos e igualó a los controles jóvenes
al final de un ciclo de pruebas. Por lo tanto, el significado de este rejuvenecimiento aparentemente menos intenso del hipotálamo no está claro,
pero seguramente investigaremos esto más a fondo. Ya tengo algunas ideas
sobre cómo hacerlo.

En este momento, incluso sabiendo lo poco que sabemos, podemos
reprogramar células de una manera "natural" y, con suerte, en todos los
aspectos, para de esta forma resolver el problema del envejecimiento. El E5
será el primer paso. Esto no es un sueño — los ensayos de Steve confirmaron todos nuestros otros ensayos en que los niveles bioquímicos, fisiológicos
y cognitivos dependientes de la edad (y algunas características que antes no
se pensaba que fueran dependientes de la edad) volvieron a niveles juveniles.
Por lo tanto, la proporción entre el colesterol bueno (HDL) y el colesterol
malo (LDL) no es una función del estilo de vida, sino de la etapa de la vida.

La observación de Stroustrup et al. de que la mortalidad por todas las causas es básicamente una función de la etapa de la vida (como una proporción definida del tiempo de vida total) está unida a la teoría de David Neill de la vida como una progresión de etapas de vida, y a la Teoría Epigenética del Envejecimiento de Steve Horvath, como explicaré — pero la razón última de cómo y por qué funciona el E5 es bastante simple; el plasma es la herramienta que tiene el cuerpo para controlar el fenotipo de edad de sus células, y el E5 devuelve las células a un estado epigenético anterior. Las células ahora rejuvenecidas comienzan a repoblar los tejidos menguados (nuestro tratamiento parece eliminar también las células senescentes), el tejido reforzado contribuye ahora a que los órganos funcionen mejor, a que el corazón sea más fuerte, las arterias más elásticas, los intestinos y riñones menos permeables. Eso, por supuesto, nos fortalece. Hasta ahora, hemos repetido este experimento con éxito muchas veces.

9

La nueva ciencia del rejuvenecimiento

En general, según los partidarios de la teoría del desgaste, el "rejuvenecimiento" debería ser imposible. Los daños pueden ser vitales — los daños se habrían reparado si se pudieran reparar. La célula envejecida es una célula dañada e irreparable. Los trabajos realizados por Briggs y King y J.B. Gurdon en los años 1980 con transferencia nuclear de células somáticas (TNCS) demostraron que incluso las células somáticas adultas (en algunos casos) de la piel tenían núcleos que al ser implantados daban lugar a animales completos que llegaban a adultos. Las actividades de clonación más recientes no se limitaron a ranas y sapos (Gurdon utilizó la rechoncha y lenta rana de uñas africana, *Xenopus laevis*, como sujeto experimental).

La oveja Dolly es otro ejemplo de que los núcleos de las células de animales maduros son capaces de formar animales totalmente funcionales. Además, en un experimento que se inició en el año 2000, terneros resultantes de TNCS de núcleos de fibroblastos de vaca cultivados hasta la senescencia replicativa in vitro (en cultivo celular) se convirtieron en vacas completamente adultas, todas ellas perfectas hasta el momento.[69] En ese experimento, las células de una vaca se cultivaron in vitro hasta que ya no pudieron multiplicarse (senescencia replicativa). Esta senescencia ya fue considerada demasiado degradación como para soportar la vida, y mucho menos el desarrollo normal. Se extrajeron núcleos de algunas de esas células senescentes, y se colocaron en óvulos de vaca a los que se habían retirado los núcleos, y luego esos óvulos se implantaron en vacas y se les permitió llegar a término.

Figura 29: Rana de uñas africana, *Xenopus laevis*. Brian Gratwicke, CC BY 2.0 https://creativecommons.org/licenses/by/2.0, vía Wikimedia Commons

La transferencia nuclear de células somáticas demostró que incluso el núcleo de células envejecidas tanto in vivo como in vitro podía dar lugar a una descendencia normal. Esto también demostró de forma inequívoca que el núcleo supuestamente "desgastado" seguía teniendo lo necesario (en cuanto a los genes) para formar un animal completamente normal (con muchos tipos de animales producidos ahora de esta manera; esto se ha convertido en parte de la cría comercial de animales). Entonces, si no fue el núcleo el que envejeció, ¿fue el citoplasma? ¿O el citoplasma del óvulo enucleado tuvo un poderoso efecto restaurador sobre el núcleo envejecido y aparentemente senescente?

La respuesta llegó desde una dirección inesperada — una convergencia de dos metodologías muy diferentes la reveló. Si una célula es tratada con determinados "factores de transcripción pioneros", cambia su estado de diferenciación. Aunque sólo una pequeña proporción de células era "propensa" a este cambio, éste convertía a las células somáticas ordinarias en lo que parecían ser células madre embrionarias, capaces de formar cualquier tipo de célula (excepto las membranas extraembrionarias del embrión temprano — que más tarde forman parte de la placenta). Y con la dirección adecuada por parte de factores de transcripción específicos de tejido insertados como plásmidos, esas *células madre pluripotentes inducidas* (iPSC, en la sigla en inglés), como se las llamó tras la transformación, podían convertirse en cualquier tipo de célula que se deseara (aunque todavía no se ha verificado que sean capaces de formar un animal por completo por sí mismas, como pueden hacerlo las células TNCS).

Además, cuando las células se llevaron al estado de iPSC, también se llevaron a la edad cero, y todas las características de "envejecimiento celular" se revirtieron. Sin embargo, si las células se transdiferencian por medios directos que hacen que no sea necesario que las células pasen por la etapa de iPSC, el "reloj" del envejecimiento no se reinicia, sólo lo que se reinicia son los patrones de diferenciación celular y los mecanismos epigenéticos que los controlan.

Entonces, ¿hay algún punto en el camino desde células somáticas diferenciadas hasta iPSC desdiferenciadas en que sólo cambia la edad? Y resulta que con la administración controlada de los factores de Yamanaka, estos factores de transcripción "pioneros" permiten a las células cambiar sus estados y hacer volver atrás su edad epigenética. Los factores de Yamanaka originales, conocidos como OSKM (Oct 4, Sox 2, Klf4 y c-Myc) producen rejuvenecimiento cuando se expresan en periodos de tiempo limitados y secuenciales, pero en varios experimentos — incluso experimentos in vivo con ratones — se produjo el desafortunado efecto colateral de la formación de cánceres con dientes (y otros órganos o partes de ellos), llamados teratomas. Recientemente, David Sinclair, utilizando un sistema in vitro sólo con OSK (ya que se consideraba que M era el responsable de la carcinogénesis), hizo que volviera a crecer un nervio óptico in vitro a partir de un ojo viejo.[70]

El E5 debería tener todas estas propiedades, pero debería también disminuir la incidencia del cáncer, ya que el cáncer es una enfermedad de la vejez, y las células reprogramadas deberían responder como lo habrían hecho cuando eran jóvenes. Tal vez, excepto que ahora las células madre estarán más comprometidas con la autorrenovación para aumentar su número — y su número determina el número de su progenie diferenciada, para resolver los problemas de citopenia (pérdida de células de los tejidos) de los animales viejos. Parece que el E5 afecta a muchos tipos de factores de transcripción pioneros en los tejidos: cambia el fenotipo de edad celular en el lugar, por simple inyección, sin necesidad de hacer modificaciones estructurales en nosotros mismos o en nuestros hijos. Sin embargo, reconozco que algunos científicos, como David Sinclair, están empezando a ver la verdad sobre el envejecimiento. Espero haber ayudado — estoy seguro de que el E5 será el comienzo de una nueva y correcta biología que antepondrá los hechos a la teoría.

De esta forma, no somos los únicos en darnos cuenta de que las células pueden ser reprogramadas y rejuvenecidas. Ocampo et al. llevaron a cabo la demostración más convincente de que la reprogramación parcial mediante la expresión transitoria y secuencial de los genes OSKM en ratones vivos puede aumentar significativamente su tiempo de vida, además de llevar a niveles juveniles todos los demás marcadores de edad biológica examinados.[71] Se necesitaron los cuatro factores OSKM, pero se demostró que, incluso in vivo, in situ (en un animal vivo, con todo "en su lugar"), se producía un rejuvenecimiento sistémico significativo por la invocación de estos factores de transcripción pioneros — que primero se unen al ADN, permitiendo que otros factores de transcripción y coactivadores se unan después y, por tanto, permitiendo diferenciación y remodelación de la cromatina, un evento que disminuye el potencial reductor de la célula, o viceversa.

Factores en la sangre

En su artículo de resumen de los nuevos esfuerzos en la investigación antienvejecimiento, Mahmoudi, Xu y Brunet discuten cuatro métodos potenciales para tratar el envejecimiento,[72] con nuestra investigación indirectamente incluida (no fue mencionada específicamente, pero le conté a Anne Brunet sobre nuestro trabajo en el BAAM — Bay Area Aging Meeting — en 2019 en Stanford). El primero son los factores en la sangre, en que se habla de los sospechosos habituales: los factores proenvejecimiento en el plasma sanguíneo viejo. Sin embargo, mientras que los Conboys demostraron que diluir el plasma sanguíneo viejo tiene un aparente efecto antienvejecimiento a juzgar por el aspecto de los tejidos antes y después del tratamiento,[55] el E5, que está formado un 100% por componentes de la sangre, tiene un efecto mucho mayor y más permanente sin necesidad de una dilución significativa (2% cada dos días durante cuatro días), lo que demuestra que los factores que promueven la juventud en la sangre joven tienen un efecto más permanente y parecen ser dominantes sobre los factores que promueven el envejecimiento. Tras nuestro segundo tratamiento de ratas con E5, la edad se reseteó, ocurriendo posteriormente el envejecimiento a ritmos normales. Discutiré el porqué después de hablar de las otras tres posibilidades del grupo de Brunet.

Los autores siguen con una tabla muy bonita que muestra los efectos de la parabiosis heterocrónica (HPE, en la sigla en inglés, en caso de que lo hayan olvidado — mi término) y de otros productos derivados de la sangre (oxitocina, TIMP2, gdf11) en el rejuvenecimiento. Cabe destacar que la simple inyección de sangre mejora la cognición.

Intervenciones metabólicas

La siguiente área de que habla el grupo es la de las intervenciones metabólicas, en términos de dieta o sustancias químicas como el inhibidor del complejo mTOR-C1 rapamicina. Para empezar, no se trata de un enfoque que conduzca a la inmortalidad; en el mejor de los casos, al menos en los mamíferos, conduce a un aumento muy pequeño del tiempo de vida. Se sabe que la restricción calórica funciona para prolongar el tiempo de vida en todos los grupos, vertebrados e invertebrados, excepto quizás en los primates, donde las pruebas de restricción calórica no mostraron un aumento del tiempo de vida, aunque sí mostraron un aumento del tiempo de vida saludable.

Que la restricción calórica funciona fue demostrado en los años 1930 por Clive MacKay (que también utilizó la parabiosis heterocrónica para estudiar el envejecimiento).[73] Sin embargo, los estudios a largo plazo del Instituto Nacional sobre el Envejecimiento (EE.UU.), con monos rhesus, no mostraron una prolongación de la vida — mientras que otros estudios sí lo hicieron. La verdadera cuestión aquí es algo más obvio: si el efecto existía, ¿por qué se necesitaban estadísticas para saber si el experimento tuvo éxito o no? Si se necesitaban estadísticas, el efecto era insustancial. Para mí, la parte problemática más importante de la restricción calórica y de la restricción de metionina (que está relacionada a ella) es que tienen como objetivo extender la vida celular mediante la reducción de la actividad metabólica.

Pienso que la velocidad del "reloj" está ajustada por la cantidad de daño producido; en la edad adulta, parece haber una reducción secuencial de la actividad de las proteínas necesarias a lo largo del tiempo de vida, que se produce en diferentes órganos en diferentes momentos. El timo empieza a involucionar (se hace más pequeño y se convierte en grasa) pronto, en la infancia, en todas las personas, mientras que en las mujeres los ovarios envejecen y se vuelven disfuncionales pasada la mitad de la vida. Otros órganos envejecen más lentamente. Incluso células del mismo tipo, que envejecen por los mismos mecanismos, envejecen a ritmos diferentes en los distintos órganos, lo que me lleva a creer (por si sirve de algo) que el estado de las células (incluido el fenotipo de edad) está determinado a nivel orgánico (a nivel de los órganos), así como a nivel sistémico (que puede actuar a través de los órganos).

Mi suposición (en realidad, la conclusión de Stroustrup) es que condiciones que inducen el daño causan un envejecimiento acelerado y por lo tanto son responsables de la muerte por todas las causas; entonces, mi modelo, basado en el modelo de Neill, pero siendo el cronómetro de la vida el resultado de la pérdida diaria de "resiliencia" — cuya medida son las concentraciones de GSH (glutatión reducido), tiorredoxinas, NADPH y NAD$^+$ — indica que si bien no puede perturbar el ciclo circadiano fijo (ya que hay muchos zeitgebers ["dadores de tiempo"] externos), sí cambia la tasa de acumulación de daños y, por tanto, la duración de todas las etapas de vida.

Como ya se ha mencionado, incluso esta dieta de restricción calórica empezando en el comienzo de la edad adulta podría retrasar el desarrollo (el "desarrollo" adulto) y podría dar lugar a una prolongación de la vida, incluyendo una mediana edad más larga y una vejez más larga. Sin embargo, aunque beneficie al individuo y a la sociedad por sus resultados en materia de salud, no es un camino hacia la inmortalidad, y ni siquiera hacia el rejuvenecimiento, ya que sólo retrasa lo inevitable (lo cual es bueno), al "ralentizar el reloj". Los autores Mahmoudi et al. afirman que el "modo de acción" de las intervenciones metabólicas incluye "factores en la sangre" (ciertamente incluyendo el E5 entonces),[72] y ciertamente hay factores en la sangre que cambian estados metabólicos de las células (hormonas, por ejemplo), pero no pienso que el E5 funcione de esta manera, como analizaré.

<u>Una nota sobre la rapamicina</u>

La rapamicina es un fármaco interesante. Antiguamente, cuando los exploradores visitaban un territorio inexplorado, siempre tomaban muestras de suelo para enviarlas a laboratorios para que fueran analizadas en busca de microbios que produjeran nuevos antibióticos. Bueno, encontraron una "mina de oro" cuando analizaron el suelo de la isla del Pacífico famosa por los enormes dioses de piedra que la rodean para proteger a sus habitantes de invasiones que vengan del mar. La isla de Pascua, situada frente a la costa occidental de Sudamérica, es llamada Rapa Nui por sus habitantes polinesios. La secreción de un producto de una bacteria del suelo del lugar encontrada allí (*Streptomyces hygroscopicus*) era inmunosupresora y tenía efectos anticancerígenos. Trabajos posteriores permitieron dilucidar que la diana de la rapamicina era la proteína mTOR (originalmente "diana de la rapamicina en los mamíferos").

La cuestión es que la rapamicina es un inhibidor de una enzima, una quinasa llamada mTOR (recordemos que las "quinasas" son enzimas que unen grupos fosfato a otras moléculas, incluidas las proteínas, activando o inhibiendo o incluso cambiando la función de las proteínas que fosforilan). El propio nombre mTOR significa "diana de la rapamicina en los mamíferos", como mencionado, por lo que el fármaco rapamicina regula el regulador del metabolismo celular.

El Complejo mTOR 1 (mTORC1) es el que nos interesa aquí, ya que tiene aportaciones de muchos aspectos del funcionamiento celular, incluidos los niveles de energía, las actividades sintéticas y el crecimiento. Como en el símbolo del yin-yang, además del lado luminoso — un metabolismo orientado al crecimiento y productor de energía controlado por el mTORC1 — existe un lado oscuro con funciones opuestas, en este caso el FOXO (familia Forkhead de factores de transcripción) con la misión contraria, frenar el crecimiento y la producción de energía e iniciar la reparación y el mantenimiento.

Cuando FOXO domina, también se transcriben otros factores de transcripción subsidiarios de reparación y mantenimiento como Hsp1 y Nrf2, cada uno con sus propias actividades (además de las compartidas) de reparación y mantenimiento. Se ha demostrado que estas actividades de reparación y mantenimiento aumentan el tiempo de vida, al igual que muchas mutaciones que producen una menor tasa de daños por oxidación (y a menudo a costa de una reducción del crecimiento y la actividad) o por mal plegamiento de proteínas (una "característica" del envejecimiento — debida en parte, pienso, a la condición reductora del retículo endoplásmico cuando debería ser oxidante).

De hecho, probé en mí mismo la rapamicina en lo que debería haber sido una dosis efectiva, pero no encontré ningún efecto significativo hasta que la terapia de rapamicina interactuó con mi enfermedad inflamatoria intestinal (EII); el mismo proceso que funciona contra el crecimiento en la mayoría de las células somáticas funciona contra el crecimiento en las células necesarias para reparar el daño intestinal realizado por la EII, y por lo tanto no la recomendaría en absoluto para personas con ese o cualquier problema de salud que requiera crecimiento del tejido (que por supuesto es la razón por la que es un medicamento contra el cáncer) y reparación. De cualquier forma, el tratamiento con rapamicina es, en el mejor de los casos, sólo otro medio de extender un poquito la vida de los mamíferos, alargando la vejez — pero con riesgos (incluyendo un sistema inmunológico debilitado) — y eso es mejor que nada, supongo (si no estás demasiado incapacitado por la vejez). Sin embargo, no es más que un sendero lateral que conduce nuevamente a la muerte tras un viaje tortuoso y peligroso.

Eliminación de células senescentes

La tercera vía analizada en el artículo de Mahmoudi et al. es la eliminación de las células senescentes. Desde su descubrimiento, Judith Campisi ha estudiado exhaustivamente las células senescentes y ha demostrado que, en lugar de ser células benignas y casi muertas, ya que han sido sacadas del ciclo celular (no se reproducen) y no realizan ninguna función útil conocida (aunque parecen estar implicadas en la cicatrización de heridas), en realidad son células zombis metabólicamente activas que de hecho perjudican al organismo produciendo citoquinas inflamatorias y colagenasas, gelatinasas y proteinasas extracelulares, que rompen la matriz intercelular que mantiene unidas nuestras células, y facilitan que las células cancerosas migrantes lleguen a los vasos sanguíneos y linfáticos por los que se propagan.

Darren Baker buscó, mediante ingeniería genética, un tratamiento que matara preferentemente a las células senescentes. Eligió como objetivo la elaboración de la proteína $p16^{INK4a}$ (llamada así por su capacidad de inhibir el NF-kB), un marcador de la senescencia celular. La $p16^{INK4a}$ lleva las células a la senescencia, por lo que es un gen supresor de tumores muy importante. Baker diseñó un transgén, INK-ATTAC, que permitía eliminar las células que expresaban $p16^{INK4a}$ mediante la adición de una sustancia exógena (un antibiótico).[74]

En el experimento, a un ratón se le eliminaron periódicamente las células senescentes (células que expresaban $p16^{INK4a}$) y a otro no. Las diferencias de aspecto fueron sorprendentes (el ratón al que se le eliminaron las células senescentes tenía un aspecto mucho más saludable y joven). Sin embargo, no hubo diferencias significativas en la longevidad (se trataba de una cepa progeroide de corta vida). Baker realizó el mismo experimento con ratones de tipo salvaje (con un tiempo de vida normal) y consiguió los mismos efectos y un aumento muy pequeño del tiempo de vida.[74]

Está claro que la eliminación de las células senescentes, o al menos de las que expresan p16^{INK4a}, aumenta el tiempo de vida y disminuye la incidencia de las morbilidades asociadas al envejecimiento. Sin embargo, es ciertamente otro camino lateral que inevitablemente nos lleva de nuevo al envejecimiento y a la muerte, pero con un mejor aspecto y sintiéndonos mejor. Aun así, es un objetivo que merece la pena; he impartido un curso de Biología del Envejecimiento durante años y no deja de sorprenderme que muchas personas no deseen tener una vida más larga — en realidad, no me sorprende tanto; sin el Cielo y el constante entretenimiento construido por Dios, la vida puede hacerse pesada. Era un antiguo mito cristiano que un judío que, cuando Jesús llevaba su cruz en la "Vía Dolorosa" y se detuvo a descansar, le preguntó "¿Por qué te estás retrasando aquí?", fue por ello condenado a vivir hasta que Jesús regresara. Esto se consideraba un duro castigo. Y lo que sí encuentro como la respuesta más común a la pregunta sobre el deseo de vivir vidas prolongadas es vivir hasta una "edad avanzada" con buena salud y morir mientras se duerme. No es del todo un plan sin méritos si no puedes hacer mejor que eso (o piensas que una vida es suficiente y más que suficiente — como piensan muchos en este planeta).

En cualquier caso, tenemos algunas evidencias (aunque no grandes) de que el tratamiento con E5 elimina las células senescentes, ya que tuvimos una clara falta de tinción de beta-galactosidasa asociada a la senescencia, un marcador de células senescentes, pero no un marcador definitivo — por lo general se necesita otro marcador, como anticuerpos p16^{INK4a} (conjugados con un compuesto fluorescente para tener visibilidad), para definir las células senescentes. Aun así, los senolíticos — tratamientos que eliminan las células senescentes — no son una vía hacia la inmortalidad, aunque tienen algunas características de rejuvenecimiento y parece que mejorarían la vida, especialmente la vejez, de aquellos que pudieran eliminar las células senescentes. Un factor que me olvidé de mencionar sobre las secreciones tóxicas de las células senescentes es que ellas segregan una sustancia desconocida que parece convertir a otras células vecinas en senescentes.

Reprogramación epigenética

La última categoría del trabajo de Mahmoudi et al. es la reprogramación epigenética. Aunque esto todavía tiene problemas, el trabajo de

Ocampo demuestra claramente el potencial.[71] El uso de OSKM conduce a teratomas (no es lo que se desea), pero está claro a partir de estas demostraciones que el envejecimiento es un fenómeno epigenético, o al menos controlado a través de medios epigenéticos. Y es aquí donde yo situaría el E5, más que entre los productos en la sangre mencionados. La razón es sencilla. Los relojes de Steve Horvath demostraron que no sólo habíamos rejuvenecido muchos tejidos y órganos (ya que cuando se observaba de cerca [muy de cerca], no sólo el fenotipo de todas las células y órganos examinados era juvenil), sino también los epigenomas (al menos las partes que marcan o determinan la edad), que se modificaron para ser lo que se esperaría de animales cuya edad biológica es menos de la mitad de su edad cronológica. Así, los perfiles de metilación del ADN confirmaron que las células habían sido rejuvenecidas en el nivel más profundo — sus epigenomas. Como este es el caso, y como el retratamiento parece funcionar mejor que los tratamientos iniciales — dejando que el envejecimiento continúe a niveles normales — debería ser posible mantener a un animal en una etapa de vida adulta joven indefinidamente, siempre y cuando se le proporcione E5 continuamente.

¿Qué es una vida?

En 1944 (mi año de nacimiento), Erwin Schrödinger escribió el breve libro *¿Qué es la vida?*,[75] un clásico que influyó en que muchos físicos se dedicaran a las ciencias biológicas. Schrödinger, un destacado físico, llegó a la conclusión de que la vida debía estar organizada por un cristal "aperiódico"; un "casi" cristal, con subunidades casi idénticas — constituyentes moleculares — dispuestas de forma a mantenerse unidas por enlaces covalentes. Esto fue escrito antes del descubrimiento de la naturaleza química del ADN por Crick, Watson, Pauling y, con reconocimiento tardío, Rosalind Franklin, la científica a la que tanto temían los "chicos", y cuyos estudios de difracción de rayos X del ADN dieron como resultado el descubrimiento de la doble hélice y la complementariedad del emparejamiento de bases — siempre hay una citosina emparejada con una guanina, y una adenina siempre está emparejada con un residuo de timina en la hebra opuesta. En concreto, Franklin determinó de forma independiente la doble hélice como resultado de su patrón de difracción de rayos X.

Sin embargo, si lo han notado, el nombre de esta sección es "¿Qué es **una** vida?". La razón de esto es reconocer como primer principio que la vida no es un proceso de desarrollo que termina llegándose a un organismo vivo y sexualmente maduro que sigue viviendo hasta que se topa con algún agujero en la ruta de la vida que es incapaz de superar (normalmente ser comido por depredadores, en el caso de los herbívoros, o morir de hambre, en el caso de los carnívoros — el frío es el mayor asesino natural de ratones). En el caso de las obreras de las colmenas de abejas melíferas, su tiempo de vida depende del momento en que nacieron (en lugares con estaciones), lo que determina cuándo abandonan el nido. La vida de una abeja (al igual que la de un virus T4) se desarrolla con pocas variaciones, como si de un extremo a otro se desempeñaran una serie de papeles estereotipados, primero como nodriza (todas las abejas obreras son doncellas), luego a través de una variedad de etapas de vida que determinan su función dentro de la colmena — reparar daños, construir, o, en el caso de las abejas en invierno, batir furiosamente sus alas para calentar el aire dentro de la colmena, manteniéndola confortable para la reina y su séquito. Pero finalmente, al final de sus vidas, las abejas entran en un estado llamado "pecoreadoras", con una mortalidad intrínseca mucho mayor, y las pecoreadoras mueren en pocos días.

La cuestión es que a los organismos se les da una vida — no el proceso de vida que puede terminar si se encuentra con más de lo que puede lidiar, o un plan de vida determinado por la casualidad; son un objeto cuadridimensional, limitado tanto en el tiempo como en el espacio, con muchos mecanismos diseñados para asegurar que el tiempo de vida no sobrepase el tiempo de vida máximo de la especie, ya que el tiempo de vida es una característica de la especie, como el tamaño o la coloración, que depende del hábitat y nicho ecológico de un organismo, así como de muchos otros "hechos de la vida" físicos y biológicos. Una vez que se comprende esto, el "misterio" del envejecimiento desaparece; ¿por qué "las cosas se deterioran"? Se hicieron así — la obsolescencia programada es un truco que los fabricantes humanos aprendieron de la naturaleza y, curiosamente, por las mismas razones, para promover la demanda y estimular la innovación, ya que la gente siempre busca un producto "nuevo y mejorado".

El punto más importante que tengo que enfatizar, y que cambia todo (pero hay más por venir), es que el "envejecimiento celular" es un mito; la edad de la célula está determinada por su entorno celular, y no por su historia. El envejecimiento del organismo no está determinado por el envejecimiento de sus células — el fenotipo de edad de sus células está determinado por la edad biológica del organismo.

Hemos aprendido de Albert Einstein que el tiempo no es una constante que fluye en todas partes al mismo ritmo — pero en organismos, el flujo del tiempo, como evidenciado por el paso a lo largo de sus vidas, está determinado por factores distintos a la masa y la densidad. Lo que hemos demostrado es que el tiempo — siendo el ordenamiento secuencial de los acontecimientos en un entorno local — tiene un significado totalmente diferente en los sistemas biológicos, donde el tiempo, en términos de paso a lo largo de la vida, depende del nicho ecológico de un organismo.

Entonces, los sistemas biológicos son muy diferentes de los sistemas físicos, ya que el "tiempo biológico" puede ralentizarse, detenerse o incluso invertirse sin que ello suponga una contradicción con las leyes de la física. La segunda ley de la termodinámica, la "entropía", "no se aplica" a los sistemas vivos, ya que ganan negentropía[*] con el tiempo; los sistemas biológicos son sistemas abiertos — reciben y transmiten tanto energía como masa. Imaginar que un sistema así tendría que obedecer las leyes de la entropía como si fuera un sistema cerrado equivaldría a decir que el aire acondicionado no funcionará porque el calor fluye hacia las zonas más frías. Sin embargo, al igual que en los seres vivos, la aplicación de energía puede revertir los efectos de la entropía.

Así, el envejecimiento organísmico según la duración de la vida de las especies parece ser algo muy parecido al modelo de David Neill, una sucesión fija de etapas de vida cronometradas por un reloj rédox basado en el ciclo circadiano y el correspondiente ciclo de sueño-vigilia. El plasma sanguíneo (al menos en los mamíferos) determina el fenotipo de edad a nivel celular, que posteriormente se ha demostrado que es reversible, y una vez revertido a nivel celular, esos cambios ascenderán por la jerarquía biológica, desde las células, hasta los tejidos, órganos, sistemas de órganos y, finalmente, todo el cuerpo para producir un organismo rejuvenecido.

Mi conclusión final es que el tiempo de vida es una sucesión controlada de etapas de vida, que dura toda la vida adulta y termina con la muerte, pero que no se trata de una ley física sino biológica, reforzada por las fuerzas evolutivas (incluida la selección de grupo), en respuesta al papel en el ecosistema del

---

* En teoría de la información y estadística, la negentropía se utiliza como medida de distancia a la normalidad. El concepto y la frase "entropía negativa" ["negative entropy", en inglés] fueron introducidos por Erwin Schrödinger en su libro de divulgación científica de 1944 *¿Qué es la vida?*. Posteriormente, la frase se acortó a "negentropía".

que forma parte el organismo. La tesis básica es que el tiempo de vida es una característica hereditaria de la especie, disponible para pequeñas modificaciones o para otras mucho mayores, del mismo modo que el patrón de la piel o peso, y controlada por una red de regulación genética de antigua procedencia con mecanismos homólogos en la mayoría de los filos animales del mundo.

Un estudio singular realizado con el "lémur ratón gris" de Madagascar, *Microcebus murinus*, un lémur muy pequeño con una gran sensibilidad a los cambios estacionales del fotoperiodo, demostró que cuando se exponían a ciclos día-noche alterados (en un entorno cerrado), los lémures respondían a ciclos 2 ½ veces más frecuentes envejeciendo a un ritmo más rápido, estableciendo al menos en estos animales la correspondencia entre el envejecimiento y los ritmos circadianos.[76] Esto también explica los resultados de los experimentos de Stroustrup y Fontana en un gran número de *C. elegans* con una precisión sin precedentes.[41] Los lémures respondieron a un ciclo día-noche acelerado a su vez acelerando la transición a etapas de vida posteriores.

¿Y ahora qué?

Evidentemente, hay muchas, muchas más preguntas que respuestas, y es posible que ustedes se pregunten cómo podemos utilizar este invento y descubrimiento si no tenemos la menor idea de cómo funciona (aunque sé aproximadamente qué ES). La respuesta es que la tecnología eléctrica, los motores y los telégrafos, e incluso la iluminación (en lámparas de arco), se utilizaban antes de que supiéramos qué eran los electrones. La terapia de E5 podría aplicarse a cualquier edad, pero se reservará para los ancianos hasta que el suministro supere la demanda de ese grupo.

Hay preguntas fundamentales que necesitan respuestas. Por ejemplo, ¿existe simplemente un tipo de E5, ya que los recientes experimentos de los Conboys y Kiprov que he mencionado dejan muy claro que existen factores proenvejecimiento en la sangre de los animales más viejos?[14] (Aunque ahora las evidencias apoyan la afirmación de Kiprov de que la albúmina de suero joven es un agente projuventud.[15]) Entonces, ¿esa combinación de factores pro y antienvejecimiento da lugar a indicadores definidos de edad de los distintos tejidos? Es decir, está claro que la composición del plasma sanguíneo determina el fenotipo de edad de las células de los tejidos, pero no tenemos ni idea de cómo.

Como sabemos que la edad de metilación de ADN cambia con la edad cronológica adulta (que es la base de todos los relojes de metilación de ADN), ya sabemos que el plasma viejo envejecerá las células, y aunque aún no se ha hecho (lo haremos), el plasma viejo debería cambiar (aumentar) la edad de metilación de ADN de las células de un organismo joven tratado con él. Sólo eso podría ser la tortura más espantosa de la historia — hacer que una persona joven se vuelva vieja, lo que ya es el tema de varias historias de ciencia ficción que he visto. Sin embargo, la parte buena es que no parece haber ninguna razón por la que una persona no pueda volver a ser joven con un tratamiento con E5, ya que se ha demostrado que el E5 funciona en presencia de plasma viejo, por lo que no es necesario que se realice nada tan drástico como el intercambio de plasma (aunque podría ser útil para acelerar el rejuvenecimiento) — quizá alguna técnica híbrida.

De esta forma, si el E5 funciona tan bien en humanos como en ratas, deberíamos ser capaces, en el transcurso de varios años, de devolver la juventud a todas nuestras células, tejidos y órganos importantes, y a nuestro organismo. Si faltan factores, los encontraremos. Pienso que nuestro descubrimiento ayudará a dilucidar el desarrollo tanto en la pre como en la posmadurez. La forma como veo el futuro, al menos al principio, es que quienes lo deseen, lo utilicen — ya que muchos pueden no querer usarlo por razones religiosas (al menos un Papa criticó la prolongación de la vida por medios artificiales, y esto es seguramente un medio artificial).

Sin embargo, para mí, citando al gran Galileo, "la Biblia muestra el camino para ir al Cielo, no cómo funciona el Cielo". Y el verdadero libro de la creación de Dios está, como nos dijo Galileo, "escrito en el lenguaje de la matemática". Pero la matemática es una herramienta para pensar con claridad en problemas concretos, mientras que la biología es un montaje de una complejidad que está más allá de nuestra capacidad de entender, salvo en los términos más vagos. Pronto permitiremos al mundo vislumbrar una complejidad oculta a nuestros ojos, un mundo desconocido con el potencial de darnos más que todo el oro, la plata y los diamantes juntos: vida.

¿Cuáles serán las repercusiones del E5 en la sociedad humana? Esa es una pregunta que está por encima de mi capacidad. El proceso de rejuvenecimiento parece durar meses, si no años. Se hace una infusión o inyección única de E5 — que en el pasado se administraba durante una semana, pero sólo por razones técnicas relacionadas con la inyección a las ratas en las venas de su frágil cola, y no hay razón para que no se pueda administrar toda la cantidad durante una o dos (por seguridad) visitas al consultorio. Los efectos sobre la fuerza física, la agudeza mental y la inflamación deberían producirse casi inmediatamente, con la disminución de los niveles de factores proenvejecimiento y el aumento de los niveles de factores antienvejecimiento derivados del plasma adulto joven. Como constatamos que el efecto del E5 es cambiar el fenotipo de edad celular, los factores proenvejecimiento producidos por células con un fenotipo de edad posterior dejarán de producirse, y finalmente el rejuvenecimiento estará completo — al menos el rejuvenecimiento de los principales órganos vitales, incluyendo el cerebro, el corazón, los pulmones, el hígado y los riñones, en términos de bioquímica y desempeño. No tenemos ni idea sobre el cáncer, pero como la edad se relaciona inversamente con las tasas de cáncer, el E5 debería prevenir su aparición, pero aún está por ver cómo actuará sobre las células cancerosas (¿las "rejuvenecerá"?).

Ciertamente, ya tenemos enfermedades del envejecimiento como objetivos específicos, "frutos de fácil cosecha" sin competición, pero en última instancia el envejecimiento es en sí mismo nuestro objetivo. Creo en la visión final que está en la Biblia (en que no se menciona ni se cree en un "alma inmortal"): la humanidad inmortal en el cielo, aunque de formas que los antiguos no podían imaginar.

Referencias

1. **Reversing age: dual species measurement of epigenetic age with a single clock**
Steve Horvath, Kavita Singh, (…) Harold L. Katcher
bioRxiv 2020.05.07.082917.

2. **The serial cultivation of human diploid cell strains**
L. Hayflick y P.S. Moorhead
1961 Experimental Cell Research 25(3): 585-621

3. **El fin del envejecimiento: Los avances que podrían revertir el envejecimiento humano durante nuestra vida**
Aubrey de Grey con Michael Rae
2015 Lola Books

4. **Santa Biblia: Nueva Versión Internacional®**, NVI® © 1999, 2015 por *Biblica, Inc.*® Usado con permiso de *Biblica, Inc.*®. Reservados todos los derechos en todo el mundo.

5. **Death and Grief in the Greek Culture**
Kyriaki Mystakidou, Eleni Tsilika, et al.
2005 OMEGA - Journal of Death and Dying 50(1): 23–34.

6. **Entropy Explains Aging, Genetic Determinism Explains Longevity, and Undefined Terminology Explains Misunderstanding Both**
Leonard Hayflick
2007 PLOS Genetics 3(12): e220

7. **The RNA World: molecular cooperation at the origins of life**
Paul G Higgs y Niles Lehman
2015 Nature Reviews Genetics 16: 7–17.

8. **Complex archaea that bridge the gap between prokaryotes and eukaryotes**
Anja Spang, Jimmy H Saw, et al.
2015 Nature 521:173–179.

9. **Isolation of an archaeon at the prokaryote–eukaryote interface**
Hiroyuki Imachi, Masaru K. Nobu, et al.
2020 Nature 577: 519–525.

10. **The Concept of Evolution to 1872**
Phillip Sloan
The Stanford Encyclopedia of Philosophy (Fall 2018 Edition), Edward N. Zalta (ed.). Disponible en https://plato.stanford.edu/archives/fall2018/entries/evolution-to-1872/

11. **The Soul of Culture Vol. 1**
William Anderson Gittens
2019 Devgro Media Arts Services

12. **El mito de Descartes**
Gilbert Ryle
1973 Paidos Mexicana.

13. **How Islam changed medicine**
Azeem Majeed
2005 BMJ 331(7531): 1486–1487.

14. **Rejuvenation of three germ layers tissues by exchanging old blood plasma with saline-albumin**
Melod Mehdipour, Colin Skinner, et al.
2020 Aging (Albany NY), 12: 8790-8819.

15. **Young and Undamaged rMSA Improves the Longevity of Mice**
Jiaze Tang, Anji Ju, et al.
2021 bioRxiv 2021.02.21.432135.

16. **The origin and early evolution of eukaryotes in the light of phylogenomics**
Eugene V Koonin
2010 Genome Biology 11: 209.

17. **Leaf Senescence in Wheat: A Drought Tolerance Measure**
Hafsi Miloud y Guendouz Ali
Plant Science - Structure, Anatomy and Physiology in Plants Cultured in Vivo and in Vitro
Ana Gonzalez, María Rodriguez y Nihal Gören Sağlam
IntechOpen.89500. Disponible en: https://www.intechopen.com/chapters/71539

18. **El sol desnudo**
Isaac Asimov
2005 Barcelona: Editorial Debolsillo

19. **Ciliate Genome Sequence Reveals Unique Features of a Model Eukaryote**
Richard Robinson
2006 PLoS Biol 4(9): e304.

20. **An amicronucleate mutant of *Tetrahymena thermophila***
Anthony R Kaney y Virginia J Speare
1983 Experimental Cell Research, 143(2): 461-467.

21. **Siliceous deep-sea sponge *Monorhaphis chuni*: A potential paleoclimate archive in ancient animals**
Klaus Peter Jochum, Xiaohong Wang, et al.
2012 Chemical Geology 300–301: 143-151,

22. **Age-correlated changes in expression of micronuclear damage and repair in *Paramecium tetraurelia***
Steven R Rodermel y Joan Smith-Sonneborn
1977 Genetics 87(2): 259-274. PMID: 924139, PMCID: PMC1213739.

23. **Age induced mutations in Paramecium**
T M Sonneborn y M Schneller
1960 The biology of aging, Waverly Press Baltimore

24. **DNA repair and longevity assurance in Paramecium tetraurelia**
Joan Smith-Sonneborn
1979 Science 203: 1115-1117.

25. **El origen del hombre**
Charles Darwin
2009, Barcelona: Crítica.

26. **El gen egoísta**
Richard Dawkins
2000, 2ª edición, Barcelona: Salvat Editores, S.A.

27. **Evolution of lifespan**
David Neill
2014 Journal of Theoretical Biology 358: 232-45.

28. **Life-history connections to rates of aging in terrestrial vertebrates**
Robert E Ricklefs
2010 Proceedings of the National Academy of Sciences of the United States of America 107(22): 10314-9

29. **Evolutionary theories of aging: confirmation of a fundamental prediction, with implications for the genetic basis and evolution of life span**
Robert E Ricklefs
1998 Am Naturalist, 152(1): 24-44.

30. **An unsolved problem of biology**
Peter B Medawar
1952 HK Lewis and Co.

31. **The Essence of Aging**
Jan Vijg y Brian K Kennedy
2016 Gerontology, 62(4): 381-5.

32. **From rapalogs to anti-aging formula**
Mikhail V Blagosklonny
2017 Oncotarget 8(22): 35492–507.

33. **Epigenetic clocks reveal a rejuvenation event during embryogenesis followed by aging**
Csaba Kerepesi, Bohan Zhang, et al.
2021 Science Advances 7(26): eabg6082.

34. **Beta-carotene and lung cancer in smokers: review of hypotheses and status of research**
Regina Goralczyk
2009 Nutr Cancer 61(6): 767-74.

35. **A proposal in relation to a genetic control of lifespan in mammals**
David Neill
2010 Ageing Research Reviews 9: 437–446.

36. **A *C. elegans* mutant that lives twice as long as wild type**
Cynthia Kenyon, Jean Chang, et al.
1993 Nature 366: 461-464.

37. **Comparison of mitochondrial pro-oxidant generation and anti-oxidant defenses between rat and pigeon: possible basis of variation in longevity and metabolic potential**
Hung-Hai Ku y R S Sohal
1993 Mechanisms of Ageing and Development 72(1): 67-76.

38. **Evolutionary Theories of Aging: Confirmation of a Fundamental Prediction, with Implications for the Genetic Basis and Evolution of Life Span**
Robert E Ricklefs
1998 The American Naturalist 152(1): 24-44.

39. **An Analysis of the Relationship Between Metabolism, Developmental Schedules, and Longevity Using Phylogenetic Independent Contrasts**
João Pedro de Magalhães, Joana Costa y George M Church
2007 The Journals of Gerontology: Series A 62(2): 149-160.

40. **The physiology/life-history nexus**
Robert E Ricklefs y Martin Wikelski
2002 Trends in Ecology & Evolution 17(10): 462-468.

41. **The temporal scaling of *Caenorhabditis elegans* ageing**
Nicholas Stroustrup, Winston E Anthony, et al.
2016 Nature 530: 103–107.

42. **The Hallmarks of Aging**
Carlos López-Otín, Maria A Blasco, et al.
2013 Cell 153: 1194-1217.

43. **The Hallmarks of Cancer**
Douglas Hanahan y Robert A Weinberg
2000 Cell 100(1): 57-70

44. **Increased Wnt Signaling During Aging Alters Muscle Stem Cell Fate and Increases Fibrosis**
Andrew S Brack, Michael J Conboy, et al.
2007 Science 317(5839): 807-810.

45. **Cytoplasmic and Mitochondrial NADPH-Coupled Redox Systems in the Regulation of Aging**
Patrick C Bradshaw
2019 Nutrients 11(3): 504.

46. **Age-related changes in the glutathione redox system**
Mine Erden-İnal, Emine Sunal y Güngör Kanbak
2002 Cell Biochemistry and Function 20: 61-66.

47. **Aging effects on DNA methylation modules in human brain and blood tissue**
Steve Horvath, Yafeng Zhang, et al.
2012 Genome Biology 13: R97.

48. **Hypothalamic programming of systemic ageing involving IKK-β, NF-ϰB and GnRH**
Guo Zhang, Juxue Li, et al.
2013 Nature 497: 211-216.

49. **Cross-talk between circadian clocks, sleep-wake cycles, and metabolic networks: Dispelling the darkness**
Sandipan Ray y Akhilesh B. Reddy
2016 Bioessays 38: 394–405.

50. **Redox characteristics of the eukaryotic cytosol**
H Reynaldo López-Mirabal y Jakob R Winther
2008 Biochimica et Biophysica Acta (BBA) - Molecular Cell Research 1783(4): 629-640.

51. **Circadian Rhythms and Sleep in _Drosophila melanogaster_**
Christine Dubowy y Amita Sehgal
2017 Genetics 205(4): 1373–1397.

52. **Role of Nicotinamide Adenine Dinucleotide and Related Precursors as Therapeutic Targets for Age-Related Degenerative Diseases: Rationale, Biochemistry, Pharmacokinetics, and Outcomes**
Nady Braidy, Jade Berg, et al.
2019 Antioxidants & Redox Signaling 30(2): 251-294.

53. **SIRT2 induces the checkpoint kinase BubR1 to increase lifespan**
Brian J North, Michael A Rosenberg, et al.
2014 The EMBO Journal 33(13): 1438-53.

54. **NAD$^+$ and sirtuins in aging and disease**
Shin-ichiro Imai y Leonard Guarente
2014 Trends in Cell Biology 24(8): 464-471.

55. **Rejuvenation of aged progenitor cells by exposure to a young systemic environment**
Irina M Conboy, Michael J Conboy, et al.
2005 Nature 433: 760–764.

56. **Heterochronic parabiosis: historical perspective and methodological considerations for studies of aging and longevity**
Michael J Conboy, Irina M Conboy y Thomas A Rando
2013 Aging Cell 12(3): 525-30.

57. **Parabiosis between Old and Young Rats**
Clive M McCay, Frank Pope, et al.
1957 Gerontologia 1: 7–17.

58. **Mortality in Syngeneic Rat Parabionts of Different Chronological Age**
Frederic C Ludwig y Robert M Elashoff
1972 Transactions of The New York Academy of Sciences 34(7): 582-587.

59. **The ageing systemic milieu negatively regulates neurogenesis and cognitive function**
Saul A Villeda, Jian Luo, et al.
2011 Nature 477: 90-94.

60. **Young blood reverses age-related impairments in cognitive function and synaptic plasticity in mice**
Saul A Villeda, Kristopher E Plambeck, et al.
2014 Nature Medicine 20: 659-663.

61. **Studies that shed new light on aging**
Harold L Katcher
2013 Biochemistry Moscow 38: 1061-70.

62. **Towards an evidence-based model of aging**
Harold L Katcher
2015 Current Aging Science 8(1): 46-55.

63. **Plasma dilution improves cognition and attenuates neuroinflammation in old mice**
Melod Mehdipour, Taha Mehdipour, et al.
2021 GeroScience 43: 1–18.

64. **Human umbilical cord plasma proteins revitalize hippocampal function in aged mice**
Joseph M Castellano, Kira I Mosher, et al.
2017 Nature 544: 488–492.

65. **Universal DNA methylation age across mammalian tissues**
Mammalian Methylation Consortium: Ake T Lu, Zhe Fei, Amin Haghani, et al.
2021 bioRxiv 2021.01.18.426733

66. **Notch-mediated restoration of regenerative potential to aged muscle**
Irina M Conboy, Michael J Conboy, et al.
2003 Science 302(5650): 1575-1577.

67. **Studies Financed by Heales: Effect of Young Rat Plasma on The Lifespan of Aging Rats**
Disponible en https://heales.org/2020/12/22/studies-financed-by-heales-effect-of-young-rat-plasma-on-the-lifespan-of-aging-rats-21-december-2020/

68. **Rejuvenating senescent and centenarian human cells by reprogramming through the pluripotent state**
Laure Lapasset, Ollivier Milhavet, et al.
2011 Genes & Development 25(21): 2248–2253.

69. **In Contrast to Dolly, Cloning Resets Telomere Clock in Cattle**
Gretchen Vogel
2000 Science 288(5466): 586-587.

70. **Reprogramming to recover youthful epigenetic information and restore vision**
Yuancheng Lu, Benedikt Brommer, et al.
2020 Nature 588:124-129.

71. **In Vivo Amelioration of Age-Associated Hallmarks by Partial Reprogramming**
Alejandro Ocampo, Pradeep Reddy, et al.
2016 Cell 167: 1719–1733.

72. **Turning back time with emerging rejuvenation strategies**
Salah Mahmoudi, Lucy Xu y Anne Brunet
2019 Nature Cell Biology 21: 32–43.

73. **The effect of retarded growth upon the length of life span and upon the ultimate body size**
C M McCay, M F Crowell y L A Maynard
1935 The Journal of Nutrition 10(1): 63–79.

74. **Clearance of p16[Ink4a]-positive senescent cells delays ageing-associated disorders**
Darren J. Baker, Tobias Wijshake, et al.
2011 Nature volume 479: 232–236.

75. **¿Qué es la vida?**
Erwin Schrödinger
2015 Tusquets Editores S.A.

76. **The Biological Clock in Gray Mouse Lemur: Adaptive, Evolutionary and Aging Considerations in an Emerging Non-human Primate Model**
Clara Hozer, Fabien Pifferi, Fabienne Aujard y Martine Perret
2019 Frontiers in Physiology 10, artículo 1033.